승리는 거저 주어지지 않는다 [1]

The Victory is not Free

단국대 국가위기관리연구총서 2
승리는 거저 주어지지 않는다 [1] – 전쟁과 전쟁비용

2017년 05월 20일 초판 인쇄
2017년 05월 30일 초판 발행

지은이 박계호 · 김용빈 | **펴낸이** 이찬규 | **펴낸곳** 북코리아
등록번호 제03-01240호 | **전화** 02-704-7840 | **팩스** 02-704-7848
이메일 sunhaksa@korea.com | **홈페이지** www.북코리아.kr
주소 13209 경기도 성남시 중원구 사기막골로 45번길 14
우림 2차 A동 1007호
ISBN 978-89-6324-547-8(94390)
978-89-6324-370-2(세트)

값 20,000원

단국대 국가위기관리연구총서 2

승리는 거저 주어지지 않는다 [1]

The Victory is not Free

전쟁과 전쟁비용

박계호 · 김용빈

북코리아

추천사

단국대학교 국가위기관리연구소에서는 2014년 국가위기관리연구총서 제1호로 『스위스의 무장중립정책과 위기관리』를 발간한 이후 제2호로 전쟁비용 조달에 관한 연구서인 『승리는 거저 주어지지 않는다[1]: 전쟁과 전쟁비용』을 발간하였다.

예나 지금이나 한 국가의 재정 및 경제능력은 전쟁의 승리에 있어서 중요한 역할을 해 왔지만, 특히 현대전에 들어 전쟁양상이 정보화 및 과학화되면서 더욱 중요시되고 있다고 해도 과언이 아니다. 그러나 우리나라에서는 만에 하나라도 전쟁이 발발한다면 전쟁비용을 어떻게 조달할 것인지에 대하여 관심을 기울이지 않았던 것이 사실이다.

본 연구총서에서는 전쟁비용의 이론과 실질적인 사례로서 미국의 남북전쟁 당시의 전비조달, 청일 및 러일전쟁 당시의 전쟁비용 조달, 그리고 제1·2차 세계대전 시 영국과 미국의 전쟁비용 조달, 6·25전쟁 시 한국의 전비조달 등에 관한 내용을 포함하였다.

전쟁이 발발하면 어느 국가에서든지 어느 나라 국민이든지 모두 수많은 고통을 겪었다. 그렇지만 국민들이 이러한 고통을 이겨 내면서 승리를 위하여 정부에 협조한 국가가 승리하였으며, 이것은 막대한 전쟁비용을 부담하는 데 동의한 국민들이 있었기 때문이었다.

전쟁이 발발하자 어느 국가에서든지 세금을 인상하였고, 중앙은행의 발권력을 이용하여 화폐를 발행, 전비를 조달하였다. 이러한 조치만으로 급증하는 전쟁비용을 조달할 수 없게 되자 막대한 전시채권을 발행하여 시중의 돈을 회수하는 한편 전쟁비용을 조달하였다. 이러한 여러 조치에도 불구하고 비용이 부족하자 외국의 도움을 받기도 하였다.

우리의 재정 및 경제능력이 북한에 비하여 월등히 우세하기 때문에 전비조달능력 역시 우세하다. 그러나 이것이 반드시 전쟁에서의 승리를 보장하는 것은 아니다. 전시에 대비하여 국가의 재정 및 경제 능력을 효과적으로 동원하기 위한 준비가 되어 있을 때 가능하다.

단국대학교 국가위기관리연구소에서는 앞으로도 국가위기관리연구총서를 지속적으로 발간하여 한반도에서 위기가 발생할 시에 도움이 되도록 노력할 것이다. 금번에 발간하는 전쟁비용에 관한 책자가 전비조달에 관한 이론적 연구와 전시대비계획의 발전에 작은 도움이 되기를 기대한다.

2017년 5월

단국대학교 국가위기관리연구소

소장 안광찬 석좌교수

(전. 청와대 국가위기관리실장)

프롤로그

인류의 역사는 전쟁의 역사라고 한다. 인류가 시작된 이래 부족이나 종족 간의 싸움은 수도 없이 많았고, 국가라는 조직체가 형성되기 시작한 이후에는 국가 간 무력을 동원한 크고 작은 전쟁 역시 헤아릴 수 없이 많이 발생하였다. 전쟁에서의 패배는 곧 국가의 소멸이면서 그 민족은 타 민족의 지배하에 들어가 고통과 고난을 받음을 의미한다.

인류는 근대에 들어 국가 간에 블록을 형성하여 1·2차 대전이라는 역사상에 없었던 미증유의 전쟁을 한 바 있다. 이 전쟁에 참여한 국가들은 승리하기 위하여 개별 국가가 동원할 수 있는 모든 역량을 동원하는 데 그치지 않고 타 국가와의 연합을 통해 전쟁에 임하였다.

전쟁에 참전한 개별 국가들은 국가대로 군사력을 필두로 재정능력 및 경제력과 예비전력 등 유형의 전력은 물론 정치와 외교, 과학기술력 등 무형의 요소들도 모두 동원하는 이른바 총력전을 하였으며, 국가의 역량이 큰 국가들이 승리하였다.

이 가운데 국가의 재정능력 및 경제력은 예비전력과 더불어 전쟁이 장기화되면 전쟁지속능력을 유지해 주는 매우 중요한 요소로서 승리에 있어 핵심적인 역할을 하였다. 이러한 현상은 현대전으로 갈수록 무기체계가 고도화·첨단화되면서 더욱 중요시되고 있으며, 재정능력 및 경제력은 전쟁비용 조달의 원천이 된다.

대개의 평범한 국가들로서 평시부터 언제인가 발생할지도 모를 전쟁에 대비하여 미리 전쟁비용을 조달하기 위한 방법을 강구한 나라는 없다. 그러나 어떤 이유로든 전쟁이 발발하자 이에 필요한 비용을 조달하기 위하여 백방으로 노력을 기울였다. 평시예산의 집행을 중지시키면서 전시예산으로 전환하였고, 추가 예산을 편성하였으며, 은행으로부터 돈을 빌려 비용을 충당하면서 병행하여 조세제도를 개편하여 비용을 조달하였다. 이러한 조치만으로는 부족하자 중앙은행의 발권력을 이용, 은행권(화폐) 발행액을 대폭 확대하여 부족한 전비를 조달하였다. 화폐 유통량이 급증하면서 인플레이션이 발생하자 이번에는 전시채권을 발행하여 전비를 조달하면서 시중에서 유통되는 화폐를 회수하는 한편 애국심을 고양시키고자 노력하였다.

그럼에도 전비수요를 충족할 수 없게 되자 정부가 보유한 금과 같은 귀금속을 매각하였는가 하면, 외국으로부터 차관을 빌려 이를 보충하기도 하였다. 이러한 과정에서 국가의 재정능력 및 경제력이 승리에 커다란 영향을 미쳤다. 각고의 노력으로 부족한 전비를 조달하여 승리하였지만, 종전 후에는 전쟁기간 중 누적된 과도한 국가채무로 빚더미에 시달리면서 경제적인 어려움에 처했다.

1 · 2차 대전에서 연합국이 모두 승리하였다. 어떤 역사가는 연합군이 승리할 수 있었던 이유가 적국에 비하여 재정능력이나 경제력에서 우위를 유지하였기 때문이라고 한다. 1차 대전 당시 동맹국과 2차 대전 당시 추축국의 주축이었던 독일은 전투장비의 질은 물론 장교들의 자질과 전략과 전술 등 병법에서도 연합군에 비하여 상대적으로 우위에 있었다. 그렇지만 전쟁이 장기화되면서 이를 지속할 재정능력이나 경제력이 부족해서 승리를 할 수 없었다. 그만큼 전쟁 승리에 있어서 국가의 재정능력이나 경제력은 중요하다.

북한의 국지적 도발과 이로 인한 전쟁 가능성이 상존하는 한반도의 현실을 생각해 볼 때 정부와 군은 전쟁억제 방안을 강구해야 한다. 이를 위해 정치와 외교 및 군사 등 다방면의 노력이 필요하겠지만, 이에 못지않게 재정 및 경제 분야에서의 준비도 필요하다.

평시 강한 군사력을 육성하기 위한 비용의 지출은 물론, 외교 및 경제 등 여러 억제 방책의 시행에도 불구하고 전쟁이 발발하였다면 승리하기 위해 상응하는 대가를 지불해야 한다. 자유와 평화는 거저 주어지지는 않는다.

전쟁이 발발하면서 정부에서는 어떻게 하면 비용을 빠른 시간에 조달할 것인가에 대해 많은 노력을 기울였지만 야당에 의해 지연되는 경우가 많았다. 세금을 올리면서 국민들의 조세 저항에 직면하기도 하였다. 그럼에도 정부는 야당과 국민들을 설득하여 전쟁에 동참시키면서 그 비용을 조달하였다.

이 책에서는 전쟁에서 승리한 국가들이 어떻게 국가적인 희생을 극복하면서 자유를 지키고 승리를 할 수 있었는지, 그 과정에서 어떤 대가를 지불하였는지를 다루었다. 특히 전쟁비용 관점에서 남북전쟁 시의 미국, 청일전쟁과 러일전쟁에서 일본과 청나라 및 러시아, 1·2차 대전 시의 영국과 미국, 6·25전쟁에서 한국의 전쟁비용 조달을 포함하였다. 여기에 못지않게 강조하고 싶은 것은 국가적 난국을 극복하기 위한 국민적 자세의 중요성으로, 이를 위하여 병역 관련 사항도 일부 포함하였다.

2012년 『총력전의 이론과 실제』를 집필할 당시 총력전의 중요한 요소인 '재정 및 경제력'의 중요성을 언급하기는 하였지만, 당시 전쟁비용에 관해서는 많은 내용을 포함하지는 못하였다. 기회가 되면 이를 집중적으로 연구해야 하겠다고 생각하였고 이제 그 결과를 여기에 제시한다. 이 책이 주로 전쟁비용의 조달에 관한 것인 만큼 해당 국가의 전쟁 전 경제 상황에 대한 부분은 『총력전의 이론과 실제』의 경제 부분에서 일부분을 인용하였음을 밝힌다. 또한 책자에 포함된 사진 또는 그림은 Google 검색을 통해 수집한 것임을 밝힌다.

국가비상대비업무를 하는 정부의 부처에서는 전시에 대비하기 위하여 국가비상대비계획을 수립하고 정부 차원에서도 전시에 대비하는 연습 또는 훈련을 한다. 그러한 연습에는 전쟁비용 조달도 중요한 부분으로 포함되어야 하며, 이 책자가 국가비상대비 분야에서, 특히 예산을 취급하는 공무원이나 이 분야를 연구하는 분들에게 작은 도움이 되기를 기대한다.

이 책을 집필하면서 사실 많은 고민과 어려움이 있었다. 이는 재정 및 경제에 문외한인 본인이 이와 관련되는 용어와 업무에 대한 이해가 부족한 데서 주로 야기되었다. 이런 문제는 다음 개정판을 낼 기회가 있으면 보완해서 출판할 것을 약속하면서 독자 여러분의 질책을 겸허히 받아들일 것이다.

어려운 가운데서도 2012년 『총력전의 이론과 실제』, 그리고 2014년의 단국대학교 국가위기관리연구총서 제1호 『스위스의 무장중립정책과 위기관리』에 이어 금번에 제2호도 기꺼이 발행하여 주신 북코리아 이찬규 사장님께 감사드린다. 아울러 국가위기관리연구소에서 지속적으로 위기관리연구총서를 발행할 수 있도록 관심과 배려를 아끼지 않으신 장호성 총장님께도 깊은 감사를 드린다.

2017년 5월

저자 일동 拜

차례

2부

표 차례

그림 차례

1부

1장

왜 연구를 하는가?

"凡用兵之法 馳車千駟 革車千乘 帶甲十萬 千里饋糧 內外之費 賓客之用 膠漆之材 車甲之奉 一費千金 然後十萬之師擧矣[1] (전쟁을 하기 위해서는 전차 1천 대와 무장병사 10만을 동원하고 먼 곳으로 식량을 운반함에 따라 드는 비용과 외교를 위한 비용, 장비 정비와 유지에 필요한 비용, 차량과 병력 유지에 필요한 비용 등 막대한 비용이 소요된다. 따라서 이러한 준비가 갖춰진 연후에 비로소 10만의 군사를 일으킬 수 있다.)"

– 孫子 –

1. 연구 목적

이 책의 제목은 『승리는 거저 주어지지 않는다(The Victory is not free)』이고 부제는 『전쟁과 전쟁비용(War and War cost)』이다. 책의 제목을 보면 누구라도 이 책이 어떤 의도로 쓰였는지 쉽게 이해할 것이다. 전쟁에서 승리한 국가들이 승리를 위해 그에 상응하여 어떤 대가를 지불하였는지를 말하고자 하는 것이 이 책의 의도이다. 특히 어떻게 막대한 전쟁비용을 조달하였는지, 그 과정에서 정부와 국민들은 얼마나 많은 고통을 감내하면

1) 김광수, 『손자병법』, 책세상, 2012, p. 52.

서 이를 극복하였는지를 연구한 책이다.

『손자병법(孫子兵法)』의 제1편 시계에는 다음과 같은 말이 나온다. "兵者, 國之大事, 死生之地, 存亡之道, 不可不察也(전쟁은 국가의 존망을 좌우하느니 만큼 이를 심사숙고해서 살펴보지 않으면 안 된다.)" 이 말은 전쟁을 할 것인지 말 것인지를 결정하고 이를 결행하기 위해서는, 적의 상황을 살펴보고 전쟁을 해도 될 정도로 경제력과 군사력이 가용한지, 국민들은 이를 받아들일 준비가 되어 있는지, 전쟁을 하면 승리할 수 있는지 등 여러 가지로 생각해 보아야 할 일이 많다는 것을 의미한다.

또한 『손자병법』에서는 전쟁을 할 것인지 말 것인지를 결정하기 위해서는 구체적으로 다섯 가지 요소를 근본으로 하여 이를 비교하고 면밀히 검토해야 한다고 하는데("故經之以伍事, 校之以計, 而索其情"), 그것은 "一日道, 二日天, 三日地, 四日將, 伍日法"이다.

첫 번째 '道'는 '바른 정치'를 하는 것으로, 윗사람이나 아랫사람들이 모두 뜻을 같이 하는 것을 말한다. 두 번째의 '天'은 '하늘의 변화'로, 이는 더위와 추위, 계절의 변화 등 전쟁에 영향을 미치는 것을 의미한다. 세 번째의 '地'는 지형으로, 땅의 멀고 가까움이나 험하고 평탄한 정도 그리고 위험함과 안전함 등 지형과 관련되는 모든 것을 의미한다. 네 번째의 '將'은 '장수의 자질'로, 지혜와 용감성 및 엄격성 등을 말하며, 다섯 번째의 '法'은 토지제도와 동원제도, 행정 및 군사제도, 군수품과 재정 등을 말한다.

『손자병법』에서 말하는 다섯 가지 요소는 현대적 의미에서 본다면 모두 총력전과 관련되는 것이라고 말할 수 있다. 특히 여기서 다섯 번째 요소인 '法'이 바로 전쟁비용과 관련된다. 즉, 첫 번째 요소인 '道'는 총력전 요소 중의 하나인 국가지도자와 정치적 리더십, 국민의 의지, 사회문화와 관련되는 것이고, 두 번째 요소인 '天'과 세 번째 요소인 '地'와 네 번째 요소인 '將'은 군사력의 건설과 운용, 용병 등에 관련되는 것이다.

다섯 번째 요소인 '法'은 예비전력의 동원과 국가의 경제력, 과학기술력 등을 의미하는데, 여기서 전쟁 시 경제력이 언급되고 있다.

『손자병법』 제2편 「작전(作戰)」에서는 다음과 같이 전쟁비용의 중요성을 들고 있다. "凡用兵之法 馳車天駟 革車千乘 帶甲十萬 千里饋糧 內外之費 賓客之用 膠漆之材 車甲之奉 一費千金 然後十萬之師擧矣."[2] 이 말의 뜻은 "전쟁을 함에 있어서 전차 1천 대와 무장병사 10만을 동원하고 먼 곳으로 식량을 운반함에 따라 드는 비용과 외교를 위한 비용, 장비 정비와 유지에 필요한 비용, 차량과 병력 유지에 필요한 비용 등 막대한 비용이 소요된다. 따라서 이러한 준비가 갖춰진 연후에 비로소 10만의 군사를 일으킬 수 있다."라는 것이다. 그만큼 옛날에도 전쟁을 하기 위해서는 병력의 동원이라든가 장비와 물자 등에 대한 준비와 더불어 이를 위한 비용이 많이 소요됨을 강조하였다.

어떤 경우로든 전쟁이 발발하면 당연히 많은 비용이 들어가게 되면서 막대한 비용을 필요로 한다. 이는 국가의 재정 여건이나 경제를 어렵게 만드는 요인이 되면서 동시에 국민들에게도 많은 경제적 부담을 강요하며, 결국은 국민들의 불평불만을 야기한다. 또한 전쟁이 오래가면 국민들이나 장병들은 피로해지고 염전주의가 싹튼다. 산업현장에서는 각종 파업이 발생할 수 있다. 이러한 상황이 대표적으로 일어난 나라가 바로 1차 대전 당시의 독일이었다. 따라서 전쟁은 가급적 빨리 끝내야 한다. 이것이 『손자병법』에서 말하는 '속승(速勝)', 즉 '속전속결(速戰速決)'로 승리하는 것이다.

어떤 목적으로든 전쟁을 하기 위해서는 많은 비용이 소요되기 때문에 사전에 전쟁을 통해서 달성하고자 하는 정치적 목표가 무엇인지 또는 국가가 얻고자 하는 이익이 무엇인지 등에 대한 면밀한 검토와 철저한

2) 김광수, 앞의 책, p. 52.

준비가 필요하다. 『손자병법』에서 말하듯 예나 지금이나 어떤 이유로든 전쟁을 하기 위해서는 천문학적인 비용이 소요되는데, 특히 그 양상이 과학화·정보화되는 현대의 총력전쟁 아래서 때로는 국가의 재정능력이나 경제력만으로 감당하기에는 버거운 비용의 지출을 요구한다.

그렇기 때문에 전쟁이 발발하였을 당시 거의 모든 나라에서는 평시 계획된 예산의 집행을 중지시키면서 전시예산으로 전환하였고, 은행차입을 확대하였으며 조세제도의 개편을 통해 전비를 조달하였다. 그렇지만 비용이 급격히 확대되면서 이러한 조치만으로는 막대한 비용을 충족할 수 없었기 때문에 중앙은행의 발권력을 이용하여 화폐를 대량으로 발행하였다. 화폐가 대량으로 시중에서 유통되면서 인플레이션이 발생하였다. 이에 정부는 시중의 화폐를 회수하면서 전비를 마련하고자 전시채권을 발행하여 판매하였다. 국민들은 전시채권을 구입하면서 애국심을 고취하였다. 이러한 조치 외에도 일부 국가에서는 외국으로부터 차관을 도입하거나 중앙은행에서 보유하고 있었던 금을 매각하여 전비를 마련하기도 하였다.

대규모의 군사력을 동원한 1차 대전이나 2차 대전 등 근래의 전쟁사를 보면 전쟁에 참여한 국가는 지도자를 중심으로 국가가 이용 가능한 모든 자원을 동원해서 전쟁지속능력을 확대 및 강화하면서 총력전을 실시하였으며, 이러한 전쟁에서 국력이 큰 국가가 승리하였다.

남북이 첨예하게 대치하고 있는 한반도의 분단 상황에서는 우선적으로 정치와 경제, 외교, 군사 등 모든 수단과 방법을 동원해서 다방면으로 전쟁억제 노력을 하는 한편, 평시 이용 가능한 모든 자원을 동원해서 전쟁에서 승리할 수 있도록 동원체제를 정비해야 한다. 그럼에도 불구하고 어떤 이유로든 국지적 충돌이 악화돼 전면전으로 확대되는 상황으로 발전되면 한반도의 여건상 총력전쟁을 할 수밖에 없을 것이다.

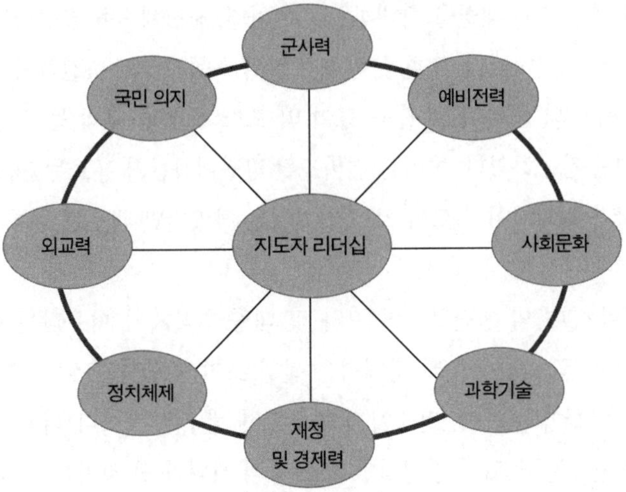

〈그림 1-1〉 총력전 도표

총력전쟁을 수행하기 위해서는 정치와 경제, 군사력과 예비전력, 과학기술력, 사회문화 등 모든 총력전 요소들이 국가지도자를 중심으로 통합되어 그 힘을 발휘해야 한다. 이 가운데 상비군사력과 예비전력, 경제력은 전쟁을 수행하는 과정에서 물리적인 힘을 행사하는 데 있어 바탕이 되는 결정적인 요소이다. 이러한 상비군사력과 예비전력을 전쟁지속능력화하는 힘은 바로 국가의 재정능력 및 경제력으로, 이는 곧 전쟁비용 조달능력의 원천이 된다.

1·2차 대전에서 미국은 단 한 번도 본토에서 전쟁을 하지 않았지만 방대한 병력을 동원하였고, 막대한 전쟁비용을 사용하였다. 이 전비로 1차 대전 당시는 유럽 전역에서, 2차 대전 당시는 아시아-태평양과 유럽 및 북아프리카 전역에서 독일군 및 일본군과 전투를 하는 미군은 물론 영국과 프랑스 등 연합군의 전력을 강화하여 전쟁 승리에 기여하였다.

이렇게 하는 과정에서 막대한 전쟁비용이 소요되자 기존 세금의 세율을 인상하고 새로운 항목의 세금을 만들었으며, 면세 기준을 하향 조정하여 세금 부과 대상을 확대하였는가 하면, 전시채권을 발행하는 등으로 전비를 조달하였다. 또한 국민들의 참여를 독려하고 촉진하기 위하여 유명 배우들의 순회 홍보 활동, 표어 및 포스터 제작·부착 등 다양한 홍보 방책을 강구하였다. 이러한 전비조달 방법이라든가 홍보는 전쟁에 참여한 국가에 있어서 정도의 차이가 있기는 하였지만 대부분 공통적으로 나타났다.

정밀·고가의 첨단무기와 탄약 및 대량의 물자가 사용되는 현대전에 있어서 국가의 재정 및 경제력은 전쟁 초기 주도권을 장악하면서 우세하게 이끌어 나가며, 전쟁이 장기화되면 될수록 적보다 더욱 우위를 점하게 만드는 데 있어 결정적인 요소 중의 하나가 될 것이다. 따라서 전시에 대비해서 재정 및 경제 분야에 있어서도 동원을 위한 면밀한 준비가 필요하다.

다음의 〈표 1-1〉은 한국군이 현재 보유하고 있는 또는 장차 보유하게 될 주요 장비 및 체계와 이에 소요될 예산이다. 표가 보여 주듯 국군의 장비는 막대한 비용이 들어가지 않고는 구입이나 운용을 보장할 수 없다. 전시라면 국가의 재정능력이나 경제력이 뒷받침되어 주지 않으면 승리를 보장할 수 없음을 의미한다.

〈표 1-1〉 주요 전투장비 가격 및 체계개선, 사업예산 소요

장비

구분	장갑차(KAAN)	K-1전차	K-9자주포	K-55A1자주포	아파치 헬기
가격(억 원)	35	28	37	27	350

체계

구분	Kill-Chain 체계	KAMD 체계	감시정찰/지휘통제체계
가격(억 원)	60,000	27,000	51,000

사업

구분	해상초계기	한국형전투기(KF-X)	차기전투기(F-X)	KF16전투기 개량
가격(억 원)	10,000	88,000	74,000	17,500

한국의 재정능력이나 경제력은 북한에 비하여 절대적으로 우세하다. 전시 동원할 수 있는 병력 등 인적 자원은 물론 차량과 건설기계, 산업물자 등 물적 자원에서도 대부분 유리하다. 상비군사력과 장비 등의 규모에서 일부의 수적 열세 외에는 모든 면에서 유리한 것이다.

한반도에서 만약 북한이 도발을 한다면, 병영국가라는 북한 체제의 특성과 지도자 김정은의 즉흥적인 리더십의 무모성과 예측 불가능성, 북한군의 공세적인 전략과 전술, 주력이 평양-원산선 이남에 배치돼 있는 등 기습공격을 위한 현재의 부대 배치를 볼 때, 기본적으로 경고 없이 또는 최단기간의 경고하에 기습적으로 시작될 가능성이 크다.

이에 따라 우리도 평시 군이 북한의 기습공격 가능성을 사전에 충분히 경고할 수 있는 정보수집능력과 작전 준비는 물론, 국가적 차원에서는 전쟁의 징후가 높아지면 즉시 자원을 동원하여 군사작전을 지원하고 정부 기능을 유지하며, 국민 생활의 안정을 유지할 수 있는 국가비상대비업무를 시행할 준비태세의 유지 능력이 있어야 한다.

특히 정부가 전시에 대비하는 국가비상대비업무에 있어 만에 하나라도 있을 전쟁을 준비하고 실시하는 업무 가운데 간과해서는 안 될 것 중의 하나는, 어떻게 하면 전쟁비용을 신속히 효율적으로 조달할 것인가 하는 문제이다.

단기간이든 장기간이든 일단 전쟁이 발발하면 전쟁비용은 소요되게 마련이다. 그러한 전쟁비용을 전시에 어떻게 조달할 것인가는 전쟁의 승패에 결정적인 영향을 미친다는 것을 여러 전쟁사가 보여 주고 있다.

그러나 현실적으로는 한반도에서 전쟁이 발발한다면 어떻게 전쟁비용을 조달할 것인지에 대해 여러 면에서 미흡하다. 전비조달에 관한 저술이나 연구논문이 많이 없는 것이 이를 입증한다. 이렇게 연구가 미흡한 것은, 첫 번째로 국가안보와 국민의 안전을 책임져야 하는 국가지도층의 국가비상대비업무에 대한 관심 부족과, 두 번째로 이 업무를 담당하는 부처의 국가비상대비업무와 전비조달 등에 대한 관심 부족으로 인해 야기되는 것이다. 세 번째로는 연구를 하고 싶어도 이를 연구하는 데 참고할 만한 자료가 국내에는 별로 없기 때문이다. 그렇기 때문에 국가비상대비업무에 있어 전시예산을 편성하면서 평시예산 항목을 그대로 전시예산 항목으로 이름만 바꾼 가짜 전시예산으로 편성해 놓고 있어도 누구도 이 잘못을 지적하는 사람이 없고, 해당 부처에서도 스스로 시정하려는 노력을 기울이지 않는다.

본 연구는 이러한 과거 전쟁사에서 승리한 국가들이 어떻게 승리하였는지 전쟁비용 조달에 대한 분석과 국가비상대비업무에 대한 우리나라의 현실을 보면서 이렇게 해서는 안 되겠다는 문제의식을 갖고 시작하였다. 먼저 한반도에서 전쟁이 발발할 시에 대비하여 어떻게 하면 전비를 조달할 수 있을 것인가에 대해 미국의 남북전쟁, 청일·러일전쟁, 1·2차 대전과 6·25전쟁을 포함하는 주요 전쟁사에서 나타난 전쟁비용 조달 사례를 분석하였다. 다음은 한반도 전쟁양상에 대한 이해를 바탕으로 전비를 조달하기 위한 방법과 그 과정에서 국민들을 대상으로 전비를 조달하기 위한 홍보 방법, 전비소요를 최소화하기 위한 방법을 제시하였다.

국가비상대비계획을 주관하는 정부 부처와 전시 전비조달에 대한 책임을 갖는 부처에서는 이 책자에서 제시하는 여러 사례와 제안을 참고하여 우리 실정에 부합되게 국방부를 포함한 전비소요가 발생되는 정부 부처와 협조, 전쟁단계별로 예상되는 전비규모를 판단하고 어떤 방법으로 조달할 것인지 검토하는 동시에 관련 계획을 수립해 놓기를 희망한다.

또한 을지연습을 포함하는 정부연습 기간에 행정부 계획의 타당성을 검토하는 등 보완을 통해서 전시 즉시 시행할 준비를 갖추기를 기대한다. 그래야만 실제상황이 발생할 경우 당시의 상황 변화를 반영하여 수정해 가면서 적시에 적절한 대처가 가능할 것이기 때문이다.

전쟁은 억제해야 하지만, 억제에 실패하여 만에 하나라도 어떤 이유로든 발발하였다면 반드시 승리해야 한다. 전쟁사에서 나타난 승리한 국가들의 사례를 보면 단순히 군사작전만으로 승리가 달성되지 않았다는 것을 볼 수 있다. 총력전 시대에 접어들면서 군사작전을 기본으로 하여 국가의 모든 힘과 역량이 통합적으로 발휘되었을 때 승리가 가능하였으며, 이 과정에서 국가의 재정 및 경제력은 커다란 역할을 하였다.

현대전의 특성상 고가의 장비와 탄약 등이 대량으로 사용되는 전장 환경을 고려해 보면 국가의 재정 및 경제력은 가면 갈수록 더욱 중요한 역할을 할 것이다. 사실, 국가안보에 있어서 재정의 건전성 및 경제력은 군사력만큼이나 중요하다. 군사력이 외부로부터의 침입을 막아 주는 실질적인 힘이라면 재정과 경제력의 건전성은 그 군사력과 국민들의 안전한 삶 및 부를 유지하는 핵심적인 역할을 하기 때문이다. 국가의 재정능력이 건전하지 못하고 경제력이 뒷받침하지 못할 때 군사력도 약해졌고, 국민들의 삶이 도탄에 빠졌던 사례는 많다.

우리나라로 본다면 근세에는 조선왕조가 그랬고, 가까이에서는 정부 수립 직후인 1950년의 6·25전쟁 역시 그러한 사례 중의 하나이다. 군사력의 강화 못지않게 국가가 건전한 재정을 유지하고 경제력을 확대해야 할 이유는 여기에 있다. 그런 관점에서 정부와 공기업 및 가계부채의 지속적인 증가는 평시의 국가경제 운영은 물론 국가비상사태 발생 시에 전비조달을 염두에 두면 매우 우려스런 현상이다.

2015년 한국에 전환하기로 하였던 전시작전권이 2020년 이후로 연기되는 만큼, 이 기회를 활용하여 전시 총력전을 하기 위한 계획인 국가비상대비계획에 대한 전반적인 문제점의 검토와 더불어 대두되는 문제점을 해결하기 위한 노력이 필요하다. 그중의 하나가 바로 만에 하나라도 전쟁이 발발한다면 이에 소요될 비용의 원활한 조달을 위한 방안의 검토와, 이를 바탕으로 전시에 제대로 집행하기 위한 현실적인 계획의 수립이다. 더불어 이 과정에서 예상되는 문제점을 해결하는 방안도 강구해 놓아야 한다.

2. 연구 필요성

주요 전쟁에서 각국이 전쟁비용을 얼마나 사용하였는지 본격적으로 논하기에 앞서, 전쟁에 참여한 국가들이 얼마나 많은 인원을 동원하였는지, 그리고 전쟁을 하기 위하여 얼마나 많은 비용을 사용하였는지 1차 및 2차 대전사를 통해 살펴보자.

〈표 1-2〉 1차 대전 참전국의 동원 인원 및 전비사용

구분	협상국(Triple Entente, 연합국)				동맹국(Triple Alliance)	
	영국	프랑스	미국	러시아	독일	오스트리아
동원(만 명)	950	820	380	1,300	1,325	900
전비사용(억 $)	230	93	171	54	199	47

〈표 1-3〉 2차 대전 참전국의 동원 인원 및 전비사용

구분	연합국(Combined Nation)			추축국(Axis Power)	
	영국	미국	소련	독일	일본
동원(만 명)	512	1,230	1,250	1,020	375
전비사용(억 $)	497.8	2,880	930.1	2,123.3	412.7

위의 표에서는 전쟁기간 중 당시의 인구와 동원 인원 및 전쟁수행을 위해 사용한 비용 규모를 보여 주고 있다. 이 표가 말하는 것은 전쟁에서 승리하기 위해서는 대규모 인원의 동원 외에도 엄청난 비용이 사용되어야만 한다는 것이다. 전쟁에서의 승리에 있어 공짜가 없다는 뜻으로, 그만큼의 인적·물적 대가를 지불해야만 한다. 이렇게 인적·물적 동원 소

요가 많기 때문에 『손자병법』에서도 일단 전쟁이 시작되면 단기간에 승리한다고, 즉 "속전속결로 승리한다(速勝)" 하고 "먼저 이겨 놓고 싸운다(先勝以後求戰)"라고 하였던 것이다.

1950년 6월 25일 북한군이 전면적으로 기습남침을 시작하였다. 당시 신생 이승만 정부가 기습공격을 받으면서 개전 3일 만에 수도 서울이 적에게 피탈되었다. 정부는 제 기능을 상실하였고, 국군은 아무런 지원도 받지 못하면서 전투력을 상실해 갔다. 1949~1950년도 북한의 남침 가능성을 경고하는 정보라든가 여러 도발이 계속 높아져 갔음에도 불구하고 정부는 제대로 대비하지 못하였고, 군은 대구반란사건이나 여순반란사건 등의 여파로 공비를 토벌하기에 여념이 없었다. 비상대비계획을 작성한 경험도 없었고 이를 위한 인원도 없었다. 전쟁이 발발하였을 때 이를 지원하기 위한 정부의 계획이 없었기 때문에 당시로서 패배는 시간상의 문제였다고 해도 과언이 아니었다.

다행히 미국이 주도하는 국제연합의 지원으로 천신만고 끝에 전선을 회복하였고 북한으로도 진격하였지만, 전쟁기간 중 정부가 적극적으로 전쟁을 지원하기 위하여 전비를 조달하고자 해도 산업기반도 없어 어려움이 많았다. 정부는 그럼에도 불구하고 전비를 조달하여 전쟁을 지원하였다.

그리고 60여 년이 경과하여 현재 김일성-김정일에 이어 김정은이 3대째 세습하고 있다. 김정은은 김일성이 1966년 10월 당 대표회의에서 "국방에서의 자위를 위해 경제 발전을 지연시키더라도 군사력을 한층 강화해야 한다"라고 한 이른바 경제·국방 병진노선을 경제·핵무력 병진노선으로 바꿨다. 2012년에는 '전시사업세칙'도 개정하였다. '전시사업세칙'은 조선노동당 중앙군사위원회(당 중앙군사위)에서 작성한 전쟁에 대비하기 위한 문건으로, 여기서는 전시상태 선포와 전시 지휘계통을 명문화하였다. 이는 우리의 충무계획(국가비상대비계획)과 유사하다고 볼 수 있다.

여기에서는 2004년 제정된 세칙에는 없었던 '전시선포 시기' 항목을 신설하였다. 여기서 전시상태가 선포되는 경우는 세 가지로 들었는데, 첫 번째는 "미제와 남조선의 침략전쟁 의도가 확정되거나 공화국 북반부(북한)에 무력침공했을 때", 두 번째는 "남조선 애국 역량의 지원 요구가 있거나 국내외에서 통일에 유리한 국면이 마련될 경우", 세 번째는 "미제와 남조선이 국부 지역에서 일으킨 군사적 도발 행위가 확대될 때"라고 하였다.

한미군사연습(UFG)을 하거나 남한 내부에서 종북세력의 활동이 혼란을 초래할 때, 북한이 서해 북방한계선(NLL)이나 휴전선 지역 등 접적 지역에서 국지도발을 일으킨 뒤 이를 빌미로 전면전을 도발할 수 있음을 공개적으로 천명한 것이나 다름없다.

북한은 2012년 8월 개정한 '준전시사업세칙'에서 북한은 "최고 존엄(김 부자 일가)에 대한 모독과 한미 양국이 전선과 해상에서 군사도발을 할 경우 및 북한의 최고 이익을 침해하는 도발을 감행할 경우 '준전시상태'를 선포한다"라고 규정하였다. 여기서 '준전시상태'란 전쟁에 당장 대처할 수 있게 준비하는 상태로, 1968년 1월 23일 미 해군 푸에블로호 나포 사건 때를 비롯해 네 차례 선포됐던 적이 있다.

김정은의 무력통일 의지는 그동안의 여러 차례의 발언에서도 이미 표출된 바 있다. "나의 통일관은 무력통일관이며 직접 탱크를 몰고 서울로 진격하겠다"(2011), "한번은 반드시 적들과 싸워야 한다", "3년 내 혁명 무력으로 통일할 것"(2013), "2015년 통일대전을 준비하라", "조선혁명 완수를 위해 적들과 총결사전을 벌이자"(2014)…. 김정은은 2015년 군 지휘관 회의에서도 "2015년 한반도에서 전쟁이 일어날 수 있다. 통일대전을 위해 전략물자(Strategic Materials)를 최대한 마련하고 언제나 전쟁을 할 수 있도록 준비를 다하라"라고 지시를 하였다.[3] 당 창건 70돌인 2015

년 10월까지 "모든 전쟁준비를 완성"하라는 지시를 내린 바도 있었다. 2016년도에는 북한군이 주민들을 대상으로 '통일대전'이 있을 것이라고 하면서 군부대에서는 향후 3년 치의 군량미를 미리 준비해 놓을 것을 지시하고, 기회가 있을 때마다 이를 점검하는 것으로 알려지고 있다.[4]

얼마 전에는 7일 작전계획을 만들었다는 보도도 나왔다. 즉, 북한은 핵과 미사일, 특수전 부대 등 비대칭(Asymmetric) 전력으로 기습적으로 도발하거나, 국지전이 전면전으로 확전될 경우 초반에 기선을 잡은 뒤 미 증원군이 도착하기 이전 7일 만에 한반도를 점령하되 시간이 여의치 못하면 15일간의 전쟁으로 한반도를 석권하겠다는 것이다.[5]

지금도 조선중앙통신의 보도 내용이나 『노동신문』의 기사를 보면 김정은은 주로 군부대를 찾아다니면서 전쟁준비태세를 강조하고 있고, 준비태세가 미흡한 부대는 지휘관 계급을 강등하는 등 책임자를 문책하고 있다. 이러한 김정은의 발언과 군부대 시찰 등은 그가 여전히 한반도에 대한 무력통일 의지를 나타내는 것으로, 변함없이 전쟁도발을 위해 혈안이 돼 있음을 그대로 보여 주고 있다.

북한이 전시사업세칙에 포함한 바와 같이 서북 도서 지역에서의 충돌이든 휴전선 지역에서의 충돌이든 어떤 충돌이 발생하고, 이 충돌이 전면적 충돌로 확대될 가능성이 있다. 2015년 8월에 발생한 지뢰 및 포격 도발로부터 시작된 북한의 준전시상태 선포는 이러한 가능성을 보여 주는 사례 중의 하나이다. 당시 정부와 국민이 보여 준 대응은 북한의 전면전 위협을 억제하는 좋은 사례의 하나가 될 것이다. 일단 이러한 위기가 발생하면 국방부와 합참의 위기관리 목표는 상황을 안정적으로 관리

---

3) 한경환, "서해 기습상륙, 문산·광덕산 루트로 수도권 3각 공격: 김정은 '2015 통일대전' 내용은", 『중앙일보』 2014. 9. 14.

4) "'올해 통일대전 있을 것'…북, 신병주민들에 전쟁교육", 『문화일보』 2016. 2. 12.; "김정은, 작년부터 '3년치 군량미 준비하고' 지시하고 점검", 『조선일보』 2012. 2. 12.

5) "김정은 '7일 전쟁' 작계 만들었다", 『중앙일보』 2014. 1. 8.

해서 전면적 충돌을 방지하면서 억제 실패 시에 대비하는 전략 개념을 갖고 있을 것이다.

북한은 지금도 동해상으로는 시도 때도 없이 유도탄이나 다련장 로켓을 발사하면서 여전히 무력을 과시한다. 최근에는 5차 핵실험을 하였고, 인공위성을 빙자한 대륙간탄도탄(ICBM) 발사시험을 하였다. 또한 잠수함발사미사일(SLBM) 시험발사 사진도 공개하였다. 이러한 공갈·협박이나 무력시위가 단순한 공갈·협박이나 무력시위로 끝난다면 다행이겠으나, 만의 하나라도 국지적 도발로 확대되고 악화되면서 확전된다면 우리로서는 전면전을 각오하지 않을 수 없다.

지금까지의 발생된 크고 작은 도발(Provocation)이나 무력충돌(Armed Collision) 가운데는 단순 도발로 끝난 것이 있었지만, 반면에 그대로 방치되면 발생된 상황이 상승작용(Escalation)을 일으켜 전면적인 충돌로 확대될 수 있었던 사건들도 다수 있었다. 북한이 이렇게 군사 분야나 비군사 분야에서 도발한 사건을 보면 6·25전쟁 이후인 1954년부터 2010년 11월까지 1,640건(육상 720건, 해상 920건)이며, 그중 국지도발은 1,020건(지상 470건, 해상 510건, 공중 40건)에 달한다.[6)]

이러한 북한의 도발·위협과 각종 군사적 동향에 따라 군은 국지적 도발은 물론 전면전에도 대비해야 한다고 한 바 있으며,[7)] 대통령에 대한 업무보고를 통해서도 국지전과 전면전에 동시에 대비하겠다고 하였다. 이와 같이 북한의 전면적 도발에 대해서도 근래 들어 자주 경고되고 있다.

스캐퍼로티 전 한미연합사령관도 "현재 북한이 핵탄두를 소형화할 수 있는 능력을 갖췄다고 본다"라고 밝혔다. 그동안 북한이 소형 핵탄두를 중거리 미사일 등에 탑재해 발사할 수 있는 능력을 갖고 있다는 민간연구소들의 주장은 여러 차례 나왔지만 미군 고위인사가 공개적으로 확

---

6) 국방부, 『국방백서 2010』, 국방부, 2010, p. 250.

7) 『국방일보』 2013. 12. 17.

인한 것은 처음이다. 그는 또한 "북한이 핵탄두를 소형화해 미사일에 실어 발사할 수 있는 기술을 가지고 있다고 판단하고 있다"라면서 "하지만 아직 이와 관련된 실험을 하지 않아 북한의 기술 수준에 대해서는 정확히 파악하지 못하고 있다"라고 말하였다. 그런데 이러한 말을 입증하듯 장거리 미사일 발사 실험을 한 것이다.

그는 북한이 개발 중인 이동식 대륙간탄도미사일(ICBM)인 KN-08과 관련하여, "북한은 ICBM 발사 능력을 갖고 있다고 주장하며 이미 발사대를 갖추고 있다"라고 하였다. 이어 "북한 정권이 핵과 미사일 개발을 가속화하고 있을 뿐 아니라 생화학무기와 사이버전 등 다른 비대칭 전력 강화에도 많은 노력을 기울이고 있다"라고 덧붙였다.[8] 또한 최근 북한이 3천 톤급의 잠수함을 개발하면서 여기서 미사일을 발사하는 것은 이제 시간상의 문제라고 하였다.

이러한 여러 사건 또는 도발 징후 등이 한반도의 안보 상황을 말하듯 한반도 평화지수가 많이 하락된 것으로 연구되고 있다. 한반도 평화지수가 남북한의 군사적 충돌 등의 긴장 또는 남북 대화 등 여러 변수에 의해 매우 유동적이기는 하지만, 최근의 경우에는 서해 지역에서의 NLL 무력화 시도와 휴전선 지역에서의 총격도발 및 핵 등 대량살상무기의 개발, 전쟁과 관련된 여러 차례의 발언 때문에 더욱 악화되고 있는 것이다.

이 글은 이와 같이 한반도 평화지수가 악화되면서 어떤 경우로든 전면전이 발발하면 전쟁을 수행하기 위한 전쟁비용(戰爭費用, War Costs)을 어떻게 조달할 것인가 그 방법론을 제기하는 글이다(그렇다고 전쟁을 하자고 주장하는 것은 아니다. "평화를 원하거든 전쟁에 대비하라(Si vis pacem, para bellum)"라는 말처럼 만에 하나 발생할지도 모를 국가적 비상상황에 대비하여야 한다는 차원이다).

만약 한반도에서 다시금 6·25전쟁과 같은 북한의 전면적 도발이

8) "한미연합사령관 '북, 핵탄두 소형화 능력 갖췄다'", 『중앙선데이』 2014. 10. 26.

유사하게 재현된다면 어떻게 할 것인가? 비록 미국이 한미상호방위조약에 따라 일부의 병력과 장비를 지원한다고 하지만 그럼에도 전쟁 수행과 지원의 주체는 우리가 되어야 한다. 따라서 우리가 주도하여 지원계획을 수립해야 하며, 그렇게 하기 위한 계획 가운데 가장 중요한 부분 중의 하나가 바로 정부기능을 유지하고 국민생활을 안정시키며 군사작전을 효율적으로 지원하기 위한 전비를 조달하는 것이다.

우리의 재정능력이나 경제력이 북한에 비하여 절대적으로 우위에 있다고는 하지만 최근의 재정 및 경제 상황을 보면 우려가 된다. 복지수요가 급증하면서 국가의 재정상황은 악화되고 있다. 몇 년 전까지만 해도 국가채무가 서구 유럽 국가나 일본 및 미국의 문제만으로 인식되는 경향이 많았지만, 이제 이 문제는 자유롭지 못할 정도로 눈덩이처럼 커지고 있다. 국가의 공공부문 부채(국가+비영리기관+비금융공기업)는 이미 1,000조 원에 다다르고 있다. 이는 국민총생산액(GDP)의 65%에 달하는 것이다. 지금 이 순간에도 국가부채 시계는 화살처럼 빠르게 돌아가고 있다(자세한 것은 국회 예산처의 국가채무 시계를 보기 바란다). 가계부채는 1,300조 원, 기업부채는 2,500조 원에 달한다.[9] 국가, 가계, 기업 등 모든 경제주체가 빚더미에 있는 것이 현실이다. 이렇게 악화되는 국가와 가계 및 기업의 부채가 언제 어떤 원인으로 폭탄이 되어 되돌아올지 알 수 없는 상황이라면 지나친 기우일까?

이런 여건에서 북한발로 야기되는 국가적인 비상사태마저 발생한다면 극히 어려울 수밖에 없는 상황에 처해질 것은 피할 수 없는 사실이다. 이와 같은 상황에 대비해서 모든 분야에서 준비를 해야 하며, 여기서 재정 및 경제 분야도 예외가 될 수 없다.

전쟁비용을 어떻게 조달할 것인가를 연구하면서 느낀 것은 미국이

9) "작년 공공부채 957조 원…… 3년 만에 204조 원 증가", 『문화일보』 2015. 12. 24.

나 영국 등 어떤 나라에서나 한 국가 내에서도 전쟁비용을 준비하는 과정에서 여당과 야당의 대립이 있음은 물론, 같은 여당 내에서도 도시와 농촌 등 출신 지역의 차이로 인해 많은 갈등이 생겨났다는 것이다. 예를 들어 남북전쟁 당시 연방의회에서는 전비조달 방안을 두고 민주당과 공화당이 상호 간 대립한 것은 흔한 일이었고, 공화당에서도 도시와 농촌 등 출신 지역에 따라 의원 간 갈등이 있었다. 이런 일이 자주 발생하면서 군사전략을 수정하는 일도 있었다. 이러한 일이 우리나라라고 예외가 될 수는 없을 것이다. 여당과 야당의 의견이 다를 것이고, 도시와 농촌 지역 의원 간 차이가 있을 것이며, 서울·경기 등 접적 지역과 전선으로부터 많이 이격된 영·호남 지역의 입장이 다를 것이다. 따라서 평시에 충분한 연구와 합리적인 계획이 필요하다.

3. 연구중점 및 범위

이 연구는 어떤 이유로든 전쟁이 발발할 시 이를 승리로 이끌기 위해 필요로 하는 비용의 조달에 관한 것이다. 이를 위하여 첫째, 전쟁비용 조달에 관한 여러 학자들의 이론 또는 주장을 살펴보았다. 둘째, 전비를 조달하는 일반적인 방법을 고찰하였다. 셋째, 1차 대전 이전 미국의 남북전쟁과 청일전쟁 및 러일전쟁에서의 일본 등 관련 국가와 1·2차 대전의 승전국인 미국과 영국, 6·25전쟁 당시의 한국 등 주요 전쟁사에서 나타났던 각국의 전비조달 방법을 살펴보았다. 넷째, 한반도에서 전쟁이 발발할 시 어떻게 전비를 조달할 것인지 그 방안과 홍보 방안을 제시하였다. 다섯째, 전비를 조달하는 과정에서 국민들의 경제적인 부담을 덜어주기 위해서는 어떻게 이를 최소화할 수 있을 것인지 그 방안을 제시하였다.

본 연구는 문헌분석 및 사례분석으로 진행하였다. 문헌분석은 전쟁 비용을 연구한 학자들의 주장을 중점적으로 살펴보고 사례분석은 미국의 남북전쟁, 청일전쟁과 러일전쟁, 1·2차 대전 시의 영국과 미국, 6·25전쟁 당시의 한국 등 전쟁사에서 나타났던 사례를 중점적으로 연구하였다. 이렇게 연구범위를 제한하는 이유는 이들 국가의 사례를 보면 전시 전비조달의 실제를 개관할 수 있기 때문이다.

전쟁은 일단 시작되면 돈을 마구 먹는 괴물이 된다. 과거의 전쟁에서도 그랬지만 전쟁양상이 첨단화·과학화·정밀화되어 가는 현대의 전쟁에 있어서 더욱더 그 결과를 좌지우지한다. 돈은 전쟁을 의도하는 대로 움직이게 만드는 데 있어서는 물론, 그 결과에도 지대한 영향을 미치는 수단이 된다. 그 돈이 바로 전쟁비용이다. 그렇기 때문에 전쟁이 발발하자 모든 나라가 그 비용을 충족시키기 위해 세금제도를 개편하면서 많은 세금을 거두어들였고, 화폐를 대량으로 발행하였다. 전시채권의 발행이나 해외에서의 차관 도입 등의 방법도 사용되었다.

"전쟁에서 승리한 국가는 언제나 마지막 금화를 손에 쥐고 있다"라는 말이 있다. 이 말은 결국 전쟁에서의 승리를 결정하는 것은 누가 전쟁이 끝날 때까지 소요되는 비용을 조달할 수 있는 능력, 즉 재정 및 경제력이 우세한가임을 대변하는 말로, 재정능력이나 경제력이 전쟁의 결과에 결정적으로 영향을 준다는 것을 의미한다.

> 전쟁은 막대한 비용을 필요로 한다. 이 말은 많은 세금의 징수와 전시채권의 판매를 뜻한다. 또한 사치품과 필수품 등의 소비 억제를 의미하는 것으로, 국가와 국민과 개인 모두가 전쟁에 참여하는 총력전을 의미한다.
>
> – Franklin D. Roosevelt –

2장

전쟁비용

제2차 세계대전에서 연합국이 승리할 수 있었던 이유는 추축국에 비해서 재정능력이나 경제력에서 우위에 있었기 때문이다. 즉, 연합국이 재정능력 및 경제력의 우위를 바탕으로 추축국보다 더 많은 병사를 동원하였고, 더 좋은 장비 및 탄약을 더 많이 생산해서 보급하였기 때문에 승리한 것이다.

– Mark Harrison –

1. 전쟁비용이란?

한반도의 안보현실과 북한군의 군사전략 및 전술, 현대전의 양상을 고려해 볼 때 한반도에 전쟁이 발발하면 총력전을 피할 수는 없다. '총력전(總力戰, Total War)'이란 용어는 여러 학자들에 의해 다양하게 정의되고 있기는 하지만, 대표적인 표현으로 "국가가 가용한 모든 역량을 총동원하여 국가를 방위하는 것으로, 정치와 외교 및 경제, 과학기술, 사회 및 문화와 군사 분야의 고유역량과 활동을 유기적이고 상호 보완적으로 조직하여 국내외로부터의 위협과 무력침략에 종합적으로 대응함으로써 총력전쟁을 수행하는 것"[10)]이라고 말할 수 있다.

---

10) 합동참모본부, 『합동기본교리』, 국군인쇄창, 2009, pp. 32~33.

프랑스의 아롱(Raymond Aron)은 총력전 양상이 미국의 남북전쟁에서 최초로 나타났고, 1차 대전(1914~1918)을 거치면서 더욱 확대되었으며, 2차 대전(1939~1945)에서 절정에 달하였다고 하였다. 아롱이 주장하였듯 총력전은 미국의 남북전쟁(1861~1865)에서 최초로 그 양상이 나타나서 1차 대전을 거치면서 본격화됐고, 2차 대전에서 절정에 달하였다. 중동전에서 이스라엘의 경우 아랍 제국에 둘러싸여 있는 안보환경 때문에 전면적 전쟁이 발발하면 총력전을 하지 않을 수 없다. 6·25전쟁(1950~1953)시 남북한도 총력전을 하였다.

현재의 한반도 안보환경 여건상 서해 북방한계선(NLL) 지역 또는 휴전선의 비무장지대(DMZ) 지역 등 어느 지역에서의 국지적 도발일지라도 일단 도발이 발생하고 확대돼 전면적 전쟁으로 간다면 총력전을 하지 않을 수 없다.

총력전 양상에서 승리하기 위해서는 국가지도자는 합리적이고 강력한 리더십을 발휘해야 하고, 국민은 전쟁이 진행되는 동안 의식주는 물론 인적·물적 피해와 여러 어려움을 이겨내기 위한 강한 의지를 가져야 한다. 그 외에도 외교 및 정치, 군사력과 재정 및 경제력, 예비전력과 과학기술력, 사회문화력 등이 뒷받침되어야 한다. 이 중에서 "재정능력 및 경제력'은 '전쟁이 발발하면 총력전 수행을 뒷받침할 수 있도록 국가가 동원할 수 있는 경제적인 힘 또는 역량과 부(富)의 원천"[11]을 말하는 것으로, 전쟁비용의 조달과 밀접하게 관련된다.

전쟁사를 보면, 러일전쟁 당시의 일본이나 1차 대전 당시의 영국과 프랑스처럼 한 국가의 재정능력이나 경제력만으로 전쟁비용을 조달하기 어려운 경우 자국이 보유하였던 금을 팔거나 채권을 판매하는 등으로 전비를 조달하였던 사례도 있다. 이 과정에서 외교역량 역시 전비조달에

---

11) 박계호, 『총력전의 이론과 실제』, 북코리아, 2012, p. 658.

많은 기여를 하였다. 따라서 국가의 외교역량 역시 전비조달과 관련이 깊다.

전쟁에서 재정능력이나 경제력의 중요성이 여러 학자들에 의해 강조되었지만, 해리슨(Mark Harrison)은 "전쟁에서의 궁극적인 승리가 재정 및 경제력에 의해서 좌우된다"라고 하면서 2차 대전 시 연합국이 추축국에 비해서 재정능력이나 경제력이 우위에 있었기 때문에 승리했다고 주장하였다. 그는 연합국이 재정능력이나 경제력의 우위를 바탕으로 추축국보다 더 많은 병사를 동원하였고, 더 좋은 장비와 탄약을 더 많이 생산해서 보급하였기 때문에 승리했다고 한 것이다.[12] 연합국이 승리할 수 있었던 것은 전쟁이 발발하면서 대량의 장비와 물자 생산 능력과 더불어 대규모의 인원을 동원하여 부대를 확장할 수 있는 능력이 있었기 때문으로, 재정능력 및 경제력이 이를 뒷받침하였기에 가능하였다는 주장이다.

이와 같은 말이 나올 수 있는 이유는, 1차 대전이나 2차 대전 당시 독일군 장교 개개인의 자질이나 전략과 전술, 무기체계 등은 연합국에 비하여 결코 뒤떨어지지 않았음에도 패배한 여러 이유 중의 하나가 바로 전쟁을 지속할 수 있는 병력동원 능력이나 재정동원 및 경제력 등이 연합국에 비하여 열세에 있었기 때문이라는 것이다.

해리슨의 언급처럼 1차 대전이나 2차 대전 당시 미국을 중심으로 하는 연합국이 승리할 수 있었던 중요한 이유 중의 하나가 독일을 중심으로 하는 1차 대전 시의 동맹국, 2차 대전 시의 추축국에 비하여 인적 자원의 동원 능력은 물론 재정동원 능력과 경제력에서의 우위가 있었다는 점임은 분명하다. 이러한 재정동원 능력이나 경제력에서의 우위는 전시에는 전비조달 능력으로 나타나며 바로 연합국이 그렇게 하였던 것이다.

그런데 이러한 전비조달 능력도 평시부터 전쟁이 발발할 경우에 대

12) Mark Harrison, *The USSR and Total War: Why Didn't the Soviet Economy Collapse in 1942? A WORLD AT TOTAL WAR*, Cambridge University Press, 2010, p. 137.

비하여 사전에 조달 및 시행방안에 대한 연구와 계획수립을 해 놓았을 때 전시에 비교적 상황의 변화에 부응하여 효과적으로 발휘할 수 있다. 특히 한반도의 전장 환경을 생각해 보면 더욱 그러하다. 서울과 인천 등 수도권 지역에는 한국의 정부조직과 경제력의 상당 부분이 집중돼 있다. 북한이 휴전선에 근접하여 방사포와 로켓 등 대량의 화력을 포함하는 준비된 진지에서의 기습 가능성이 항상 존재하고 있고, 수도 서울은 휴전선에서 불과 40㎞ 정도 밖에 안 될 정도로 가까이 있다. 전장종심도 극히 짧은 불리한 여건에 있다.

전쟁이 발발하면 그때 가서 전비조달 계획을 수립한다는 등 부산을 떨기에는 전장 상황이 그만큼 시간적 여유를 허용치 않는다는 것으로, 평시 관련 계획에 준비가 철저히 되어 있어야 함을 의미한다. 과연 이 업무를 담당하는 정부 부처에서는 이에 대하여 자신 있게 '예'라고 답할 수 있을까?

그렇다면 전쟁비용, 즉 전비(War cost)란 무엇인가? 먼저 전비의 범위에 대한 것이다. 통상적으로 전비는 '전쟁을 하는 데 소요되는 비용'을 말한다. 혹자는 평시 군사력을 건설 및 유지하는 비용으로부터 전쟁이 발발하면 이에 소요되는 비용과 전후 복구에 필요한 비용까지로 주장하는 경우도 있다. 또한 좁은 의미로만 본다면 순전히 군사작전과 관련되는 비용이라고도 할 수 있겠으나, 넓은 의미로 본다면 전쟁기간 군사작전을 수행하는 데 소요되는 비용으로부터 정부기능의 유지는 물론 국민을 먹여 살리는 데 소요되는 비용과 전후 복구비용, 전사·상자에 대한 보상과 참전자에 대한 연금까지 광범위하게 망라하는 비용이라고 할 수 있다. 이 책에서는 넓은 의미로 사용하고자 한다.

다음은 전비를 구성하는 요소에 관한 것이다. 전쟁기간 중 비용이 필요한 부분은 이루 헤아릴 수 없이 많다. 군사작전을 위해 급격히 소요가 확대되는 전투장비와 탄약, 병참물자를 조달하기 위한 비용과 전투

병력의 유지는 물론 대규모의 인적·물적 자원 동원에 따른 비용과 운용 및 유지 그리고 보상비용, 전재민 및 피난민 구호 등 국민생활의 안정에 필요한 생필품의 준비와 식량과 석유 등 전략물자(Strategic Materials)[13]를 조달하기 위한 비용, 파괴된 무기 및 탄약 생산 시설이나 교량과 철도, 발전소와 통신시설 등 국가핵심기반시설을 복구하는 데 필요한 비용, 전·사상자에 대한 보상과 치료비용 등 헤아릴 수 없다.

특히 우리나라의 경우는 전비를 논의함에 있어서 항상 북한이라는 상수를 염두에 두지 않으면 안 된다. 북한 지역에서의 작전 시 북한군 무장해제에 따른 비용, 난민에 대한 구호 및 구조비용, 도로와 전력, 수도 등 파괴된 각종 기반시설의 복구도 우리가 감당할 수밖에 없는 것이 현실로, 그만큼 비용이 눈덩이처럼 커질 수밖에 없는 환경이기 때문이다.

2차 대전 이후 패전국이었던 독일에 있어 전후 복구는 본질적으로 독일 정부의 책임이었지만, 미국은 독일 등 서유럽 국가의 재건과 부흥을 위해 유럽부흥계획(European Recovery Program, 일명 Marshall Plan)을 수립해서 1948년 4월부터 1951년 말까지 서유럽에 120억 달러에 이르는 경제원조를 하였던 적이 있다.[14]

북한 정권이 붕괴된 상황에서도 전후 복구를 위해서는 막대한 비용이 소요될 것이다. 이를 국제사회에 요청하고 국제사회가 이를 일부 지원할 수는 있겠지만 상당한 부분을 한국 정부가 부담할 수밖에 없다는 뜻으로, 그만큼 전후 복구를 위한 비용이 증가된다는 의미이다. 실제로 이라크 전쟁 이후 이라크 재건을 위해 미국 정부가 사용한 금액을 보면,

---

13) ① 한 나라의 기본적인 운용요건을 충족시키는 데 필요한 모든 물자로 일국의 기본적인 경제발전에 중추적인 역할을 담당하며 발전과정에 있어 핵심이 되는 중요물자 ② 국가의 비상시에 생산능률에 있어서 양적으로나 질적으로 불충분하기 때문에 국외의 자원으로부터 전적으로 또는 부분적으로 조달되지 않으면 안 되는 국가안보상 또는 전략상 긴요한 물자

14) http://history.state.gov/milestones/1945-1952/marshall-plan(검색일: 2014. 8. 15.)

〈표 2-1〉 미국 정부가 이라크 재건에 투입한 금액[15]

구분	계	보안군 훈련	기반시설 복구	인도적 지원	사회질서 확립	경기부양	기타
금액(달러)	600억	200억	150억	90억	80억	50억	30억

〈표 2-1〉에서 보듯 천문학적인 비용을 지불했음을 볼 수 있다.

미국은 아프간에서는 이라크 전쟁 복구비용보다 더 많은 약 1천억 달러의 비용을 지출하였으며, 이는 2차 대전 후 독일 재건에 투입된 금액보다도 더 많은 것으로 알려지고 있다.[16] 뿐만 아니라 아프간에서는 국제사회가 아프간 복구를 위해 비용을 지원하고 재건팀(Provincial Reconstruction Team, PRT)을 파견하는 등으로 조치한 바 있다.

또한 종전 이후에는 파괴된 국가기반시설을 복구하는 데 필요한 비용이라든가, 동원된 병력과 장비를 동원 이전의 상태로 돌리면서 동원에 따른 보상비용과 복원(復元, Recovery)에 드는 비용도 발생한다. 전사한 군인에 대한 보상과 부상한 군인에 대한 치료 및 재활비용, 참전자에 대한 연금 지급도 포함된다. 이 비용은 평시 군사력의 건설과 운영 및 유지 등의 국방비와 석유 및 식량 등의 전략물자를 도입하는 데 소요되는 비용을 제외하고는 필요하지 않거나 소규모의 예산이 필요하지만, 전쟁이라는 상황 때문에 대규모로 필요하게 된다.

미국 의회조사처(Congressional Research Services, CRS)의 보고서는 이러한 실상의 한 단면을 보여 준다. 의회조사처는 미국의 역사를 통해 주요 전쟁에서 소요된 비용을 〈표 2-2〉와 같이 제시하였다.

---

15) http://www.cbsnews.com/news/much-of-60b-from-us-to-rebuild-iraq-wasted-special-auditors-final-report-to-congress-shows(검색일: 2014. 8. 15.); 『경향신문』 2014. 6. 16.

16) http://www.facethefactsusa.org/facts/us-spends-more-rebuilding-iraq-afghanistan-than-post-wwii-germany(검색일: 2014. 8. 15.). 미국은 전후 복구를 위해 독일에 현재의 달러 가치로 약 350억 달러를 1946년부터 1952년까지 투입한 것으로 알려지고 있다.

〈표 2-2〉 미국의 역사상 주요 전쟁에서의 비용[17)]

단위: 억 달러

구분	전쟁기간	당시 전비	2011 회계연도 기준 불변가	GDP대비(전비지출 최고 연도)	
				전쟁비용(%)	국방비(%)
독립전쟁	1775~1783	1.01	24.07	-	-
미영전쟁	1812~1815	0.9	15.53	2.2(1813)	2.7(1813)
멕시코 전쟁	1846~1849	0.71	23.76	1.4(1847)	1.9(1847)
남북전쟁(북군)	1861~1865	31.83	596.31	11.3(1865)	11.7(1865)
1차 대전	1917~1918	200	3,340	13.6(1919)	14.1(1919)
2차 대전	1941~1945	2,960	41,040	35.8(1945)	37.5(1945)
6·25전쟁	1950~1953	300	3,410	4.2(1952)	13.2(1952)
베트남 전쟁	1965~1975	1,110	7,380	2.3(1968)	9.5(1968)
걸프전	1990~1991	610	1,020	0.3(1991)	4.6(1991)
이라크전	2003~2010	7,150	7,840	1.0(2008)	4.3(2008)
아프간전	2001~2010	2,970	3,210	0.7(2010)	4.9(2010)
9.11 이후 이라크-아프간전	2001~2010	10,460	11,470	1.2(2008)	4.3(2008)

출처: Stephen Dagget, *Costs of Major U. S. Wars*(CRS Report for Congress, Order Code RS22926, 2010. 6. 29)

주의할 것은 전쟁비용과 전시예산의 차이점이다. 전쟁비용이란 전쟁기간 사용되는 상비군과 병력 동원 및 유지, 장비와 탄약의 사용 등의

---

17) ① 'GDP 대비 전쟁비용(%)'과 'GDP 대비 국방비(%)'는 GDP 대비 전쟁비용 및 국방비 지출이 가장 최고조에 달하였던 해를 기준으로 하였다. ② 전쟁비용은 병력유지로부터 장비 및 탄약 같은 군수지원은 물론 작전수행에 필요한 모든 비용을 포함하고, 국방비는 이를 포함하며 그 외에 동원 및 훈련 등의 행정적인 비용까지를 포함하는 것이다. 본 도표에서 남북전쟁이나 제1·2차 세계대전 당시 전쟁비용 및 국방비가 높은 이유는 총력전 상황에서 많은 인원의 동원과 전시산업 전환에 따른 지출이 많았기 때문이다. 그 외의 6·25와 월남전, 이라크 전쟁 등은 미국으로서는 제한전쟁이었기 때문에 상대적으로 비용이 적었다. 미국에서도 전쟁비용을 비교함에는 많은 논쟁이 발생한다. 이는 시대적 차이와 전쟁비용 산정에 포함된 기간의 차이라든가 군인 외 민간인 참여 증가, 정교한 장비의 사용빈도의 증가, 당시의 화폐가치와 현재 가치의 단순 비교 평가의 어려움 등 여러 요인에 기인하는 바가 크다.

비용으로부터 전후의 복구비용까지 광범위하게 포함된다. 한편, 현재 우리가 사용하는 전시예산(戰時豫算, War budget)은 '전시 또는 국가비상사태에 대비하여 동원운영계획에 기준을 두고 전년도에 준하여 편성된 예산'을 말하며 M+30일, M+60일, M+130일, M+364일로 구분하여 편성하는 것으로, 전쟁비용과는 기간과 규모, 범위 및 대상 등에서 차이가 있다.

지금까지의 전쟁에서 나타난 전비사용 결과를 보면 통상적으로 1개월간의 비용 또는 1년간의 비용 등을 언급하지 않고 전쟁 전 기간 동안 소요된 비용을 언급하고 있다. 이는 그만큼 일일 또는 월간 단위로 전쟁비용을 판단하는 것이 의미가 적다는 의미이다. 전비는 전쟁양상에 따라 다르기 때문에 전쟁이 치열하게 전개될 때는 대폭 소요되다가 소강상태를 보일 때는 소규모로 소요되므로, 일일 또는 월간 단위로 판단하는 것이 의미가 적기 때문이다.

한국의 경우로 본다면 북한이 침공을 시작하는 개전 및 방어 단계에는 치열한 전투를 하면서 최대의 전비가 소요되다가 반격 및 격멸 단계로 전환되면 북한군의 전투력이 약화되면서 점진적으로 줄어들 것이다. 종전 및 전후 처리 단계에서는 동원해제 및 복원에 따르는 비용과 파괴된 시설의 복구비용, 전사·상자에 대한 보상, 북한 지역 재건 등으로 인해 비용이 급증할 것이다.

반면에 전시예산은 1년을 기준으로 판단하여 작성하고 있는데, 여기서는 전비소요를 단계별 전쟁의 치열도(熾熱度)를 감안하여 비용을 계상하였거나 전쟁 이후에 소요될 각종 비용 등을 현실적으로 반영하고 있다고 보기는 어렵다.

2. 전비조달 이론의 발전

> 전쟁을 수행하기 위해서는 첫째도 필요한 것이 돈이고, 둘째도 필요한 것이 돈이며, 셋째도 필요한 것이 돈이다.
>
> – Raimondo Montecuccoli –

전쟁비용의 조달(war finance)이란 용어는 사실 우리에게는 잘 사용되거나 익숙한 용어는 아니다. 하지만 이 용어는 서양에서는 이미 자주 사용되어 왔고, 이에 관한 연구도 비교적 활발한 편이다. 이는 그만큼 서양에서 전쟁이 많았다는 이야기이자 전쟁 발발 당시 비용을 조달하는 문제가 중요하였다는 이야기이기도 하다. 전쟁비용의 조달은 국방경제(defense economics)의 한 부분으로서, 그 방법에는 전시 지출의 확대를 해결하기 위하여 여러 재정적인 정책이나 통화정책을 포함하며, 통상 조세의 인상이나 면세점의 하향 조정 및 대상자 확대와 더불어 외국 또는 국내 금융기관 등을 통한 국내외에서의 국채판매를 통한 전비조달, 그 외에 정부 또는 중앙은행을 통한 은행권의 발행 등이 자주 사용되었다.

667년에 당 태종이 100만여 명의 대군을 이끌고 고구려를 침공하였다. 당시는 현재처럼 보급 및 병참체제가 구비되어 있었던 것도 아닌 상황에서 100만여 대군을 움직인다는 것은 대단히 어려운 일로, 이들을 먹이면서 전투를 하기에는 막대한 비용이 소요될 수밖에 없었다. 그렇다면 당시 당나라는 100만여 대군을 움직이는 데 필요한 비용을 어떻게 해결하였을까?

1812년에 나폴레옹은 러시아 원정 당시 45만여 명의 대군을 동원하였다. 나폴레옹이 45만여 명이라는 방대한 규모의 병력을 유지하고 필요한 장비와 탄약을 준비하는 데 소요된 비용을 어떻게 해결되었을까? 이들을 유지하기 위해 막대한 비용이 소요되었고, 이를 어떤 방법으로든 해결해야만 하였다.

다음은 19세기에 들어서 발생한 전쟁과 인명의 손실 및 이에 따른 비용에 관한 것이다. 과학기술의 발전에 힘입어 화포나 탄약의 성능이 발전되고 동원체제의 정비에 따라 많은 인원이 동원되면서, 전쟁비용은 대폭적으로 늘어났다.

〈표 2-3〉 18-19세기 전쟁에서의 비용

구분		시기	전쟁일수(일)	인명손실(명)	직접전쟁비용($)
나폴레옹 전쟁		1790~1815	9,000	2,100,000	30.7억
크림 전쟁		1854	730	785,000	17.0억
보불전쟁	프랑스	1870~1871	210	280,000	25.35억
	독일				6.75억
보어전쟁		1899~1902	995	9,800	12.5억
러일전쟁		1904~1905	548	160,000	21.0억

출처: Earnest L. Bogart, *War Costs and their Financing: A Study of the Financing of the War and the After-War Problems of Debt and Taxation*, D. Appleton and Company, 1921, p. 85.

위의 도표는 과거의 전쟁에서 그랬듯 현대의 전쟁에서도 막대한 비용을 수반할 것이라는 것을 보여 준다. 이를 연구하는 학자들은 이와 같이 막대한 비용이 소요되는 전쟁을 수행하기 위해서는 그 비용을 어떻게 조달해야 한다고 주장하고 있을까? 또한 그들의 주장은 현대의 전쟁에서 전비를 조달하는 데 있어 얼마나 영향을 미치고 있을까?

영국의 경제학자인 먼(Thomas Mun, 1571~1641)은 전시에 대비하여 그 비용을 충당하는 방법으로 금(Gold)과 은(Silver)을 중요시하였다. 그는 금과 은을 가지고 요구되는 시간과 장소에서 전쟁을 하는 데 필요한 인력과 식량 및 군수품 등을 준비할 수 있기 때문이라면서, 금과 은이 전쟁을 치름에 있어 그때그때 요구되는 전쟁비용을 조달하는 가장 편리한 수단이라고 보았다. 먼은 무역을 통해 얻은 금과 은 같은 보물이 전시에 필요한 군자금의 원천이라 하였다.

홉스(Thomas Hobbes, 1588~1679)는 자주적 납세론(納稅論)을 주장하였다. 그는 시민들이 국가가 자신들의 생명과 신체 및 재산 등을 보호해 준 대가로 국가에 조세를 납부해야 한다고 주장하면서, 평화에 대한 대가인 조세는 국가로부터 얻은 크기에 비례하여 책정되어야 한다는 조세이익설을 주장하였다. 홉스는 평시 및 전시의 국방비 조달을 위해 당연히 개인들은 국방에 의한 보호로 얻은 이익에 상응하는 조세를 자발적으로 내야 한다면서 조세에 의한 경비조달을 강조하였다. 그는 자연 상태에서 '만인에 대한 만인의 투쟁' 상태가 되기 때문에 자신의 방호를 지원받기 위해서는 납세의무에 절대복종해야 한다는 시민의 납세론을 주장하였다.

사회계약설을 주장한 로크(John Locke, 1632~1704)는 국가가 자기를 대신하여 개인의 사유재산권을 보장해 주는 만큼 그에 대한 대가로 조세를 지불해야 하며, 또한 국가의 존속을 위해서는 막대한 비용이 들기 때문에 국민 각자는 자기 재산에 대한 국가의 보호를 누리는 만큼 이에 상당한 금액을 조세로 지불하는 것이 당연하다고 주장하였다. 그는 국민이 정부활동으로부터 얻는 보호의 크고 작음, 많고 적음에 따라 그 대가로 그에 상당하는 금액을 지불해야 하며, 결국 재산을 많이 가진 자가 많이 내야 한다는 조세이익설을 주장하였다. 국방비는 조세로 해야 하며 그 부담의 정도는 국민 각자가 국가로부터 누리는 자기 재산과 생명의 안전한 보호에서 발생하는 이익의 크기에 상응해야 한다면서, 재산에 비례하여 과세를 해야 한다고 주장하였다.

국부론의 저자인 스미스(Adam Smith, 1723~1790)는 공채에 의한 전비조달을 주장하였다. 그는 국채발행의 기원을 논하면서 전비조달의 방식으로 공채발행을 주장하였는데, "근대적 정부에 있어 평화 시의 일상적인 지출은 일상적인 수입에 의해 충당이 가능하다. 그러나 전쟁이 일어나면 예기치 못하였던 상황의 발생으로 인해 막대한 비용이 소요되는데,

정부는 비용이 증가하는 것에 비례하여 조세수입을 확대하려 해도 현실적으로 어려움이 많고, 그렇다고 대규모로 경비가 소요되는 것을 방치할 수 없기 때문에 이를 공공채무에 의존할 수밖에 없게 된다"라고 하였다.

즉, 평시에는 국방을 포함하는 정부활동을 위해 조세의 수입이라든가 국가재산의 수입 등으로 충당이 가능하지만, 전시에는 각종 경비가 대폭적으로 급속히 확대되면서 동시에 조세부담의 갑작스런 증가로 국민들이 전쟁수행에 염증을 낼까 두렵게 되고 또한 조세가 전쟁을 함에 있어서 충분한지도 알 수 없다. 이 때문에 급격한 조세의 부담을 늘리는 대신에 공채를 발행하여 전쟁을 수행하는 데 있어 의존할 수밖에 없다면서 공채발행의 필요성을 주장한 것이다. 그는 전쟁기간 공채발행을 통한 전비조달이 자본축적을 저해하는 반면, 소비 절약과 저축을 장려하고 노동 의욕을 북돋우는 측면이 강하기 때문에 조세보다 유리하다고 하였다.

영국의 고전주의 경제학자인 리카르도(David Ricardo, 1772~1823)는 전비를 조달하는 방법으로 세금징수의 확대와 채권발행 등 두 가지 방법을 제시하였다. 그런데 채권을 발행하게 되면 이는 전쟁 이후에도 국민들에게 그대로 부담을 주는 것이기 때문에 100% 국민의 세금부담으로 하는 방법이 좋다고 하였다.[18] 그는 전비를 조세와 채권의 발행으로 조달할 수 있으나 전비는 현세대의 부담인 조세에 의해서 조달해야만 불필요한 전쟁, 즉 국가지도자의 정치적인 이해관계의 결과로 발생하는 부담을 최대한 억제할 수 있다고 생각하였다. 그는 전쟁을 기획하는 사람들에게 있어 공채가 전쟁의 부담을 미래의 세대에게 떠맡기기 때문에 선호되면서 정부는 별 구속을 느끼지 않고 전쟁에 돌입하게 될 것이지만, 조세로 전쟁비용을 조달할 경우 의회와 국민들은 이에 동의하지 않을 것이기 때문

---

18) Gavin Kennedy, *Defence Economic*, London: Gerald Duckworth & Co. Ltd., 1983, p. 11; Hugh Rockoff, *America's Economics Way of War: War and the US Economy from the Spanish-American War to the Persian Gulf War,* Cambridge University Press, 2012, p. 23.

에 조세에 의한 전비조달이 더 좋은 방법이라고 주장하였다.

반면에 케인즈(John M. Keynes, 1883~1946)는 소득의 일부를 강제로 저축시켜 정부가 필요로 하는 전비를 조달할 것을 주장하였다.[19] 그는 국내에서의 전비조달의 방법으로 우선 화폐 발행액의 증대나 은행신용의 창출 및 이를 적절하게 조합하는 방법, 조세의 증가를 위한 전쟁세와 초과이익세 외에도 특별소비세, 일반판매세, 임금에 부과하는 임금세 등을 주장하였다.

한편 더빈(Evan Durbin, 1906~1948)은 전비를 조달하기 위한 방법으로 세금 징수의 확대, 산업의 직접통제, 화폐공급 확대, 정부차입에 대한 낮은 금리의 이자율 적용, 민간은행의 대출통제, 은행으로부터의 강제적인 직접대출 등을 들고 있다.[20] 또한 전쟁경제학의 선구자인 피구(Arthur C. Pigou, 1877~1959)는 채권발행, 조세정책, 화폐발행정책, 은행신용대출 정책 등을 제시하고 있다.[21] 밀(John S. Mill, 1806~1873)은 정부가 전비를 빌리는 것의 위험성을 지적하면서도 전쟁에서의 승리를 위해서는 어느 정도까지 빌리는 것을 용인할 수밖에 없다고 하였다.[22]

한편 독일의 루덴도르프(Erich von Ludendorff, 1865~1937) 장군은 그의 저서인 『국가총력전(國家總力戰)』(*Der Totale Kriege*)에서 독일이 1차 대전 당시 패한 요인을 분석하면서 그 원인으로 지도자의 자질과 경제력, 국민의 의지 부족 등을 제시하였다. 그가 제시한 경제력에서는 국가의 재정동원과

---

19) Jules Backman, *War and Defense Economics,* Rinehart & Company, Inc., 1951, p. 272; Stephen Broadberry and Peter Howleft, "Blood, Sweat, and Tears: British Mobilization for World War Ⅱ", *A World at Total War: Global Conflict and the Politics of Destruction, 1937-1945,* Cambridge University Press, 2010, p. 164.

20) Gavin Kennedy, *op. cit.*, p. 18.

21) Arthur. C. Pigou, *The political Economy of War*, Macmillian, 1940, pp. 72~111.

22) Rockoff, *op. cit.*, p. 23.

전비조달, 전시 군수공업능력 등을 중요한 한 요소로 지적하였다.[23]

또한 일본의 다까하시 하지메(高橋 甫)도 1975년 펴낸 그의 저서 『현대총력전론(現代總力戰論)』에서 전비조달에 대해서 언급하고 있다. 그는 국가가 전쟁을 수행하는 역량을 총력전력(總力戰力)으로 표현하면서 이를 무력과 정치전력, 사상전력, 경제전력 등으로 구분하였다. 이 가운데 경제전력의 항목으로 재정 필요액 규모, 전비조달 방식, 전시재정과 물자생산능력, 인플레이션 대책 등을 제시하면서 전비조달에 대해 언급하였다.[24]

국내 학자들 가운데는 전쟁비용에 관한 이론으로부터 어떻게 조달할 것인가의 방법론에 대해 연구를 하였거나 또는 어떤 조달 방법을 제시한 학자를 찾아보기가 쉽지 않다. 국방대학교 등에서 이를 연구한 논문과 외국 서적을 번역한 책, 일부의 논문에서 전비조달 방법을 제시한 것이 전부라고 해도 과언이 아닐 정도로 찾아보기 힘들다.[25] 6·25전쟁을 하면서 비용조달의 어려움을 겪었고, 현재도 남북한이 대치하고 있는 상황에서 만약 또 다른 전쟁이 발발한다면 어떤 방법으로 전비를 조달할 것인지 관심이 필요하다고 생각하나 현실은 그렇지 못하다. 평시 정치와 경제, 외교와 군사 등을 적절히 행사하여 전쟁을 억제해야 하겠지만, 만에 하나라도 이러한 억제책이 실패하여 전쟁이 발발할 경우에 대비하여 전비조달 방안을 미리 연구하고 비상대비계획을 수립해 놓아야 할 것이다.

전비조달에 관한 학자들의 주장은 각각 다르지만, 전쟁사에 나타났던 일반적인 방법으로는 조세의 인상과 면세 기준의 축소 등을 통한 조세수입의 확대, 전시채권의 발행, 중앙은행의 발권력을 이용한 화폐발행

---

23) 박계호, 앞의 책, p. 64.

24) 위의 책, pp. 65~66.

25) 박계호·김용빈, "전쟁사 분석을 통한 전비조달에 관한 연구: 1·2차 대전시 미국 사례 중심", 『군사』 제90호, 2014.

액 증대, 그 외에 개인의 자발적인 헌금, 피점령 국가의 자원을 이용하는 방법 등 여러 가지 방법이 사용되었다.[26] 또한 외국으로부터의 차관 또는 지원이나 국외자산 매각 등의 방법이 자국의 재정 또는 경제적 상황에 따라 선택적으로 사용되었다.

대부분의 학자들은 전비조달 방법으로 은행차입의 확대, 조세제도의 확대라든가 또는 공채의 발행, 화폐발행액 증대 등을 주장하고 있다. 현재 각국에서 사회복지제도의 발전과 관련하여 각종 기금을 적립하여 사용하고 있는데 이를 사용하는 방안에 대한 연구라든가, 또는 국가가 보유하고 있는 외환보유액 등을 활용하는 방안에 대한 주장 등은 상대적으로 부족하다.

전쟁비용 조달에 관한 방법론에도 불구하고 전시에는 그 비용을 줄이기 위해 비군사분야의 지출을 줄여야 하며, 심지어는 군사 분야와 관련되는 비용도 전투와 직접적으로 관련되는 비용이 아니라면 최소화해야 한다. 그렇게 하는 것만이 국민들로부터 세금을 적게 거두어들이고 은행권 발행을 줄여 인플레이션 발생을 억제하는 등으로 국민생활의 어려움을 최소화한다.

한편, 군에서는 주로 전쟁사를 군사전략과 전술 차원에서 연구하고 있고 그 외의 정치와 경제, 국민의 참여 등의 분야에 대해서는 관심이 미흡하다. 이를테면 고대 전쟁사로부터 최근에 이르기까지 전쟁사를 연구함에 있어 전쟁 원인과 경과 및 결과, 교훈을 주로 군사적 관점에서 도출하는 방식으로 연구하였고, 그 외의 전쟁 당시 정치적 상황, 경제적 상황과 전쟁비용의 조달, 국민들의 참여의지 등 비군사적인 승리요인에 대한 연구는 부족하였다.

행정부의 비상계획관실도 국가비상대비계획을 작성하기 위해 해당

---

26) Rockoff, *op. cit.*, pp. 24~25.

부처의 업무와 관련되는 전쟁사를 연구하고 그 교훈을 반영하는 곳이 제대로 없는 것이 현실이다. 이를테면 전비조달에 관한 정부의 주무부처인 기획재정부가 과거 영국이나 독일, 미국 등 실제로 전쟁을 하였던 국가들이 전쟁 기간에 어떻게 전비를 조달하였는지 연구하여 그 결과 또는 교훈을 국가비상대비계획 작성 시 반영했는가 하는 것으로, 그렇지 못하다는 것이다.

기획재정부는 평시예산에 대해서는 엄격하게 예산을 수립하도록 행정 각부를 통제 및 확인하지만 전시예산에 대해서는 관심이 없는 것 같다. 국회 또한 평시예산에는 관심이 지대하지만 전시예산에 대해서는 관심이 없다. 누구도 관심을 갖지 않기 때문에 평시 연구는 물론 전시대비계획에 있어서도 그 실효성이 의심스러운 것이다.

이는 전시에 정부의 홍보업무를 담당할 부처의 경우도 마찬가지이다. 미국과 영국을 포함하는 국가들이 전쟁기간 전비를 조달하기 위해 어떻게 국민들을 대상으로 홍보를 하였으며, 국민들은 어떻게 정부시책에 협조하였는가 하는 것을 연구해서 우리에게 적용 가능한 시행방안을 수립하고 전시가 되면 홍보를 해야 하는데 그렇지 못하다.

3. 일반적인 전비조달 방법

> 오늘도 내일도, 다음 주도 그리고 다음 달도… 전쟁이 승리로 끝날 때까지 매달…, 전시채권을 구입하라.
>
> – Walter Leaf –

세금 인상과 새로운 항목의 세금 신설 및 대상 확대

어떤 이유로든 전쟁이 발발하였다면 승리하기 위해 갑자기 많은 비용이 소요되기 마련이다. 이렇게 비용의 수요가 급격히 확대될 때 이를 해결하기 위한 방법은 기존의 세금(Tax)을 인상하거나 새로운 항목의 세금을 신설하거나, 면세 기준을 하향 조정하여 과세대상을 확대해서 전비를 충당하는 것으로, 이러한 방법은 전시에 자주 사용되었다.

대부분의 국가에서는 전비를 조달하기 위하여 개인소득세와 법인소득세, 물품세, 관세 외에 상속세와 재산세 및 증여세 등의 세율을 올리는가 하면, 그것만으로는 부족해지자 사치세, 특별소비세, 방위세와 같은 새로운 항목의 조세를 만들었다. 또한 평시에는 소득수준이 낮아서 세금 부과대상에서 제외하였던 사람들도 면세 기준을 하향 조정하여 세금 부과대상에 포함하면서 대상을 확대하였다.[27)]

미국의 예를 들면, 1798년 프랑스와 전쟁에서 해군력을 확대할 목적하에 처음으로 토지와 집, 심지어는 노예에게도 세금을 부여하였으며, 1812년 영국과의 전쟁이나 1846~1849년 멕시코 전쟁에서 소요전비의 40%를 세금인상으로 해결하였다. 남북전쟁 시는 처음으로 소득세(Income tax)를 도입하였고, 1898년에는 향수와 껌 및 카드놀이와 극장 입장료에도 세금을 부과하였다.

1차 대전 당시는 법인초과이익세(Corporate excess profit tax), 소비세(Consumer tax), 사치품에 대한 사치세(Luxury tax) 등 다양한 항목의 세금도 만들어 충당하였다.[28)] 우리나라에서도 6·25전쟁 기간 중 전비를 조달하기 위해 임시조세증징법, 임시토지취득세법 등을 제정하여 전비를 조달하였던 적이 있다.[29)]

이렇게 세금을 이용하는 방법은 전비조달을 위해 국가가 취할 수 있는 가장 쉬운 방법으로, 이처럼 전비조달을 위해 불가피하게 세금을 올

27) Backman, *op. cit.*, pp. 262~263.

28) Charles A. Stevenson, "Time for a War Tax", *Los Angeles Times*, 2009. 12. 9.

29) 박명림 외, 『이승만(3): 전시경제정책』, 연세대학교 국가관리연구원, 2010, p. 10.

리고 대상을 확대하는 등의 조치가 필요하다. 그러나 전시라는 상황으로 인해 안 그래도 어려운 국민들의 생활이 세금을 올리면서 더욱 어려워지기 때문에 적절한 선에서 시행되어야 한다.

은행권 발행 확대

전쟁이 발발하면 갑자기 전비소요가 대폭으로 요구되게 마련이므로 급격히 확대되는 비용을 모두 세금으로 충당할 수 없게 된다. 이때 정부의 통제 아래 중앙은행의 발권력을 이용, 화폐를 대량으로 발행하여 전비를 충당하는 방법이 사용될 수 있다. 미국의 경우 1차 대전이 발발할 무렵인 1914년 6월에는 10.56억 달러가 유통되고 있었으나, 전쟁이 끝난 1918년 12월에는 48.1억 달러의 화폐가 유통되면서 4년 만에 통화량이 무려 455%나 증가되었다.[30]

프랑스에서도 전쟁이 발발하기 직전인 1914년 7월에 미 달러화 기준으로 8억 달러 정도가 유통되었으나 전쟁이 발발하면서 통화량이 10월에는 18.59억 달러, 12월 말에는 20억 달러를 넘었으며, 1915년에는 28억 달러, 1916년 34억 달러, 1917년 44.68억 달러, 그리고 전쟁이 끝날 무렵에는 60.5억 달러로 확대되었다.[31] 4년여 만에 무려 756%가 증가된 것이다. 이와 같은 현상은 독일에서도 마찬가지였다. 전쟁 당시인 1914년 72억 마르크에서 전쟁이 끝날 무렵인 1918년에는 무려 284억 마르크로 통화량이 급증하였다. 이는 1인당 기준으로 보자면 110마르크에서 430마르크로 무려 391% 늘어난 것이다.

또한 미국에서는 2차 대전이 발발할 무렵인 1939년 12월 30일 기준으로는 76억 달러가 유통되고 있었으나, 종전 후인 1945년 12월 31

---

30) Bogart, *op. cit.*, p. 351.

31) Bogart, *op. cit.*, p. 45.

일에는 285억 달러로 확대돼 5년 만에 375%나 증가되었다.[32] 우리나라도 1950년 개전 당시에는 22억 원이 유통되고 있었으나 1953년도 종전 당시에는 231억 원이 유통되었다.[33]

이렇게 중앙은행의 발권력을 이용하여 화폐를 대량으로 발행함으로써 손쉽게 전비를 조달할 수는 있다. 그러나 이로 인해 시중에 유통되는 화폐량이 증가하면서 물가에 압력을 주는 등 인플레이션이 발생하면 국민들의 생활이 어려워지기 때문에, 이와 병행하여 물가안정대책이 필요하게 된다. 따라서 모든 국가에서는 전시채권을 발행하여 시중에서 유통되는 화폐를 회수하거나 정부가 주도하여 직간접적인 방법으로 가격을 통제하거나 또는 배급제(Rationing)를 통하여 국민들의 생활을 안정시키는 방법을 종종 사용하였다.

평시예산의 전시예산으로의 전용 및 비국방 · 군사 분야의 예산 사용 억제

이 방법은 전쟁이 발발함에 따라 평시 국가의 예산 사용 계획에 따라 집행 중이던 예산의 사용을 중지시키고 비국방 분야의 예산 사용을 최대한 억제시켜 전비로 사용하는 방법이다. 많은 국가에서 전쟁이 발발하자 당시 집행 중에 있었던 예산을 중지시키고 전시예산으로 전환하였다. 6·25전쟁 당시를 보면 전쟁이 발발하자 정부는 집행 중에 있었던 예산을 중지시키고 전쟁수행을 지원하기 위하여 전장상황에 따라 수차례에 걸쳐 추가경정예산을 편성하였었다.

평시예산을 전시예산으로 전환하면서 전쟁수행에 신속한 대처는 가능해졌으나 전비를 완전히 조달하기에 전환된 예산만으로는 부족해지자, 많은 국가에서는 추가 예산을 편성하거나 이미 편성되어 집행 중

---

32) Backman, *op. cit.*, p. 282.

33) 박명림 외, 앞의 책, p. 25.

에 있었던 예산을 삭감하여 전쟁비용으로 전환하였다.[34] 또한 국민생활 안정 부분에 투입되는 예산이 중지되면서 정부의 지원에 따라 생활하던 국민들의 의식주 생활이 극도로 곤란해지는 현상이 발생하였다. 따라서 전쟁 기간 중 비국방 분야의 예산을 전시예산으로 전환하기는 하되 국민생활안정 차원의 예산 사용도 적절하게 고려되어야 한다.

전시채권의 발행

전시채권(War Bonds)이란 정부가 전시에 주로 군사작전 등을 수행하는 데 필요한 비용을 충족할 목적으로 발행하는 증권이다. 전시채권을 발행하는 목적은 첫째, 정부가 전쟁을 수행하는 데 필요한 비용을 마련하고 둘째, 국민들도 전시채권 구입을 통해 전쟁에 직간접적으로 참여하고 있음을 인식도록 하기 위해서이다. 정부는 전시채권을 발행 및 판매하여 전쟁비용을 마련하고 국민들은 이를 구입함으로써 전시채권은 애국심을 호소하는 한 방편이 되는 것이다. 셋째, 전비를 충족하기 위해 과도하게 발행돼 유통될 수 있는 화폐를 채권 판매를 통해 회수함으로써 인플레이션을 진정시키는 역할도 한다.

최초의 채권발행은 영국에서 시작된 것으로 알려지고 있다. 1642년 국내에서 내란으로 토지소유권에 커다란 변화가 발생하면서 왕실은 재정부족에 시달렸다. 이를 타개할 목적으로 이듬해에 처음으로 소비세를 부과하는 등 근대적인 조세제도를 도입하기 시작하였다. 그럼에도 불구하고 왕실의 비용을 충당할 수 없게 되면서 1660년 찰스 2세가 120만 파운드의 공채를 발행하고 의회가 이를 보증하면서 채권발행이 시작

---

34) 이스라엘은 2014년 가자지구 작전(Operation 'Protective Edge')에서 사용된 전쟁비용 25억 달러를 마련하기 위하여 모든 부처가 일률적으로 2%의 예산을 삭감하여 전쟁비용으로 전환하였다("Gaza war cost $2.5 billion, Ya'alon says", http://www.timesofisrael.com/gaza-war-cost-2-5-billion-yaalon-says/ (검색일: 2016. 10. 1.)).

되었다. 이러한 채권의 발행으로 평시 군비, 왕실운영비, 외교비용 등을 충당하였다. 이후 영국은 아일랜드 정복전쟁 시 소요되는 막대한 전비를 조세만으로 조달할 수 없게 되자 채권을 발행하는 등, 전쟁 시 자주 채권을 발행하여 전비를 조달하였다.

이후 영국에서는 나폴레옹 전쟁의 결과로 발생된 채무를 변제해 주기 위해서도 채권을 발행하였으며, 미국에서는 1812년 영국과의 전쟁에 대비하여 의회가 1,100만 달러를 모집할 수 있도록 채권발행을 승인하였다. 남북전쟁 시 북군이나 1·2차 대전 시 대부분의 국가에서는 전시채권을 발행하여 전비를 조달하는 것이 일반화되었다.

전시채권은 반드시 국내에서만 발행되는 것은 아니다. 일본은 청일전쟁과 러일전쟁 당시 영국과 미국에서 채권을 발행하여 전비를 조달하였다. 당시 영국이나 미국의 투자은행에서 이를 구입하면서 전쟁비용을 제공하였던 것이다. 전시채권은 액면가(Face Value)를 할인해서 판매함으로써 모든 국민들 또는 외국에게 비교적 쉽게 채권을 구입할 수 있도록 여건을 만들어 준다. 이를테면 액면가 100달러짜리 채권을 10% 할인하여 90달러에 판매한다든가 20% 할인하여 80달러에 판매하는 것이다. 액면가보다 저렴하게 판매하여 더 많은 국민들에게 이를 구입하게 함으로써 전쟁이라는 국가적 대사에 참여하는 기회를 준다. 전시채권은 발행 시 이율과 상환기간 등 약정사항을 명시하며, 5년 또는 10년, 20년 등 약정 조건에 따라 전후 국가가 이를 구입한 사람(국가 또는 기관)에게 원금과 이자를 상환해야 한다.

많은 국가가 전시채권을 발행하여 전비조달을 하는 방법으로 막대한 전비를 조달하는 데 성공하였다. 전시채권 판매에 의한 전비의 조달은 당장 국민의 주머니에서 돈이 나가는 조세인상에 의한 직접적인 방법보다는 상대적으로 국민들의 저항이 적다. 그러나 전후 전시채권을 상환함에 있어 상환 당시의 비용도 결국 국민의 세금으로 부담하면서 국가의 재정

상황을 어렵게 만든다. 과다한 채권발행을 통한 전비조달은 때때로 국가에 대한 신용위기와 전후 폭발적인 인플레이션을 초래할 수도 있다. 이러한 상황을 감안한다면 전시채권을 발행하여 전비를 조달하는 것이 쉽다고 생각하여 무한정 발행할 수는 없으며, 발행 규모와 상환 당시 이율 및 기간, 액면가의 할인, 발행 지역(국내외) 등의 면밀한 검토가 필요하다.

외국 지원 또는 차관

"국가적 위기상황에서 특히 외국과의 전쟁을 해 나가는 과정에서 필요한 비용을 조달하기 위해 외부로부터의 차입은 부유한 나라들로서도 없어서는 안 될 중요한 재원이다"라고 미국의 초대 재무장관이었던 해밀턴이 말한 바 있다. 해밀턴이 말한 바와 같이 미국은 독립전쟁 당시 프랑스와 네덜란드로부터 차입을 하여 전쟁을 하였으며 이는 결정적으로 승리할 수 있었던 이유이기도 하다.

만약에 어느 국가가 자국의 재정 및 경제능력만으로는 전쟁을 수행하는 데 어려움이 있을 경우 어떻게 그 비용을 마련할 것인가? 이럴 경우 우방국 또는 우호적인 국가로부터 지원을 받거나 공채를 판매하여 전쟁비용을 조달할 수 있다.

러일전쟁(1904~1905)이 발발할 당시 일본의 국력은 러시아와 비교할 수 없을 정도로 열세였다. 그럼에도 불구하고 러시아와 일전을 벌여 승리하였으며, 이를 위하여 전비소요의 상당액을 영국과 미국으로부터 조달하였다. 이렇게 일본이 전비를 조달할 수 있었던 중요한 이유에는 국내 및 국제적 환경이 영향을 미쳤다.

당시 러시아는 반유대인 정책인 포그람(Pogram)을 취하면서 러시아 국내에 거주하고 있었던 유대인에게 거주 이전의 제한과 교육 기회 박탈, 직업 선택 제한 등의 박해를 가하였다. 그러다가 마침내 1903년 4월 모르도바의 키시네프에서 유대인 집단학살 사건이 발생하여 50여 명이 사망하고 500여 명이 부상을 입는 사건이 발생하였다. 가옥도 100여 채가 파괴되는 참극이 발생하였으나, 러시아 정부는 이 사건을 은폐하면서 오히려 사건 주모자들을 비호하였다.[35] 이 사건이 서방에 알려지면서 유대인 사회는 격분하였다.

이듬해 러일전쟁이 발발할 무렵, 일본의 대표단이 전비를 조달하고자 런던을 방문할 즈음에 미국의 유대인 은행가 시프(Jacob Schiff)도 영국을 방문하면서 일본 대표단을 만나 일본의 전비조달에 대해 적극 협조하였다. 러시아가 유대인을 탄압하자 이에 대한 보복 차원에서 미국계 유대인인 은행가 시프가 일본을 도와 전쟁에서 이길 수 있도록 전비조달에 협조한 것이다.

일본 정부는 국채를 발행하여 시프의 도움으로 영국은 물론 미국에서도 판매하였다. 이렇게 시프가 지원하여 일본은 러일전쟁 기간 채권을 판매하여 약 8,200만 파운드(약 5.35억 달러)에 달하는 비용을 마련하는 데 성공하였고, 이러한 도움으로 일본은 전쟁에서 승리한 것이다.

1차 대전 시 영국과 프랑스는 미국의 우방국으로서 재정뿐만 아니라 군사적·물질적 지원도 받았다. 미국은 1차 대전 당시 영국과 프랑스에 약 100억 달러, 2차 대전 당시에는 '무기대여법(Lend-Lease Act)'에 의거 영국과 프랑스, 소련 등 연합국에게 500억 달러를 차관 또는 식량과 무기와 탄약 같은 물자로 제공하였다.[36] 1차 대전 시 영국은 영연방 국가인 캐나다와 오스트레일리아 및 뉴질랜드 등으로부터도 지원을 받았다.[37] 뉴질랜드나 오스트레일리아, 캐나다, 남아프리카 공화국, 인도 등의 영연방 국가는 동맹국들과 직접적으로 전쟁을 한 것도 아닌데 〈표 2-4〉에

35) 전홍찬, "러일전쟁과 유대계 금융의 힘", 『21세기정치학회보』 제21집 3호, 21세기 정치학회, 2011, p. 220.

36) Backman, *op. cit.*, p. 10.

37) J. M. Winter, *The Experience of World War 1,* Oxford University Press, 1995, p. 50.

〈표 2-4〉 1차 대전 기간 중 영연방 국가의 전쟁비용 지출

국가	기간	총비용	
		파운드화 기준	달러화 기준
오스트레일리아	1914. 8. 4.~1919. 3. 31.	2.91억	14.61억
뉴질랜드	1914. 8. 4.~1919. 3. 31.	7,600만	3.65억
캐나다	1914. 8. 4.~1919. 8. 31.	-	15.45억
남아프리카 공화국	1914. 8. 4.~1919. 3. 31.	3,300만	2.43억
인도	1914. 8. 4.~1919. 3. 31.	1.19억	5.84억

출처: Edwin Seligman, "The Cost of the War and How it was Met?", *War Finance Volume Ⅲ: War in the Twentieth Century*, Edward Elgar Publishing Limited, 1994, p. 171.

서 보는 바와 같이 많은 비용을 지출하였다. 그것은 그만큼 영국을 재정적으로 지원하였다는 것을 의미한다.

이스라엘은 매년 미국으로부터 약 30억 달러에 달하는 금액을 지원받고 있다.[38] 이렇게 지원되는 금액은 이스라엘 건국 이후부터 2015년도까지 약 1,211억 달러에 달한다. 이 원조액은 전시에는 전비로 주로 사용되지만 평시에는 국방비의 부족분이나 무기개발 및 군수산업 등에 사용되는 것으로 알려지고 있다. 미국이 해마다 이스라엘에 지원하는 군사원조는 이스라엘 연간 국방비의 20%를 차지한다.

외국 지원 또는 차관에 의한 전비조달 방법은 자국의 재정 및 경제력이 적국에 비하여 상대적으로 약할 때, 자국의 요청에 재정 및 경제적 지원을 할 수 있는 우호적인 또는 우방의 국가가 있을 때 전비를 조달하기 위한 유용한 방법이 될 수 있다. 외국으로부터 차관을 도입하기 위해서는 도입된 차관을 상환할 수 있는 능력과 더불어 신용이 확실해야 한다.

---

38) Jeremy M. Sharp, *U. S. Foreign Aid to Israel*(CRS Report for Congress, Order Code RL33222), 2014. 4. 11. p. 26.

〈표 2-5〉 미국의 이스라엘 원조

단위: 백만 달러

구분	총액	군사원조	경제원조	이민원조	ASHA[39]	기타
계	121,190.804	70,523.4	30,879.0	1,673.2	162.075	14,991.9
1949~1996	68,030.9	29,014.9	23,122.4	868.9	121.4	14,903.3
1997~2000	13,352.95	8,580.0	4,429.1	29.0	4.85	50.0
2001~2005	14,771.25	11,451.5	2,988.5	279.3	14.05	37.9
2006~2010	12,849.25	12,302.0	357.0	175.0	14.55	0.7
2011	3,029.22	3,000.0	-	25.0	4.225	-
2012	3,098.0	3,075.0	-	20.0	3.0	-
2013	2,943.23	3,100.0	-	15.0	-	-
2014	3,115.0	3,100.0	-	15.0	-	-
2015	3,110.0	3,100.0	-	10.0	-	-

출처: Jeremy M. Sharp, *U. S. Foreign Aid to Israel*(CRS Report for Congress, Order Code RL33222), 2014. 4. 11., p. 26.

국민 모금 또는 애국복권 발행

이 방법은 국내에 거주하는 국민이나 또는 해외에 거주하는 교포들이 모금을 하여 전쟁비용을 지원하는 방식이다. 먼저 해외에 거주하는 교포들의 모금 방식으로, 이스라엘이 대표적인 국가이다. 이스라엘이 인접한 아랍 국가들과의 전쟁 등으로 국가적 비상상황에 처해지면 해외에 거주하는 유대인, 특히 미국을 중심으로 유대인연합회(AIPAC)가 주도하여 모금을 한 뒤 이스라엘을 지원한다.[40]

39) American School and Hospitals abroad Program

40) 미국의 대표적 유대인 정치로비 단체인 AIPAC(미국-이스라엘 공적위원회: American-Israel Public Affairs Committee)은 워싱턴에서 이스라엘을 위하여 로비활동을 하는 단체로, 1954년 미국에 있는 유대인 단체의 지도자들이 창설하였다. 이 조직의 활동 목적은 평화 유지, 군사·경제적 원조를 통한 이스라엘의 강화, 이스라엘의 정치적 수도인 예루살렘의 보호, 테러 방어, 이란의 핵무기 프로그램 반대, 새로운 위협 발생 시 미국과 이스라엘의 공조 등이다. 또한 Conference of Presidents Major American Jewish는 1959년 설립되었으며, 미국 내와 국제정치 무대에서 이스라엘에 관한 미국 유대인들의 공식적인

예를 들어 이스라엘 독립전쟁(제1차 중동전, 1948. 5. 14.~1949. 2. 24.)이 발생하기 전 당시 해외에 거주하는 유대인들이 모금운동을 벌여 1946년 30만 파운드, 1947년에는 330만 파운드를 모금하여 2차대전 시 사용하였던 무기와 탄약을 구입해서 이스라엘군에게 보낸 바 있다.[41] 1948년 1월에는 전쟁이 임박하자 메이어(Golda Meir)를 미국에 파견하였는데, 주목적은 전투에 필요한 장비를 구입하는 데 소요될 2,500만 달러를 마련하는 것이었다. 그녀는 시카고의 유대인 단체에서 연설을 통해 처음의 계획보다 두 배나 더 많은 5,000만 달러를 모금하였다.[42]

6일 전쟁 시(1967. 6. 5.~6. 10.) 정부는 2억 5,000만 파운드의 안보채권을 발행하여 전비를 조달하였다. 여기에 더하여 전쟁기간 중 이스라엘 정부는 미국의 유대인 단체를 중심으로 5억 파운드의 채권을 발행하여, 2억 4,100만 파운드가 이스라엘 정부로 송금됐다. 또한 1967년 5월 말에는 전비조달을 위하여 재무장관과 전직 참모총장이 유럽과 남북 아메리카를 방문하였다.[43]

국내에 거주하는 국민이 직접 비용을 모금하여 정부에 전달하는 방법도 종종 사용된다. 예를 들면 2차 대전이 발발하기 전인 1936년, 독일군의 스위스 침공 가능성이 높아지자 스위스 국민들은 약 3억 스위스 프랑(Sfr)을 모금하여 정부에 제공하였다. 정부는 이를 이용하여 방어시설을 보강하거나 소총을 구입하여 민병군(Militia)에 지급하였던 적이 있다.[44]

목소리 역할을 한다. JINSA(Jewish Institute for National Security Affairs)는 1977년 설립돼 워싱턴에 본부를 두고 미 국방부의 대중동 정책과 관련하여 영향력을 발휘하며, Pro-Israel Political Action Committee(정치활동위원회)는 선거 입후보자의 출마를 지원하기 위해 각 후보나 정당별로 조직된 후원회이다.

41) 김희상, 『중동전』, 일신사, 1995, p. 41.

42) http://wa.org/thisweek.jan/21/1948/golda-meir(검색일: 2016. 9. 10.)

43) Moshe Naor, "ISRAELI MOBILIZATION AND THE OVERSEAS VOLUNTEERS IN THE SIX-DAY WAR", *Journal of Modern Jewish Studies*, 2014, p. 446.

〈그림 2-1〉 6·25전쟁 전 국민 헌금으로 구입한 백두산함과 건국기[45]

우리나라에서도 6·25전쟁이 발발하기 이전에 해군에서는 '함정 건조 모금운동'을 전개하여 모금된 돈을 이용, 미국으로부터 함정 4척을 구입하였다. 공군에서는 '애국기 헌납 모금운동'을 전개하여 캐나다에서 만든 AT-6형 연습기 10대를 구매하였다. 이 장비들은 개전 초기 북한군의 남침을 저지하는 데 일조하거나 북한군이 병력을 태우고 부산에 상륙을 시도하던 함정을 격침하는 등 중요한 임무를 수행하였다.[46]

국민 모금은 전쟁에서의 승리를 위해 다수의 국민들을 자발적으로 참여시키는 계기를 마련하는 방법으로 의미가 있으며, 승리에 대한 국민의 의지를 고양시키는 데도 중요한 역할을 한다.

애국복권(Patriot Bonds)의 발행도 전쟁비용을 충당하는 방법으로 사용될 수 있다. 예를 들면, 정부는 6·25전쟁 기간 및 종전 후 이재민 구호에

---

44) Edgar Bonjour, *Swiss Neutrality: It's History and Meaning,* George Allen & Unwin Ltd., 1952, pp. 119~120.

45) 백두산함은 국민의 성금 1만 8천 달러를 지불하고 1950년 4월 10일 미국에서 도입하였다. 이 함정은 6월 24일 밤 대한해협(오륙도 앞)에서 경비 임무 수행 중 북한군 600여 명을 태우고 부산으로 침투 중이던 수송선을 격침하면서, 개전 초기 후방에 대규모 부대를 침투시켜 혼란을 조성하려던 북한의 의도를 좌절시켰다. 건국기는 국민 성금 3억 5천만 원(30만 달러)을 지불하고 1950년 5월 캐나다에서 도입하였으며, 전쟁 초기에는 북한군 폭격이나 정찰, 조종사 양성 임무 등에 활용되었다.

46) 국방부 군사연구소, 『한국전쟁지원사』, 삼보인쇄공사, 1997, pp. 108~110.

필요한 비용을 조달하기 위하여 '애국복권발행법(1951. 5. 22., 법률 제197호)'을 제정하여 수차례 애국복권을 발행하였던 적이 있다. 미국도 걸프전-이라크 전쟁 시 막대한 전비가 소요되자 애국복권을 발행하여 전비를 조달한 바 있다.

국내외 자산 매각

이 방법은 중앙은행이 보유하는 금을 매각하여 전비를 조달하거나, 또는 국내외에 있는 자산을 타국에 판매하여 전비를 조달하는 방법이다. 예를 들면, 영국이나 프랑스는 1차 대전 당시 전쟁이 장기화되면서 국가의 재정능력으로 이를 감당하기에 부담이 되자 10억 달러에 상당한 금을 미국에 매각하여 전비를 조달하였던 적이 있다.[47] 전쟁이 장기화되고 자국의 재정능력이나 경제력으로 전비를 마련하기에 능력이 부족할 경우, 정부가 중앙은행을 통해 보유하고 있는 금은 전비를 준비하는 데 있어 유용한 수단이 될 수 있다.

많은 국가들에서는 개별 국가의 능력 또는 필요성에 따라 적든 많든 간에 중앙은행이 금을 보유하고 있으며, 우리나라도 한국은행에서 많은 양의 금(100여 톤, 47억 달러 상당)을 보관하고 있다. 이렇게 보유하고 있는 금을 전쟁과 같은 국가적인 비상사태가 발생하여 자금이 필요한 경우 전비 조달의 한 방법으로 매각하여 전비를 마련할 수 있다.

정부가 보유하고 있는 공기업 주식 등 각종 채권을 매각하는 방법도 그 한 가지가 될 수 있을 것이다. 이를테면 정부는 모 방송국이나 제철주식회사 등 기업들의 주식을 갖고 있는데, 전쟁 발발 시 이를 국내외에서 매각하여 전쟁비용으로 사용할 수 있는 것이다.

---

47) James L. Abrahamson, *The American Home Front,* National Defence University, 1983, p. 89.

해외 자원 약탈 또는 현지 자원 활용

이 방법은 전쟁을 지속하기에는 자국의 능력만으로는 부족하여 피점령 국가의 공장시설과 금괴와 석유를 포함하는 각종의 자원, 현금과 식량 등을 약탈해서 부족한 전비를 충당하는 방법이다. 또한 피점령 국가의 인력을 강제적으로 동원하여 군수공장이나 비행장 활주로 공사의 노동자, 탄광의 광부 등으로 강제노역을 시키면서 그에 따른 임금을 주지 않는 것도 이에 해당된다.[48)]

1812년 6월 초, 나폴레옹은 러시아 원정차 45만여 명이라는 대규모의 병력을 이끌고 모스크바를 향하여 진격하였다. 당시 나폴레옹군은 현지 조달을 원칙으로 하여 출발 당시 며칠 분량의 식량만을 휴대하였다. 프랑스군이 진격함에 따라 러시아군은 후퇴하면서 프랑스군이 사용할 수 있는 식량은 물론, 숙영할 수 있는 건물 등 모든 것을 태워 버리거나 파괴하는 등의 방법으로 없애 버리는 이른바 초토화전술(Scorched Tactics)을 사용하였기 때문에 나폴레옹군은 고통에 시달려야만 하였다.

나폴레옹군은 천신만고 끝에 9월 중순에 모스크바에 도달하였지만, 모스크바에서는 식량 조달이 불가능함은 물론 러시아군에 의한 대화재가 발생하면서 거주할 공간이 없어졌고, 혹한마저 이른 시기에 다가오면서 후퇴하지 않을 수 없었다. 러시아군이 후퇴하는 나폴레옹군에게 기습과 매복 등으로 심대한 피해를 입히면서 나폴레옹은 결국 몰락의 길로 접어들었다. 45만여 명의 대군이 장기간 기동함에 있어 식량과 탄약 등을 준비하기 위해서는 막대한 비용이 소요되게 마련이다. 나폴레옹은 이를 현지 조달로 해결하여 그 비용을 줄이려 하였지만, 러시아가 초토화전술로 맞서면서 그의 의도는 수포로 돌아갔고 결국 패배를 자초한 것이다.

나치 독일도 점령 지역 통치를 위하여 피점령 국가들로부터 많은 점

---

48) Backman, *op. cit.*, p. 10.

〈그림 2-2〉 모스크바 대화재와 후퇴하는 나폴레옹 군대의 철수를 묘사한 그림(1812)

령비용을 지불토록 강제하였다. 특히 2차 대전 기간 중 프랑스의 경제는 독일의 전쟁을 지원하는 데 필수적인 한 부분으로서의 역할을 하였으며,[49] 나치는 비시(Vichy) 정권을 압박하여 1940년부터 1944년까지 약 1조 1,000억 프랑을 점령비용이라는 명목으로 가져간 것으로 알려지고 있다.[50] 나치는 네덜란드에서도 7,300만 마르크(2,900만 달러)에 상당한 물자들을 구입하면서 해당국 은행들이 이에 지불토록 하였으며, 그리스 중

49) Filippo Occhino, "How Occupied France Financed its own Exploitation in World War Ⅱ", Rutgers University, 2005, p. 2.

50) 다니엘 리비에르, 최갑수 옮김, 『프랑스의 역사』, 까치글방, 2013, p. 390; 또 다른 자료에 의하면 독일은 1940 회계연도로부터 1944 회계연도까지 8,625억 프랑(1940: 816, 1941: 1,443, 1942: 1,567, 1943: 2,736, 1944: 2,063)을 프랑스 점령비용으로 가져갔다. 이는 평균적으로 프랑스 GDP의 35.3%에 해당된다(Occhino, *op. cit.*, p. 2).

앙은행으로부터도 4억 7,500만 마르크 상당을 약탈하였다.[51] 루마니아를 점령하여 석유를 약탈하였으며, 폴란드와 우크라이나 등에서는 많은 공장에서 설비를 해체하여 가져갔다. 러시아에서도 석유와 식량을 포함하는 수많은 자원의 약탈은 물론 공장 설비를 해체해서 독일로 운반하여 설치하였다.[52]

이외에도 유대인들이 소유하였던 은행과 업체를 몰수하면서 국고에 귀속하였고, 이들이 지녔던 귀중품은 당연히 압수하였으며, 심지어는 대규모로 살해(Holocaust)한 뒤 살해된 사체의 치아에서 금을 빼내 이를 녹여 금괴로 만든 후 스위스 중앙은행의 비밀 구좌에 넣어 사용한 것으로 알려지고 있다[53](당시 연합국은 스위스 은행에 독일이 약탈한 금괴 자산 10억 스위스 프

51) "毒 오른 그리스 '獨 과거史' 물다: 다시 휩싸이는 '2차 대전 피해 배상論'", 『문화일보』 2015. 2. 13. 그리스 재무부 보고서에 따르면 그리스가 독일로부터 받아야 하는 배상금과 반환금은 무려 1,620억 유로(약 203조 500억 원) 규모라고 한다. 나치 체제하에서 수많은 그리스인이 학살당하고 산업기반 등이 파괴된 데 대한 피해보상금이 1,080억 유로, 나치가 1942~1944년 그리스 중앙은행으로부터 차관 등의 명목으로 강탈해 간 금액(당시 액수로는 4억7,600만 마르크)이 540억 유로다. 독일은 이 같은 그리스 정부의 요구를 일축하고 있다. 독일 언론 도이체벨레(DW)는 최근 보도에서 "1960년 합의에 따라 독일이 그리스에 1억 1,500만 마르크를 지불했고, 이 액수에는 개인 피해자의 모든 요구액이 포함된 것이었다"라며 "1990년 '2+4 조약'(영국, 프랑스, 미국, 소련과 동·서 독일이 체결한 조약)에 따라 더 이상의 배상금은 없다"라는 것이 정부 입장이라고 전했다.

52) "毒 오른 그리스 '獨 과거史' 물다: 다시 휩싸이는 '2차 대전 피해 배상論'", 『문화일보』 2015. 2. 13. 최근 러시아 의회 일각에서는 독일에 2차 세계대전 피해 보상을 요구하기 위한 태스크포스를 만들자는 주장이 나오고 있다고 이즈베스티아가 보도했다. 2차 세계대전 후 동독과 소련 정부는 같은 공산체제라는 이유로 피해보상을 하지 않기로 합의했지만, 서독 정부와는 합의한 적이 없기 때문에 지금이라도 배상금을 받아 내야 한다는 것이다. 러시아는 나치에 의해 자국의 국영재산 약 30%, 도시 1,710곳과 마을 7만여 곳, 산업시설 3만여 곳, 농장 약 10만여 곳이 파괴됐다고 주장하고 있다. 따라서 독일로부터 최소 6천억 달러(약 665조 원)를 받아 내야 한다는 것이다.

53) 에이미 추아, 이순희 옮김, 『제국의 미래』, 영신사, 2009, pp. 380~381; 미 정부가 상무차관 주재 아래 11개 정부기관이 참여하여 7개월에 걸쳐 조사한 뒤 작성한 보고서에 따르면 1939년으로부터 1945년까지 나치가 약탈한 금은 모두 5억 6천만 달러(1997년 가격으로 56억 달러)에 상당한 금액으로, 당시 독일 제국은행은 이 가운데 4억 달러(1997년 가격으로 39억 달러) 상당의 금괴를 외교행낭 등을 이용하여 스위스 중앙은행으로 보내서 전쟁에 필요한 다이아몬드 등을 획득했다고 한다. 이렇게 한 이유는 당시 독일 화

량을 숨겨놓고 있을 것으로 판단하였다).

또한 프랑스와 네덜란드 등 서구 유럽 국가는 물론 러시아와 폴란드, 체코 등 동구 유럽 국가에서도 700만여 명의 인력을 강제로 이송하여 파괴된 시설의 복구와 공군기지 같은 군사시설 건설, 무기 제조 및 석탄 채굴 등에 있어 노동력을 제공하는 수단으로 강제적으로 운용하였다.

전후 독일 재무성이 판단한 바에 의하면 이렇게 나치가 약탈한 총자산은 약 600억 마르크(150억 달러 상당)에 달하였다고 하는데,[54] 전쟁 기간 나치의 약탈이 다시금 문제가 되면서 독일 정부를 곤혹스럽게 만들고 있다.

일본은 1937년 중일전쟁과 1941년 태평양전쟁을 도발하면서 이에 필요한 전비를 마련하고자 일본에서 전비를 조달함은 물론, 식민지 국가인 조선에서도 국채와 저축채권, 보국채권 등을 발행하여 이를 조선인에게 강제적으로 판매하였다. 일본이 1937년부터 1944년까지 전쟁을 준비하고 실시하는 동안 조선에서 조달한 비용을 보면 〈표 2-6〉과 같다.

일제는 전시공채를 강제로 매각하면서 "공채소화는 애국심", "총을 잡는 대신에 저축으로써 대동아전쟁에 참가", "공채를 사는 것은 위대한 애국심의 표현"이라고 하였으며, 공채를 사지 않은 사람을 가리켜 "나 혼자만 배부르고 나 혼자만 잘 입겠다는 생각을 가진 사람으로, 일억의 배반자로 용서할 수 없는 죄인"이라며 조선인을 호도하였다.[55]

폐로는 대외교역을 할 수 없어 전시 국제통화로 사용된 스위스 프랑(SFr)을 이용하여 물자를 구입하는 등으로 사용할 목적으로 한 것이다("미 정부 보고서 '나치 약탈 금괴 스위스가 세탁해 줬다'", 『동아일보』 1997. 5. 9.). 당시 이러한 사정으로 독일의 경제부 장관은 "스위스와 금융관계를 2개월 동안 단절한다면 정부는 전시체제를 유지할 수 없을 것"이라고 하였다고 한다.

54) 로버트 에드윈 허쯔시타인, 한국일보사 옮김, 『나치스 제3제국』, 한국종합물산, 1992, pp. 110~112.

55) 조명근, "일제 말(1937~1945) 조선 내 민간인을 대상으로 한 전시공채의 발행실태", 『대동문화연구』 제65집, 2009, p. 441에서 재인용.

〈표 2-6〉 중일전쟁 이후 일본의 조선 내 전시공채[56] 발행액

단위: 천 엔

구분	합계		국채		저축채권		보국채권		특별보국채권	
	배포액	소화액	배포액	소화액	배포액	소화액	배포액	소화액	배포액	소화액
합계	241,492	259,486	126,165	137,356	63,798	69,720	39,524	40,131	12,005	12,279
1937	-	850	-	850	-	-	-	-	-	-
1938	-	8,406	-	5,868	-	2,538	-	-	-	-
1939	13,289	14,314	9,010	9,459	4,279	4,855	-	-	-	-
1940	21,400	23,850	10,400	11,887	4,300	4,603	6,700	7,360	4,105	4,069
1941	30,965	33,635	13,810	15,657	6,800	7,301	6,250	6,518	3,400	3,710
1942	68,200	70,176	36,000	37,402	15,900	16,103	12,900	12,961	4,500	4,500
1943	84,500	87,294	44,000	44,866	25,245	27,007	10,755	10,921	-	-
1944	23,138	20,961	12,945	11,367	7,274	7,223	2,910	2,371	-	-

출처: 조명근, "일제 말(1937~1945) 조선 내 민간인을 대상으로 한 전시공채의 발행실태", 『대동문화연구』 제65집, 2009, pp. 431~432에서 재인용.

이뿐만 아니라 일제는 당시 조선과 중국에서 지하자원과 식량을 포함하는 수많은 자원을 강제로 수탈하여 본국으로 수송하였다. 징용이라는 미명 아래 헌병대를 앞세워 수많은 조선인을 강제로 끌고 가 남태평양의 도서에서 비행장 등 군사기지 건설이나 북해도 탄광에서의 석탄 채굴 같은 중노동을 시키면서 수많은 사람들이 희생되는 피해가 발생하였다. 그렇지만 일제는 그에 따른 어떤 대가도 제대로 지불하지 않았다. 또한 동남아의 인도네시아와 말레이시아 등을 침공해서 천연고무와 석유, 주석 같은 전쟁을 하는 데 필수적인 자원도 약탈해서 본국으로 수송하였다.[57]

1941년 11월 일본의 대장상 카야 오키노리(賀屋興宜)는 "우리는 점

56) 전시공채에는 일본 대장성이 발행한 국채와 특수은행인 일본권업은행이 발행한 채권(저축채권, 보국채권) 두 종류가 있었다.

57) 존 키건, 류한수 옮김, 『2차 대전사』, 청어람미디어, 2009, pp. 318~319; Gregg Huff and Shinobu Majima, *Financing Japan's World War II occupation of Southeast Asia*, Norges Bank, 2013.

※ 왼쪽으로부터 저축채권, 대동아전쟁할인국고채권, 전시저축채권

〈그림 2-3〉 중일전쟁 이후 일제가 발행한 채권

령 지역의 자원을 약탈하여 사용하는 정책을 추구해야 한다"라고 말한 바 있다. 이렇듯 당시 일본은 일본 본토로부터의 물자 이동을 최소화하고 동남아 현지의 자원과 노동력을 최대한 사용하는 이른바 '자급자족정책(Self-sufficiency)'을 추진하면서 점령 지역의 인적·물적 자원을 강제로 사용하였다. 아무리 전쟁이라 해도 국가 간에 정상적으로 교역을 한다면 물자수입이나 인력운용에 따른 비용을 지불해야 하지만, 대포와 총칼을 앞세워 석유와 고무나 식량 같은 전략물자를 약탈하고 인력을 강제로 동원하면서 전비소요를 최대한 줄인 것이다.

공적 연금 또는 기금의 사용

우리나라에는 현재 국민연금이나 사학연금 등 60여 개의 각종 연금 및 기금이 있다. 이와 같이 국가는 특수한 목적을 달성하기 위하여 법령으로 규정하여 기금을 적립하거나 활용 중에 있는 공적 연금과 특수 목적의 기금이 있다. 이렇게 공적연금과 기금을 전시라는 특수한 상황에서 합법적으로 용도를 전환하거나 변경하여 전비로 사용하는 방법이 있다. 공적연금이나 기금은 설립 목적이 규정돼 있고 사용 용도가 정해져 있기 때문에 불가피하게 전쟁비용으로 사용할 수밖에 없는 상황이라면 사전에 법적 검토와 논의를 거쳐 어떤 방법으로 얼마나 사용할 것인지 그 규모와 범위, 절차 등을 정해 놓을 필요가 있다. 연금이나 기금을 전비로 사용할 경우는 종전 이후 원상회복을 전제로 해야 한다.

영국의 짐메른(Alfred Zimmern, 1879~1957)은 고전적인 역사학자이다. 그는 1차 대전 시 『독일에 대항하는 경제무기』(*The Economic Weapon Against Germany*)라는 책자를 발간하였다. 여기서 그는 처음으로 '경제전쟁(Economic Warfare)'이라는 개념을 만들어 냈다.[58] 짐메른은 저서에서 "전쟁 중에 있는 독일이나 오스트리아-헝가리 제국이 세계의 다른 국가들에 의해 경제적 봉쇄를 당하고 있다. 그들은 자국의 힘만으로 경제적 봉쇄에서 벗어날 수 없다"라고 하여 역사상 처음으로 대규모 봉쇄에 의해 '경제전쟁'이 일어나고 있다고 하였다.

이와 같은 경제 봉쇄는 비단 영국이 독일이나 오스트리아-헝가리 제국을 대상으로 실시한 것만은 아니다. 반대로 독일은 독일대로 영국에 대하여 무제한 잠수함전으로 경제 봉쇄를 감행한 바 있다. 2차 대전 시도 마찬가지로 독일은 독일대로 영국에 대하여, 영국은 영국대로 독일에 대하여 경제 봉쇄를 감행하였고, 미국도 일본에 대하여 경제 봉쇄로 전쟁지속력을 약화시켰던 사례가 있다. 경제 봉쇄는 국가의 경제력 약화를 초래하였고, 이 기간이 장기화되면서 전쟁의 결과에도 영향을 미쳤다.

이처럼 전쟁비용은 정치·경제적으로 국가와 국민에게 많은 부담을 준다. 화폐를 발행하여 전쟁비용을 조달하는 방법은 정치·경제적으로 많은 비용을 초래하지만 쉬운 방법이다. 국민을 대상으로 세금을 징수하여 전쟁비용을 조달하는 방법은 경제적으로는 쉬운 방법이기는 하지만 지나치면 국민 저항을 초래할 수 있기 때문에 정치적으로는 그 비용이 높다.[59] 정책결정자들은 각각의 전비조달 방법이 장단점을 갖고 있는

58) Alfred Zimmern, *The Economic Weapon Against Germany*, London, Allen & Unwin, 1918.

59) Rosella Cappella, *The Political Economy of War Finance*, University of California, 2012, p. 25.

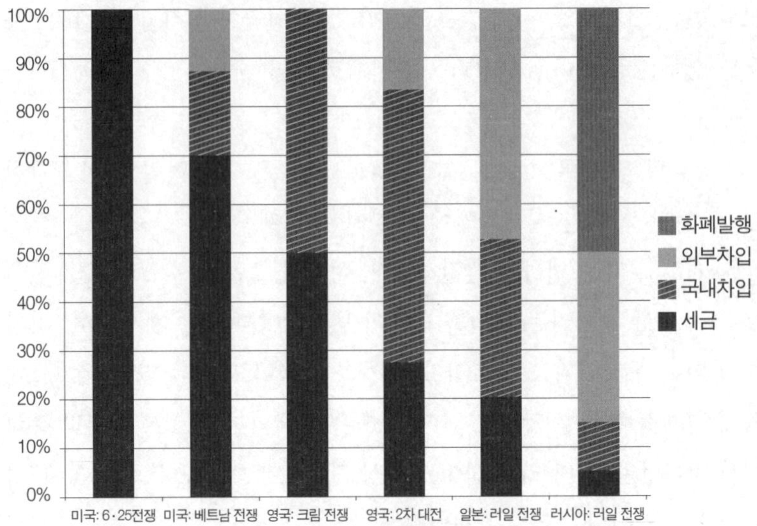

출처: Rosella Cappella, *The Political Economy of War Finance*, University of California, 2012, p. 69.

〈그림 2-4〉 전비조달 방법의 혼용

만큼 정치·경제 등 제반 상황을 고려하여 적절한 방법을 택하여야 한다. 다음 〈그림 2-4〉는 전쟁 기간 중 각국이 어떻게 전비를 조달하였는가를 보여 준다. 각국은 자국의 정치적 여건이나 경제상황 등에 따라 조세와 국내차입, 은행권 발행 등을 적절히 혼용하였음을 볼 수 있다.

3장

전비조달의 실제

피할 수 없는 전쟁 때문에 발생된 국가의 부채는 평화 시에 부단히 상환하여 우리 세대가 져야 할 부담을 후손들에게 부당하게 물려주어서는 안 된다.

– George Washington –

재무장관 체이스는 정부가 돈이 없다고 하고, 더 이상 돈을 조달할 방법이 없다고 한다.

– Abraham Lincoln –

1. 제1차 세계대전 이전

남북전쟁 당시의 미국

1492년 콜럼버스가 신대륙에 도착하고 300여 년이 경과하여, 미국은 독립전쟁 이후 1776년 영국으로부터 독립하였다. 독립 이후 뉴욕이나 펜실베이니아, 미시간 주 등 동북부를 중심으로 철과 석탄 등 풍부한 지하자원을 이용하여 기계 및 금속 공업 등 제조업이 발전하였다. 반면에 앨라배마, 오하이오 등 남부 지역은 풍부한 강수량과 따듯한 기후로 플랜테이션 농업이 발전하면서 목화를 많이 생산하였다. 당시 영국이나

〈그림 3-1〉 1860년대의 노예 판매 공고문과 목화를 수확하는 노예 가족

프랑스 등 유럽 국가들이 산업혁명에 성공하여 방직공업이 발전하면서 목화가 대량으로 필요하자 이를 미국으로부터 수입하였다. 목화 농사를 짓기 위해서는 많은 노동력이 필요하였는데, 이를 아프리카에서 대규모의 흑인들을 수입하여 해결하였다.

노동력 부족을 해결하기 위해 수입된 노예들은 인간이 아니라 노예시장에서 동물처럼 거래되는 존재에 불과하였다. 백인 농장주들은 노예들을 인간 이하로 대접하면서 혹독한 노동을 시켰지만 임금과 음식물을 제대로 주지 않았다. 그들은 할아버지, 아버지, 손자에 이르기까지 대가족이 집단으로 한곳에 거주하였지만, 주거환경은 매우 열악하였으며 각종 질병에 시달리고 부상을 당해도 치료조차 제대로 해 주지 않는 등 가혹한 여건 아래 있었다. 이 시기에 출간된 소설인 『톰 아저씨의 오두막집(Uncle Tom's Cabin)』은 당시 노예들의 참상을 다룬 책이다.

남부의 노예제도에 대하여 북부를 중심으로 노예들도 한 인간으로서 인간답게 살 수 있도록 해방해야 한다고 주장하는 사람들이 나오면서 노예제도를 계속 주장하는 남부 사람들과 갈등이 악화되었다. 남부의 농장주들에게는 흑인이 인간이 아니라 재산이면서 노예로 목화 농업에 있어 노동력을 제공하는 원천이었기 때문에, 그들은 노예제도를 반드시 유지해야만 했다.

No.	States.	Free Population.	Slave Population.	Total.	Percentage of Slaves.
1	South Carolina	301,271	402,541	703,812	57.2
2	Mississippi	354,700	436,696	791,396	55.1
3	Louisiana	376,280	333,010	709,290	47.0
4	Alabama	529,164	435,132	964,296	45.1
5	Florida	78,686	61,753	140,439	43.9
6	Georgia	595,097	462,232	1,057,329	43.7
7	North Carolina	661,586	331,081	992,667	33.4
8	Virginia	1,105,192	490,887	1,596,079	30.7
9	Texas	421,750	180,682	602,432	30.0
10	Arkansas	324,323	111,104	435,427	25.5
11	Tennessee	834,063	275,784	1,109,847	24.8
12	Kentucky	930,223	225,490	1,155,713	19.5
13	Maryland	599,846	87,188	687,034	12.7
14	Missouri	1,067,352	114,965	1,182,317	9.7
15	Delaware	110,420	1,798	112,218	1.6
		8,289,953	3,950,343	12,240,296	32.2

〈그림 3-2〉 링컨 당선을 보도한 신문과 1860년 당시 주별 인구 센서스(자유인과 노예)

1860년 11월, 대통령 선거에서 노예 해방을 주장하는 공화당의 링컨(Abraham Lincoln) 후보가 민주당 후보를 이기고 당선되었다.[60] 링컨이 승리하자, 1860년 12월 20일에 사우스캐롤라이나 주가 제일 먼저 연방 탈퇴를 선언하였고,[61] 뒤를 이어 그해 겨울 미시시피(1861. 1. 9.), 플로리다(1861. 1. 10.), 앨라배마(1861. 1. 11.), 조지아(1861. 1. 12.), 루이지애나(1861. 1. 26.), 텍사스(1861. 2. 1.) 순으로 탈퇴하였다.[62]

연방을 탈퇴한 남부의 앨라배마, 미시시피 등 7개 주는 앨라배마 주의 몽고메리에 모여 아메리카 연합(Confederate States of America, CSA)을 조직하였다. 아메리카 연합은 노예제도를 인정하는 헌법을 제정하면서 동시에 데이비스(Jefferson Davis)를 대통령으로 추대하였다.[63] 남북의 대립이 격화되어 감에도 불구하고 전임 대통령 부캐넌(James Buchanan)과 행정부는 상황이 더 이상 악화되지 않도록 소극적으로 대처하면서 새로 출범하는 링컨 행정부가 문제를 해결해 줄 것을 기대하고 있었다. 부캐넌은 남부

60) James Street, *The Civil War,* Dial Press, 1953, p. 18.

61) Archer Jones, *Civil War Command and Strategy,* The Free Press, 1992, pp. 1~2.

62) 앨런 브린클리, 황혜성 외 옮김, 『미국사』 2, 청아문화사, 2011, p. 123.

63) Jay W. Simson, *Naval Strategy of the Civil War,* Cumberland House Publishing Inc. 2001, p. 11; 한국미국사학회, 『사료로 읽는 미국사』, 궁리출판, 2006, p. 33.

연합의 독립선언에 대해 그 불법성을 비난하였지만, 독립을 막을 실질적 조치를 취하지 않은 채 방조하였다.

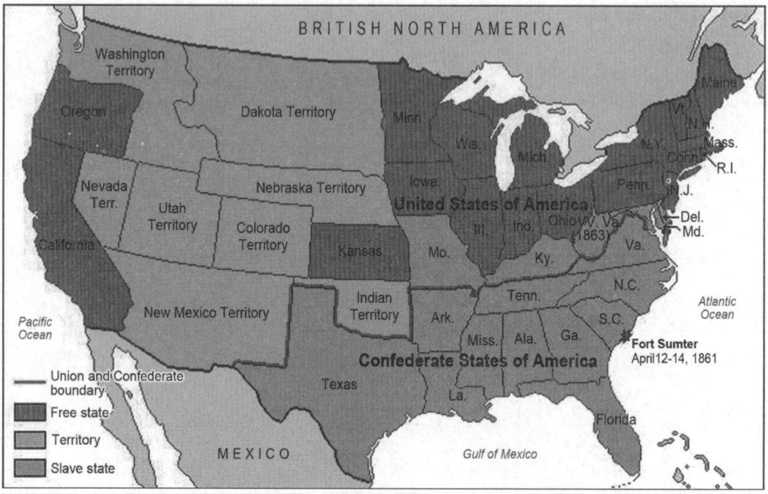

〈그림 3-3〉 남북전쟁 직전의 미국

〈그림 3-4〉 포트 섬터 요새에 대한 포격(1861. 4.)

〈표 3-1〉 1861년 개전 당시 남북의 비교

구분	북부연합	남부연합
지도자	Abraham Lincoln	Jefferson Davis
참여 주	18개 주	7개 주(1861년 4개 주 추가)
인구	1,850만여 명	900(이 중 흑인 350만)만여 명
생산액	15억 달러	1.55억 달러
제조업체	10만 개소(노동자 110만)	2만 개소(노동자 11만)

출처: 신태영, 『아메리카 전쟁』, 도남서필, 1987, p. 193.

연방정부와 남부연합의 대립이 점차 심화되는 가운데 1861년 4월 12일, 남부군이 연방군이 수비하고 있었던 사우스캐롤라이나 주의 섬터 요새(Fort Sumter)에 포격을 가함으로써 남북전쟁(American Civil War)이 시작되었다. 링컨 대통령은 연방 탈퇴를 위해 무력을 사용하는 것은 반란이라고 하였는데, 남부군이 연방군에 포사격을 하면서 반란이 시작된 것이다.

전쟁 발발 당시 미국의 유력 신문인 『뉴욕 타임스』(*New York Times*)는 "남부에서의 소요가 30일 이내에 진압될 것이다"라고 하였고, 『시카고 트리뷴』(*Chicago Tribune*) 신문도 "전쟁이 2~3개월이면 끝날 것이다"라고 하여 단기간의 전쟁으로 끝날 것으로 예상하였다. 그렇지만 예상과는 달리 전쟁은 무려 4년(1861. 4.~1865. 4.)이나 지속됐다.

〈그림 3-5〉 남북전쟁 당시 병력 모집 공고문

개전 시기 북부연합의 군대는 1만 6천여 명에 불과하였다. 그 대부분도 영토를 확장해 나가는 과정에서 인디언들과의 전투를 위해 서부 지역에 있었기 때문에 링컨 대통령에게는 즉시 전장 지역으로 투입할 수 있는 가용한 병력이 거의 없었다. 따라서 링컨은 7만 5천여 명의 지원병을 모집하였다.

링컨 대통령이 7만 5천여 명의 병력을 모집한 것은 당시 정상적으로 병력을 동원할 수 없었기 때문으로 많은 시민은 물론, 공화당과 야당인 민주당도 이를 지지하였다. 당시 링컨 정부의 정책에 반대하던 민주당의 어느 상원의원조차도 연방정부의 존속을 위해 공화당 출신의 링컨 대통령을 지지하면서 전 국민의 단결을 주장하였으며, 민주당원에게도 대통령을 지지하도록 설득하였다.[64] 전쟁이 예상 밖으로 장기화되어 병력수요가 확대되자 정부는 '국민징집법(National draft law)'을 제정하여 성인 남성 모두를 징집 대상으로 하였다.

당시 영국과 프랑스 등에서는 방직공업이 발전하면서 목화 수요가 증가하였고, 남부 지역에서 생산된 목화가 그 수요의 상당 부분을 충족하였다. 그런데 이 목화를 수출하도록 방임할 경우, 남부는 이를 이용하여 전쟁비용을 조달할 수 있음은 물론 무기와 탄약을 구입할 수도 있었다. 따라서 전쟁을 조기에 종결하기 위하여 남부의 목화 수출 차단은 매우 중요하였다. 링컨은 남부의 해상봉쇄 명령과 동시에 경제적 압력도 가하였다.[65]

남부와의 대립이 격화되면서 전쟁이 본격적으로 확대되었다.[66] 전

---

64) J. F. C. Fuller, *Grant and Lee: A Study in Personality and Generalship,* Indiana University Press, 1982, pp. 31~32; 데이비드 도널드, 남신우 옮김, 『링컨』 2, (주)살림출판사, 2003, p. 25.

65) Brian H. Reid, *The American Civil War,* Cassel & Co, 2000, pp. 64~65

66) James M. McPherson, *Battle Cry of Freedom: The Civil War Era,* Oxford University Press, 1988, pp. 276~277.

〈그림 3-6〉 게티스버그 전투 그림(1863)

쟁이 시작되면서 켄터키와 메릴랜드 및 미주리는 북부연합에, 아칸소와 노스캐롤라이나 및 테네시, 버지니아는 남부연합에 가담하였다. 전쟁은 1862년 7월의 부를랑(Bull Run) 강 전투와 1862년 4~7월의 리치먼드 전투, 1863년 4~7월의 빅스버그 전투, 1863년 11월의 채터누가 전투, 1863년 7월 1~3일 남북전쟁의 최대 전투라고 불리는 게티즈버그 전투[67] 등에서 일진일퇴를 하면서 진행되었다. 전쟁 기간 중 크고 작은 1만여 건의 전투가 진행되었고, 특히 게티즈버그 전투에서 북부군은 8만 8천여 명이 참전하여 전사 3,155명, 부상 14,529명, 실종 5,365명이 발생하였다. 남부군도 7만 5천 명이 참전하여 전사 3,903명, 부상 18,735명, 실종 5,425명이 발생하였다. 이 전투는 남북전쟁에서 가장 많은 피해가 발생된 전투로 기록되고 있다.

전쟁이 종반전으로 갈수록 북부군이 전세를 주도하여 1864년 3월에는 그랜트 장군이 미시시피 강 전투에서 남부군을 격파하였으며,

67) Fuller, *op. cit.*, p. 286.

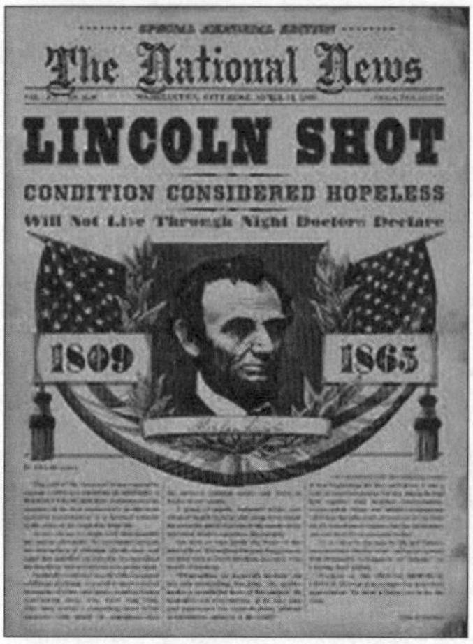

〈그림 3-7〉 링컨의 암살을 보도한 신문

1864년 5월에는 남부의 모빌 항을 봉쇄하여 목화 수출을 차단함으로써 전쟁비용의 조달은 물론 장비와 탄약 등의 수입을 금지시켜 경제적으로나 군사적으로 남부연합을 궁지에 빠지게 만들었다. 그리고 1865년 4월 9일 리 장군으로부터 항복을 받으면서 전쟁은 북부군의 승리로 끝났다.[68] 전쟁이 끝나고 일주일 뒤인 4월 15일 링컨이 남부의 한 청년에 의해 암살되었다.

전쟁 초기의 예상과는 달리 전쟁이 장기화되면서 당시 남북의 인구 3천만여 명 가운데 약 260만여 명(북부 160만, 남부 100만)이 동원되어 약 62만여 명의 사망자(북부 36만, 남부 26만)와 50만여 명의 부상자 외에도 90억 달러의 재산피해가 발생하였다.

경제력 격차가 전쟁에 미친 영향

미 의회조사처(CRS)의 자료에 의하면 남북전쟁 당시 북부군의 전쟁비용은 31억 8,300만 달러로 추산되었다(이 비용은 2011 회계연도를 기준으로 하면 약 596억 3,100만 달러에 달한다. 이는 또한 당시 국민총생산액(GDP)의 11.3%가 전비로 사용된 것이기도 하다). 전쟁 전 기간에 걸쳐 단일 전쟁으로서는 처음으로 1년에 10억 달러를 넘어설 정도로 막대한 비용이 지출된 전쟁이기도 하다. 남부도 약 20억 달러를 전쟁비용으로 사용하였다(이는 2011 회계연도를 기준으로 하면 약 200억 달러에 달한다).

68) *Ibid.*, pp. 286~287에서 남북전쟁 시의 주요 전투 기간과 참전 인원 및 전사·상자, 실종자 등에 관한 자료 참조.

북부는 남부에 비하여 전쟁비용을 조달하기에 여러모로 유리하였다. 당시 미국은 유럽으로부터 이민과 자본이 동시에 유입되어 1820년대로부터 1830년대에 이르는 동안 산업이 급속도로 발전하고 있었다. 이러한 영향으로 북동부 지역에서는 많은 제조업체가 가동되면서 기계부품을 제작하는 데 필요한 공작기계라든가 절삭기 등을 발명하여 생산현장에서 사용하면서 산업생산이 확대되고 있었다.

이러한 발전에 힘입어 전쟁 발발 전년도인 1860년만 해도 북부에서는 풍부한 기술인력 및 자본, 자원을 바탕으로 10만여 개의 제조업체가 생산 활동을 하고 있었지만, 남부에서는 2만여 개에 불과한 업체들이 북부로부터 기술과 인력을 지원받아서 운용되고 있었다. 북부의 펜실베이니아 한 곳에서 연간 58만 톤의 철강을 생산할 때 남부는 3만 7천여 톤을 생산할 정도로 열세에 있었다.[69]

북부는 이러한 경제력과 기술을 바탕으로 전쟁이 발발하자 소총 생산시설을 대폭 확장하여 170만여 정을 생산하고 7,800여 문 이상의 야포를 생산하여 보급하였지만, 남부연합은 자본과 시설의 미비로 소량을 생산하였다. 북부에는 선박과 열차용 동력기관을 생산하는 시설이 수십 개인 데 비하여 남부에는 이런 시설조차도 없었다.[70] 따라서 이러한 취약점을 극복하기 위하여 강제적으로 무기 생산을 위한 조치를 하였지만 만족할 만한 결과는 얻지 못하였다. 매사추세츠와 펜실베이니아 두 곳에서 생산하는 상품가치가 남부연합 전체가 생산하는 상품가치의 두 배를 넘었으며, 매사추세츠 주 한 곳에서 생산하는 상품이 남부 11개 주의 생산량보다도 많았다. 뉴욕 주 한 곳에서만 해도 연간 3억 달러의 제품을 생산하였는데, 이것은 남부의 미시시피나 루이지애나와 앨라배마, 버지니

---

69) Paul Kennedy, *The Rise and Fall of the Great Powers,* VINFAGE BOOKS, 1989, p. 180.

70) *Ibid.*

아 등 여러 주의 생산량을 합친 것보다 네 배나 많았다.[71] 북부는 숙달된 기술 인력과 자본, 제조업의 발전에 힘입어 당시 미국 생산량의 90%를 차지할 정도로 남부를 압도하였다.

전장 지역으로 병력과 물자를 신속하게 수송하는 데 있어 중요한 역할을 한 철도는 북부 지역에 2만 마일이 건설되어 전쟁을 지원하였지만, 남부지역은 9천 마일에 불과하였으며, 자본과 건설 능력의 한계로 건설도 지지부진하였다.

북부가 풍부한 기술인력과 자본 및 자원, 과학기술을 기반으로 제조업이 발전한 데 비하여 남부는 목화를 위주로 하는 농업이 발전되어 있었기 때문에 재정이나 경제 면에서 상대적으로 불리하였다.

북부가 소총과 야포나 함정 등의 전투장비와 군수물자 생산량을 확대하고 철도와 선박을 이용하여 전장 지역으로 적시에 병력을 수송하고 물자를 보급하는 동안, 남부연합은 전투장비나 군수물자의 생산은 물론 이를 수송할 철도나 선박 등 모든 것이 부족하여 남부군의 의욕을 좌절시켰다. 이를 두고 미국의 역사학자인 푸트(Shelby Foote, 1916~2005)는 "북부군이 남부군을 상대할 때에는 한 손만으로 싸웠다고 생각한다. 만일 남부군이 북부군을 상대로 더 많은 승리를 거뒀더라면 북부군은 뒤로 감추고 있었던 나머지 손도 사용해서 싸웠을 것이다. 만일 그렇게 되었다면 남부군이 전쟁에서 승리할 단 한 번의 기회도 갖지 못했을 것이다"라고 하였다. 북부가 인구는 물론, 재정 및 경제력이 압도적으로 우세하여 많은 노력을 기울이지 않아도 승리할 수 있었음을 에둘러 표현한 것이다.

이렇게 전쟁 기간 중 북부는 무기와 탄약의 생산뿐만 아니라 철강 생산과 철도 건설, 농작물 생산 등 많은 분야에서 성장을 지속하여 전쟁 비용을 충당하면서 초기 전세의 불리함을 극복하여 전세를 역전시켰다.

---

71) *Ibid.*

〈그림 3-8〉 남북전쟁 당시의 그린백(달러)

그동안 남부는 목화 수출이 차단되면서 전비조달에 있어 많은 어려움을 겪어야만 하였다. 이를 해결하고자 500달러, 1,000달러 등 고액의 화폐를 남발하여 인플레이션을 야기하면서 주민들은 극심한 고통에 시달렸고 경제는 파탄되었다.[72]

경제가 어려워지면서 전쟁비용 조달이 어려워짐은 물론, 주민들의 생활마저 악화되었다. 남부군 급여가 10달러일 때 밀가루 1배럴이 80달러에서 연말에는 200달러가 되었고, 한때는 800달러까지 치솟았으며,[73] 입을 만한 옷을 700달러 이하로 살 수 없어서 누더기 옷들을 입어야만 할 정도로 물가는 악화되었다. 매일 밤에는 소와 돼지, 가금류 등의 도난도 빈발하였다.[74] 해상봉쇄로 목화 수출이 막히면서 전비조달이 어렵게

72) *Ibid.*, p. 181.

73) 박정기, 『남북전쟁(상)』, 도서출판 삶과 꿈, 2002, pp. 172~173.

74) James M. McPherson, *op. cit.*, p. 691.

되자 남부의 전쟁성 관료는 국가재정이 돌이킬 수 없는 파산 상태로 가고 있다고 하였으며,[75] 어느 장교는 "북부의 총칼이 남부를 와해시킨 것보다는 북부의 달러가 남부를 더 빠르게 정복하였다"라고 당시 남부연합의 재정과 경제적인 어려움을 표현하였다.

이렇듯 재정 및 경제적인 관점에서 남북전쟁은 어느 편이 전쟁수행을 위하여 대량으로 소요되는 장비와 탄약 및 기타 물자를 생산하여 적시에 보급할 수 있었는가에 많은 영향을 받았으며, 북부가 재정과 경제력의 우위를 바탕으로 초반기 열세를 극복하면서 승리하였다.

남북전쟁은 산업혁명 시대에 발생한 첫 번째의 대전쟁(Great War)으로 근대의 전쟁에 있어서 재정능력이나 경제력이 얼마나 주요한가를 보여주었다.[76] 무기와 수송수단의 발전은 대규모의 동원 소요를 가져와 전쟁비용의 확대를 야기하였고 이를 위해서는 재정능력이나 경제력의 뒷받침이 중요하였다.

북부연합의 전비조달

1861년부터 1865년 전쟁이 끝날 때까지 투입한 전비는 북부연합이 약 31.83억 달러이고, 남부연합은 약 20억 달러로 총 51.8억 달러에 달하였다.[77] 전쟁 이전 가장 예산이 많았던 시기에 그 금액이 7,400만 달러에 불과하였던 점을 생각해 본다면 4년여의 전쟁 기간 중 막대한 비용을 전쟁을 하는 데 사용하였음을 알 수 있다. 이렇게 많은 전비를 투입할 수 있다는 것은 당시 재정 및 경제능력이 이를 감당할 정도였다는 것을 의미한다.

전쟁 당시 북부연합은 남부연합에 비하여 전쟁비용을 조달하기에

---

75) Street, *op. cit.*, pp. 48~49.

76) Richard A. Preston & Sydney F. Wise, *Men In Arms*, Prager Publisher, 1970, p. 247.

77) Daggett, *op. cit.*, p. 2.

용이한 여건이었다. 북부가 남부에 비하여 인구가 두 배 정도 많았고, 무엇보다도 기술인력과 자본 및 과학기술, 자원을 바탕으로 하는 제조업의 발전에 의해 농업 위주의 남부보다 소득수준이나 국민총생산액 면에서 우세하였다. 당연히 재정능력이나 경제력이 우위에 있었고, 이것은 전쟁 비용의 조달에 있어서도 유리하게 작용하였다.

남북전쟁이 발발할 당시 연방군은 1만 6천여 명이 있었다. 전쟁이 발발하자 병력은 10만여 명으로 확장됐고 해군도 6만여 명으로 증가되었다. 전쟁 기간 중 최대 병력 규모는 100만여 명에 달했고, 전쟁 기간 동안 210만여 명이 동원되었다. 여기에 과학기술의 발전에 힘입어 포 사거리가 연장되었고, 초기 단계의 연발기관총이 사용되는 등 새로운 무기들이 사용되었다. 이렇게 많은 병력이 동원되고 신무기가 사용되면서 그만큼 많은 비용이 소요되었다.

전쟁 전 연방정부는 주로 관세(Tariff)수입에 의존하여 정부를 운영하였다. 1850년대에 연방정부의 지출은 일주일에 100만 달러에 달하였으나 전쟁이 발발하면서 1861년에는 하루에 150만 달러를 지출해야 할 정도로 증가하였다. 그러나 남부가 독립해 나가면서 관세를 징수하기가 매우 어렵게 되었다. 게다가 전쟁이 발발하면서 폭증하는 비용 때문에 관세만으로는 전쟁을 할 수 없었다. 따라서 급증하는 전비를 조달하기 위해서 찾아낸 방법이 세금을 부과하는 방법과 은행권(지폐)이나 채권을 발행하는 방법이었다.

먼저 조세를 통한 전비의 조달이다. 사실 남북전쟁이 발발할 무렵, 연방의 지도자들은 전쟁이 단기전으로 끝날 것이라고 생각하면서 비용이 크게 들지는 않을 것이라고 보고 세금인상이 불필요할 것으로 보았다.

링컨이 대통령에 당선됐을 당시 연방정부의 부채는 7,500만 달러 정도가 있었지만 전쟁이 발발하자 전비가 급증하면서 부채도 증가하기 시작하였다. 당시 오하이오 주 출신의 한 의원은 "연방정부의 장병 징집에 문제가 있는 것이 아니라 전쟁비용 조달에 문제가 있다"라고 할 정도로 급증하는 비용의 조달은 어려운 문제였다.[78] 연방 지도자들은 초기에 전쟁이 단기간에 끝날 것으로 예상하여 전비가 조금밖에 들지 않을 것으로 생각하면서 세금인상이 불필요하다는 견해를 유지하였지만, 전쟁이 격화되면서 전비가 급격히 증가하였다. 당시 북부에는 해외 자본가들의 자본 유입이 1850~1860년대 들어 두 배에 달할 정도로 확대되고 있어서 전비를 해외로부터 조달할 수도 있었지만, 투자가들의 북군의 승리에 대한 가능성과 부채 상환 능력에 대한 회의감도 한몫을 하면서 모두를 국내에서 조달하여야만 했다.

이에 따라 전비조달을 위해 관세인상을 검토하였다. 1860년도 20% 정도를 차지하였던 관세는 한창 전쟁이 진행되면서 종반전을 향해 치닫던 1864년에는 평균 47%로 인상되어 전쟁 기간 중 약 3억 달러를 징수하였다. 의회는 계층 간에 긴장을 완화하기 위해 식료품 같은 생필품에는 낮은 비율의 관세를, 보석과 같은 사치품에는 높은 비율의 관세를 부과하였다.[79]

전쟁이 발발하여 3개월이 지나갈 무렵, 경비 지출이 급증하면서 재정적자도 급속히 증가하였다. 이에 재무장관이 의회에 긴급예산으로 8천만 달러를 요청하면서 동시에 세수 증대 방안을 내놓았는데, 여기에는 2천만 달러의 재산세(Property tax)를 부과하는 방안이 포함되었다. 재산세 제도는 1812년에 폐지되었는데 전쟁을 위한 비용이 급증하면서 주택이나 농장 등을 보유한 사람들에게 다시 재산세를 부과하자고 한 것이다.

전쟁이 장기화되고 치열해지면서 전비소요가 급증하자 하원의장이 내국관세와 개인의 소득, 재산에 부과하는 소득세 제도 도입을 주장하면

---

78) Roberts D. Hormats, *The Price of Liberty*, Time Books, Henry Holt and Company. LLC, 2007, p. 60.

79) *Ibid.*, p. 61.

서 의회에서 미 역사상 처음으로 소득세에 대한 합의가 이루어졌다. 이는 남북전쟁 중에 연방정부가 고안해 낸 혁신적인 조세정책 중의 하나였다.

전쟁비용의 증가에 따른 세수 확보와 고율의 관세에 대한 저소득층의 불만 해소를 위해 의회는 연간 소득 800달러 이상에 대해서는 단일세율로 3%의 소득세를 부과하는 법안을 통과시켰고, 링컨이 여기에 서명하였다. 당시 미국인의 평균 소득은 150달러 수준이었고 대다수는 800달러 미만이었기 때문에 국민 대부분은 소득세를 내지 않았다. 이러한 조치에 대해 『뉴욕 타임스』는 “소득세는 가장 공평한 조세이고 담세능력을 고려한 조세이다”라고 하였다.[80)]

전비가 계속 증가하자 세수를 증대하기 위해 면세점을 연 소득 800달러에서 600달러로 낮추는 방안이 논의되면서 3%의 국민이 과세 대상으로 포함되었다. 그래도 비용이 부족해지자 부유층에 높은 세율을 적용하자는 누진세(Surtax) 제도가 나왔다. 논의 끝에 연간 소득 600달러로부터 1만 달러까지는 3%, 1만 달러 이상에 대해서는 5%의 소득세를 부과하는 것으로 결정되었다. 또한 조세의 형평성을 유지하기 위해서 1,400달러 이상에 대해서 상속세(Inheritance Tax)를 최초로 부과하였고, 금액이 증가함에 따라 누진세율을 달리 적용하여 0.75%로부터 5%까지 금액과 사망자와 상속인 관계에 따라 부과하였다.[81)]

그 외에도 주류와 담배, 보석, 전신과 전보, 가죽제품 등에 대해서 물품세(Excise Tax)가 부과됐고, 금융과 보험, 철도 및 도선 서비스 등에도 세금이 부과되었다. 농산품에는 물품세를 부과하지 않았는데 이는 저소득층의 생계유지에 부담을 주지 않으려고 했기 때문이다. 또한 1862년 7월에는 징세법을 개정하여 연방정부의 공무원이나 군인에게서는 급여에서, 철도회사와 금융기관 등에서는 배당금이나 이자 지급 전에 해당

---

80) *Ibid.*, p. 66.

81) *Ibid.*, p. 68.

세금을 원천징수하도록 규정하였다.

전쟁이 계속되면서 전비가 계속 증가하자 부자들에게 희생을 요구하는 소리가 나오기 시작하였다. "소득이 많을수록 세금을 많이 내야 하고 세금을 많이 낼수록 국가와 정부가 안전해진다"라고 하는 소리가 정당화되기 시작하였다. 이에 따라 누진세율이 개정되면서 연간 소득 600달러에서 5천 달러까지는 3%에서 5%로, 5천 달러에서 1만 달러까지는 7.5%, 1만 달러 이상은 10%의 세율이 적용되었다. 또한 철도회사와 은행에서 지급하는 배당금이나 이자에 대한 소득세율도 인상됐으며, 물품

〈표 3-2〉 남북전쟁 기간 중의 조세 수입 및 지출

단위: 백만 달러

구분			1861	1862	1863	1864	1865
수입	계		41.5	52.0	112.7	264.6	333.7
	관세		39.6	49.1	69.1	102.3	84.9
	소득세		-	-	2.7	20.3	61.0
	직접세		-	1.8	1.5	0.5	1.2
	물품세	소계	-	-	34.9	89.4	148.5
		담배세	-	-	3.1	8.6	11.4
		가구세	-	-	16.5	36.2	73.3
		우표세	-	-	4.1	5.9	11.2
		면허세	-	-	4.8	5.2	9.8
		주세	-	-	6.8	32.6	22.5
		기타	-	-	3.0	8.3	13.0
	토지 판매		0.9	0.2	0.2	0.6	1.0
	기타		1.0	0.9	3.7	30.3	25.4
	금 판매 수수료		-	0.1	0.6	21.2	11.7
지출	전시지출		24.4	431.8	666.6	76.2	1,143.3
	총 정부지출		66.6	469.6	718.7	865.0	1,296.8
전시지출 대비 조세 비중(%)				11.1	15.7	30.6	25.7

출처: Rosella Cappella, *op. cit*., p. 52.

세와 상속세 등도 인상되었다.[82] 남북전쟁 기간 중 이렇게 다양한 세금이 부과돼 전비소요의 약 25%가 세금으로 조달되었다.

다음은 은행권(지폐)을 발행하여 전비를 조달한 것이다. 통상 전쟁과 같이 국가적 위기가 발생하여 짧은 기간에 막대한 비용이 소요될 경우, 정부는 세금을 부과하는 것보다 은행권 발행에 많이 의존하게 된다. 이 방법이 정부가 위기를 극복하는 데 쉽게 사용할 수 있는 방법이기 때문이다. 그러나 자칫 은행권의 남발은 인플레이션을 가져올 수 있다. 따라서 은행권을 발행할 시는 인플레이션을 방지하기 위한 대책도 필요하다.

남북전쟁 이전 미국에서 사용되던 화폐는 금화 및 은화였다. 금화와 은화만이 법에서 정한 화폐로서 가치를 갖고 있었다. 은행에서는 각 은행들이 개별적으로 화폐를 대체하는 유통수단을 발행하고 있었다. 이 수단이 은행에서 유통되었지만 그렇다고 그것이 법적인 화폐로서 가치를 갖는 것은 아니었다. 따라서 각 은행에서 발행하여 유통되던 그 수단들은 은행이 파산하면 가치가 자연적으로 상실될 수밖에 없었다. 당시 1,600여 개의 은행이 있어 이 은행에서 발행한 7천 종류의 지급증서들이 사용되면서 혼란을 가중하였다.

미국 독립전쟁 당시 대륙의회의 승인 아래 발행됐던 달러가 있었지만 그것은 정부의 보증이 없었기 때문에 시간이 지나면서 그 가치를 상실하고 사라졌다. 1800년대 초 재무성은 액면가와 이율이 다른 여러 종류의 재무성 증권을 발행하였던 적이 있지만, 이 역시 법적인 화폐는 아니었다. 그렇지만 이 증권은 관세를 지불하는 유용한 수단으로서 사용되었다.

링컨이 당선됐을 때 전쟁이 발발하면서 그는 승리하기 위한 화폐의 필요성을 이해하였다. 링컨은 이를 위해 체이스를 재무장관으로 임명하

---

82) *Ibid.*, pp. 72~73.

였다. 체이스는 재무장관으로 재정에 관한 모든 문제를 다뤘고, 그는 당시 모두가 그랬듯이 얼마나 전쟁이 오래갈지 또는 전쟁비용이 얼마나 소요될지 등을 낮게 평가하였다.

전쟁이 수개월 지속되면서 그는 정부가 예상하는 것보다 더 많은 전비가 소요되고 있음을 알았다. 따라서 은행에 요청해서 차입을 해야만 하였는데, 그렇게 되자 은행들에서는 빠른 속도로 자금이 소진돼 갔다. 비용의 조달에 압박을 느끼면서 정부는 유럽의 은행에 의존하는 상황이 되어 가기 시작하였다. 상황이 이렇게 바뀌자 이번에는 유럽의 은행들이 연간 24~36%에 달하는 고율의 이자를 요구하였다. 링컨 행정부는 이를 거절하면서 해결책을 찾아야만 하였다. 당시 정부가 생각해 낸 방안이 약속어음(Demands Notes)의 발행으로, 의회는 5천만 달러의 약속어음 발행을 승인하였다.

약속어음은 법적인 화폐는 아니었지만 재무성 증권처럼 관세를 지불하는 수단으로서 사용되었다. 어음은 양면으로 인쇄되었다. 한편에는 녹색 잉크로 액면가를 인쇄하였고 다른 한편에는 인물 초상을 넣었다. 처음에는 금화와 교환할 수 없었지만 곧 금화와 동일한 가격으로 교환이 가능하게 되었다. 무역상들은 금을 대신하여 어음을 지속적으로 사용하였고, 1862년 3월이 되어서 어음은 법적 화폐수단으로서 승인이 되었다. 어음은 관세 지불 수단으로 사용되면서 시중에서 유통되기 시작하였고, 1863년 중반에는 약 95% 정도로 유통량이 확대되었다.

그렇지만 정부가 발행한 어음은 전쟁비용을 충분히 조달하기에는 그 양이 부족하였다. 그에 대한 해답은 일리노이 주 출신의 사업가이자 후일 북부군의 장교가 된 테일러가 1862년 링컨을 만나서 종이 지폐를 발행할 것을 건의하면서 나왔다. 그는 의회에 법적으로 승인된 지폐를 발행할 것을 제안하였고, 이를 이용하여 장병들에게는 급료를 지불하며, 지폐는 물자를 구입하는 등에 사용함으로써 전쟁에서 승리할 수 있을 것이라고 주장하였다.

링컨은 그의 건의를 탐탁하게 생각하지는 않았지만 의회의 압력을 무시할 수는 없었다. 정부가 전쟁비용을 조달하기 위해 대외부채에 너무 의존할 수도 없었고, 그렇다고 자체적인 돈을 만들어 낼 수도 없는 상황이었다. 링컨은 이러한 상황을 감안하여 테일러의 건의를 받아들였고, 연방정부와 의회는 논의를 거쳐 1862년 2월 25일 처음으로 1달러와 2달러 및 5달러 지폐 등으로 1억 5천만 달러의 미 정부 화폐를 발행하는 법정통화법(Legal Tender Act)을 승인하였다.[83] 화폐의 뒷면을 녹색 잉크로 인쇄하면서 대중들은 이를 그린백(Greenback)이라고 부르기 시작하였다. 이 화폐는 미국 정부가 임금을 지불하거나 물자를 구입할 시 대금을 지불하는 수단으로 사용되었다. 전쟁 기간 중 발행된 그린백은 약 4억 5천만 달러로, 이는 전쟁비용의 약 15%에 해당되었다.[84] 그린백 1달러는 처음에는 금화 1달러의 가치와 같았으나, 발행액이 점차 증가하고 유통량이 확대되면서 금화 1달러가 그린백 3달러의 가치를 갖기도 하였다. 전쟁이 수렁에 빠져 있었을 때에는 그린백 1달러가 금화 1달러 가치의 39%에 불과하였던 적도 있다. 전쟁이 끝나 갈 무렵 승리에 대한 기대감이 차 있었을 때에도 그린백 1달러의 가치는 금화 1달러의 67%에 불과하였다.[85] 그린백 발행액이 증가되자 인플레이션이 발생하여 물가가 연평균 25%씩 상승하면서 구매력을 약화하기도 하였다.

연방정부가 그린백을 발행함에 따라 물가가 높아지는 등 인플레이션의 문제와 더불어 여전히 전비를 충족함에 어려움이 있었다. 이를 해결하기 위해 등장한 것이 전시채권을 발행하는 것이었다. 사실 전쟁 초기에는 정부가 연리 7.3%로 채권을 발행하여 비용을 조달하였으나, 은

---

83) *Ibid.*, p. 78.

84) *Ibid.*

85) 앨런 브린클리, 앞의 책, p. 132.

행들이 이를 사양하면서 잠시 중단되었다가 다시 채권발행을 검토하게 되었다. 세금만으로 전비 충당이 곤란해지자 필라델피아의 은행가인 쿡(Jay Cooke)이 채권발행을 건의하면서 이를 통해 전비조달을 하는 방법으로 논의를 거쳐 채권을 발행하게 된 것이다. 전쟁비용이 증가되면서 그 후로 채권의 발행 및 판매는 전비를 조달하는 중요한 방법이 되었다. 당시 연방정부는 1862년에 5-20채권(five-twenties bonds), 1863년에는 10-40채권(ten-forties bonds), 1864년에는 5-20채권과 10-40채권 및 7-30채권(seven-thirties bonds), 1865년에는 7-30채권 등을 수차례에 걸쳐 발행하여 전비소요의 약 35%를 충당하였다.[86)]

〈표 3-3〉 북부연합의 채권 발행 및 판매

단위: 백만 달러

연도	채권명	판매액	이율
1862	5-20채권	514.8	6%
1863	10-40채권	75.0	6%
1864	10-40채권	196.1	5%
	5-20채권	203.3	5%
	7-30채권	830.0	7.3%
1865	7-30채권		

출처: Hormats, *op. cit.*, pp. 80~81.

연방정부는 채권을 발행하면서 국민들을 대상으로 직접적으로 판매할 것을 검토하였다. 쿡은 은행원과 보험판매원, 부동산 중개업자 등을 동원하여 채권을 판매하였다. 뿐만 아니라 그 당시 막 개통된 전보망을 이용하여 전국적 판매망을 구축하고 이를 판매하였다.[87)]

86) Hormats, *op. cit.*, p. 80.

87) *Ibid.*, p. 81.

〈그림 3-9〉 남북전쟁 시 전시채권 판매 홍보

연방정부는 채권을 발행하면서 이를 중산층에게도 판매하기 위하여 액면가를 낮추고, 외국의 신문에도 광고를 하였다. 채권을 판매함에 있어 애국주의를 고취하고 안전한 투자처임을 알리기 위해 사용된 선전 문구에는 "우리의 건국의 아버지들은 우리에게 어떤 존재인가? 우리는 그들의 자손이다", "우리는 우리의 단순한 목표와 임무에 실패해서는 안 된다" 등의 문구를 포함하였다.[88] 링컨은 정부의 채권을 많이 팔수록 더 많은 북부의 주민들이 북군의 승리를 위하여 헌신할 것이라고 생각하여 적은 금액일지라도 가능한 많은 사람들이 구입하도록 권유하였다.

북부에서는 전체 인구 2천만여 명의 5%에 해당되는 사람, 20가구에 1가구 정도가 채권을 구입하였다. 당시 은행계좌를 갖고 있었던 사람들이 채 1%도 안 된다는 것을 생각해 보았을 때 이는 놀라운 실적으로, 그만큼 많은 사람들이 채권구입에 참여하였다는 것을 의미한다. 또한 채권구입자의 90%는 일반 중산층 시민이었다. 이것은 그만큼 북부의 주민들이 승리에 대한 의지를 갖고 있었다는 것을 보여 줌과 동시에, 남북이 분리되는 것을 방지해야 한다는 데에 뜻을 같이하고 있음을 의미하였다.

---

88) *Ibid.*, p. 81.

남부연합의 전비조달

북부도 전쟁기간 그 비용을 마련하는 데 많은 어려움이 있었지만 남부에서는 더 어려웠다. 왜냐하면 남부는 농업이 주산업으로 중산층도 적었을 뿐더러, 북부에 비하여 상대적으로 소득수준이 낮아서 세금징수를 포함하여 그 비용을 조달하기가 쉽지 않은 환경이었기 때문이다.

남부는 전쟁비용을 마련하기 위하여 1863년에 소득세를 법제화하였다. 전쟁이 장기화되자 사치세를 부과하였고 노예 소유주에게도 세금을 부과하였으며, 500달러 이상의 재산을 보유한 사람들에게는 재산세를 부과하였다. 이처럼 여러 조치로 세금을 통해 전비를 마련하고자 노력하였음에도 불구하고 이를 통해 조달한 비용은 전체 비용의 10%에 불과하였다. 당시 남부연합 정부는 각 주에 세금을 징수하도록 할당하였지만 각 주는 세금징수 권한을 주의 권한(state's right)이라고 하여 비협조적이었다. 세금을 징수함에 있어서도 남부연합 정부와 각 주 사이에 대립이 있었다.

그 결과 사우스캐롤라이나 주에서만 징수를 하였을 뿐, 앨라배마 주지사 무어(A. B. Moore)는 주의 권리장전에 근거하여 주는 정부의 조세 징수에 협조를 하지 않겠다고 하였으며, 앨라배마 주는 할당된 비용만큼을 주 은행으로부터 차입하였고, 그 외의 주들은 필요한 만큼 유가증권을 발행하여 유통시켰다. 각 주가 발행하여 유통시킨 증권은 은행에서 구입하기는 하였지만 물가를 자극하였다.[89] 또한 관세를 부과하여 전비를 마련하기도 하였지만, 이는 북부연합의 항구봉쇄로 인하여 그 효과가 미미하였다.

한편, 남부연합도 지폐를 발행하여 전비를 조달하였다. 이것은 청

---

89) Eugene M. Lerner, "The Monetary and Fiscal Programs of the Confederacy Government, 1861-1865", *War Finance Volume II: War in the Eighteen and Nineteenth Centuries*, Edward Elgar Publishing Company, 1994, p. 552.

〈그림 3-10〉 남부연합에서 발행한 지폐(Blue back)

색을 띠는 북부연합의 그린백에 대비하여 암회색을 띠면서 블루백(Blue back)이라고 불렸다. 남부가 발행한 달러는 화폐를 제조하는 데 사용된 기계가 낡고 종이의 재질이 조악하여 위조하기 쉬웠다. 1863년까지는 9억 달러가 발행되는 등 액면가치가 500달러나 1,000달러에 달하는 고액권을 발행하였다. 그만큼 남부가 조세기반이 약한 가운데 외부로부터 돈을 차입할 여건도 어려웠기 때문에 고액권의 지폐를 남발하였던 것이다. 고액권이 남발되면서 전쟁 초기 2년에는 700%의 인플레이션이 남부 주민의 생활을 어렵게 하였으며, 전쟁이 끝나 갈 무렵인 1865년에는 9,000%를 넘는 물가상승으로 인해 주민들은 극심한 고통에 시달렸다.[90)]

〈표 3-4〉 남부연합의 물가지수 변화

구분	1861	1862	1863	1864	1865
1월(%)	101	193	762	2,801	5,824
6월(%)	109	331	1,308	4,198	9,211(4월)

출처: Eugene M. Lerner, "Money, Prices, and Wages in the Confederacy, 1861~1865", *War Finance Volume II: War in the Eighteen and Nineteenth Centuries*, Edward Elgar Publishing Company, 1994, p. 552.

90) Lerner, *op. cit.*, p. 552.

※ 위의 채권 가운데 국내용은 달러로, 영국이나 프랑스에서 판매하는 채권은 파운드 및 프랑으로 액면가를 표시한 것을 볼 수 있다(영국용: 100파운드와 500파운드, 프랑스용: 2,500프랑과 12,500프랑).

〈그림 3-11〉 남부연합에서 발행한 채권

남부연합은 약 20%의 비용을 전시채권을 발행하여 조달하였다. 그 중에서 남부연합이 발행한 목화채권(Cotton bonds)은 파운드화와 프랑화로 발행되어 영국과 프랑스에서 판매되었으며 발행 초기 단계에는 인기가 높았다. 이는 당시 산업혁명으로 방직공업이 발전하면서 목화가 많이 필요하게 되어 이를 통해 전비를 조달하기 위한 것이었다. 따라서 전쟁을 하면서 장래 목화를 수출한 뒤 지불하기로 하여 영국과 프랑스에서 채권을 발행하였지만 이를 구입한 영국인, 프랑스인은 많지 않았다. 목화채권의 판매로 영국이나 프랑스 등에서 돈을 차입하려고 하였지만 성과가 없었던 것이다.

1861년 4월 1일부터 1865년 6월 1일까지 전쟁 기간 중 약 52억 달러(북부 32억, 남부 20억)의 전비가 사용되었다. 여기에 50만여 명의 전사자 발생 등 많은 인명피해와 불구자 및 부상병, 재산파괴, 국가채무의 증가가 발생했고, 전쟁 참여 군인들에 대한 연금 지불 및 남부 지역 복구를 위한 비용까지 추가로 소요되었다. 전쟁 기간 중 발생한 총피해액은 90억 달러(2011 회계연도 추산 약 1,700억 달러, 180조 원)로 추산됐다.

전쟁은 종결되었으나 그 결과로 연방정부의 채무는 약 28억 달러에 달하였다. 이는 전쟁 전의 33배에 달하는 것이며, 국민총생산액의 1/2에 해당되는 것이기도 하였다. 남부의 20억 달러를 넘는 채무는 항복과 더불어 수정헌법 14조를 채택하면서 소멸되었다.

정부지출과 채무의 증가는 화폐유통량과 은행예금의 증가를 가져왔다. 1인 기준으로 동전 및 지폐 발행액은 1860년의 13.82달러에서 1865년 30.35달러로 217% 증가하였다. 이는 그만큼 많은 동전 또는 지폐의 발행이 많았다는 것이면서 전쟁 기간 중 화폐가 자주 사용되었다는 의미이기도 하다. 전쟁 기간 4억 5천만 달러의 그린백 발행과 유통은 화폐제도의 발전에 있어 중요한 역할을 하였으며, 연방은행법의 제정은 은행제도의 발전에 전기를 가져왔다.

전쟁 이후 연방정부는 28년간 연속 흑자 예산을 기록하여 정부부채를 3분의 2로 줄이는 데 성공하였다.[91] 1차 대전 후에는 정부부채가 다시 20배로 증가하였으나, 종전 후 11년간 흑자 덕분에 대공황으로 부채가 늘기 전까지 3분의 1을 줄일 수 있었다. 그러나 2차 세계대전이 끝날 때는 정부부채가 다시 6배 정도 증가되면서 기록적으로 국내총생산의 110%에 달하였다.

미국의 초대 대통령인 워싱턴(George Washington)은 퇴임하는 자리에서 "피할 수 없는 전쟁 때문에 생긴 부채는 평화 시에 부단히 상환하여 우리 세대가 져야 할 부담을 부당하게 후세에게 물려주어서는 안 된다"라고 강조하였다. 제3대 대통령인 제퍼슨(Thomas Jefferson)도 "과거 세대의 부채

---

91) Hormats, *op. cit.*, p. XVII.

를 후손에게 넘겨줌으로써 후세의 권익을 해치는 일을 해서는 안 된다"라고 하였다.[92] 아이젠하워(Dwight Eisenhower)도 "총 한 자루, 전함 한 척, 비행기 한 대, 로켓포 한 발 등을 만들기 위해 사용되는 돈은 바로 헐벗고 추위에 떠는 사람들에게 가야 할 돈으로 만들어진 것이다"라고 말하였다. 국가의 지도자는 전쟁이 발발하면 반드시 승리할 수 있도록 지도해야 하지만, 그 과정에서 전쟁비용을 최소화하는 한편으로 국민의 최소한의 삶도 보장할 수 있도록 관심을 가져야 한다.

청일전쟁과 러일전쟁에서 일본의 전비조달

개요

일본은 1856년 미국 페리(Matthew C. Perry, 1794~1858) 제독의 포함외교를 시작으로 개항하고 1868년에 메이지(明治)유신으로 봉건제도를 폐지하면서 국가가 주도하여 근대화를 추진하고 공업화를 서둘렀다. 해운업과 철강 생산이나 조선 산업도 빠른 속도로 발전이 시작되었다.

메이지 유신 이전에는 무려 1,694개 종류의 각각 가치가 다른 지폐들이 유통되어 위조하기가 쉬웠다. 여기에 이를 발행하는 기관도 중앙정부가 아니라 지방정부였고, 중앙에는 이를 관리할 기구도 없었다. 조세는 토지에서 나는 쌀을 현물로 내는 제도였기 때문에 농작물 수확에 따라 가변적이었다. 1871년에 가서야 일본 화폐인 엔(円)이 처음으로 도입되었고 중앙정부가 단일의 화폐제도를 만들면서 기존의 화폐 유통을 금지시켰다. 또한 현물로 지불하던 토지세는 엔으로 지불하였으며, 그 외에도 주세와 담배세 및 설탕세, 관세 등 여러 조세제도를 도입하였다.

조세제도의 정비를 통해 1875년 5,780만 엔의 조세는 1893년에 가서는 6,920만 엔으로 확대되었다. 조세징수를 위하여 관료제도를 강

---

92) *Ibid.*, p. XVI.

〈그림 3-12〉 일본이 영국으로부터 도입한 전함 요시노(1893)

화하면서 대학 교육을 받고 시험을 거친 공무원을 임명하여 징수 업무에 효율성을 기할 수 있도록 제도를 정비하였다.

한편, 군사 부분에서 육군은 독일식 훈련제도를 도입하여 훈련을 실시하였고 독일로 장교들을 파견하여 교육을 실시하였으며 대포 등 신형 장비를 도입하였다. 해군은 영국식을 모방하여 개혁을 추진하였으며 영국으로부터 전함을 도입하였다. 그렇지만 일본이 전쟁을 시작하면 그에 소요될 막대한 전쟁비용을 조달할 수 있는 재정능력이나 경제력은 여전히 부족하였다. 이를 해결하기 위하여 국내에서 증세를 함은 물론, 해외에서 국채를 발행하기도 하였다. 경제력과 군사력이 확대되면서 일본은 서서히 주변국으로 눈을 돌려 침략의 기회를 엿보기 시작하였다.

외부로 눈을 돌려 침략의 역사를 시작한 이래 일본은 청일전쟁(1894)과 러일전쟁(1904), 만주사변(1931)과 중일전쟁(1937), 진주만 기습에 이은 태평양전쟁(1941) 등 여러 차례 전쟁을 도발하였다. 전쟁을 위해 전비를 조달하는 과정에서 대개 국채를 발행하여 판매하는 방식으로 임시군사비를 편성하여 그 비용의 대부분으로 사용하였고, 일부 조세제도를 이용하였다. 임시군사비는 '임시군사특별회계법(臨時軍事特別會計法, A Special Account for Emergency War Expenditures)'에 의거하여 전쟁 시기에 그 비용을 조달하기 위해 운용되었다. 일본이 이렇게 임시군사비를 편성하여 전비를 조달한 사례를 보면 청일전쟁 당시 2억 5천만 엔, 러일전쟁 당시는 18억 2,629만 엔, 1차 대전 당시는 15억 5,370만 엔, 태평양 전쟁 당시는 7,558억 8,873만 엔으로 알려지고 있다.[93)]

그렇지만 이 군사비는 군사기밀이라는 이유로 제국의회의 심사나 통제는 물론 공개도 없이 군비를 확장하는 데 사용되었고, 후일 1937년의 중일전쟁은 물론, 1941년 진주만 기습으로 미국과의 개전을 가능케 하는 하나의 원인을 제공하였다는 평가를 받았다.[94)]

청일전쟁 시의 전비조달

1894년 5월 조선에서 세금 감면과 일본 배척을 요구하는 동학교도를 중심으로 한 대규모 농민 봉기가 발생하였다(동학농민전쟁, 東學農民戰爭). 청은 위안스카이(袁世凱)가 주선하여 조선 정부로 하여금 청에 원병 요청을 하게 하였고, 청 군대가 출병하자 일본은 텐진(天津)조약을 근거로 청에 대항하여 출병을 단행하였다.

조선의 농민군은 청과 일본군의 개입을 우려하여 조선 정부와 화해하였지만(전주화약, 全州和約), 양국은 조선의 내정 개혁을 둘러싸고 대립을 격화하였다. 일본은 청과의 교섭에서 실패하자 단독으로 조선 정부에 압력을 가해 내정 개혁을 단행할 것을 최후 통첩하였다. 조선 정부가 이를 거절하자 7월 말 일본군은 경복궁을 포위하고 강제적으로 내정 개혁 단

---

93) http://encyclopedia.1914-1918-online.net/article/war finance japan(검색일: 2016. 1. 20.)

94) 윤현명, "근대일본의 임시군사비에 대한 일고찰: 제국의 전쟁과 군사비에 대한 통제", 인하대학교 한국학 연구소, 『한국학 연구』 28집, 2012, p. 5.

행에 착수하는 한편, 아산만 일대에서 청나라의 수송선을 공격하여 청일 전쟁(First Sino-Japanese War)이 발발하였다.

〈표 3-5〉 청일전쟁 당시 일본과 청나라의 군사력 비교

구분	인구	육군	해군
일본	4천만	26만여 명 (상비 6.3만, 예비군 9.1만 국방의용군 10.6만)	3개 함대 (요코스카:8척, 구레:9척, 사세보:10척)
청나라	3억 8,500만	95만 (팔기군 26만, 녹영군 58.4만, 향용군 9.7만, 단련군 1.2만)	4개 함대 (북양 27척, 남양 13척, 복건 6척, 광동 5척)

출처: 육군군사연구소, 『청일전쟁』(1894~1895), 국군인쇄창, 2014, pp. 214~218, 241~247.

〈그림 3-13〉 청일전쟁 상황도

일본 해군은 서해 해전에서 청나라의 북양 함대를 궤멸시켰으며, 육군은 조선에서 청 군대를 격멸하면서 북쪽으로 진격하여 랴오둥(遼東) 및 산둥(山東) 반도의 일부를 점령하고, 남쪽에서는 펑후 섬(澎湖島)을 점령하였다. 이 무렵 영국과 러시아 등이 중재에 나섰으나 일본은 이를 거절하고, 미국의 중재를 받아들여 1895년 4월 시모노세키(下關)조약을 체결하였다.

이 조약에서 첫째, 청나라는 조선의 독립을 인정(청이 조선에서 배제되는 것을 의미함)하고 둘째, 랴오둥 반도와 타이완(臺灣), 펑후이(澎湖) 제도를 일본에 할양하기로 하였다. 셋째, 일본은 2억 량(중국 예산의 세 배, 일본 예산의 네 배 이상, 전쟁비용의 두 배에 상당한 금액, 60억 달러 상당)의 배상금을 지불하기로 하였다. 넷째, 새로운 청일 통상 항해 조약을 체결하고 충칭(重慶), 쑤저우(蘇州), 항저우(杭州)를 개시 및 개항하며 치외법권을 승인하기로 하였다.

만주로의 진출을 꾀하는 러시아가 일본의 랴오둥 반도 장악에 위기를 느끼면서 러시아·프랑스·독일 3국이 합세하여 랴오둥 반도를 중국에 반환토록 요구하였다. 결국 일본은 랴오둥 반도를 반환하였으며, 이는 10여 년 뒤에 러일전쟁을 촉발하는 결과를 가져왔다.

전쟁 기간 중 일본 정부는 사업세(National Business Tax)와 등록세(Registration Tax)를 제도화하였고, 담배사업은 국가가 독점적으로 하였으며, 토지세와 주류 및 설탕에 대한 소비세를 인상하였다. 일본 정부는 청일전쟁 시 처음으로 임시군사비를 편성하여 전쟁을 하였다.[95] 일본이 조선으로 출병을 하면서 그 비용이 필요하게 되자 대장성(大藏省)이 주도하여 전쟁비용 조달 계획을 수립하면서 법안을 만들고 제국의회에 제출하였는데, 그 방법은 주로 공채를 중심으로 조달하는 방안이었다.

청일전쟁은 1894년 7월부터 1895년 4월까지 근 1년여 기간 동안

---

95) http://encyclopedia.1914-1918-online.net/article/war finance japan(검색일: 2016. 1. 20.)

계속되었다. 이 기간 중 일본은 약 2억 5천만 엔의 전쟁비용을 사용하였고 24만여 명의 병력을 동원하였다. 전쟁 기간 중 소요된 전비를 조달하기 위한 임시군사특별회계는 1894년 10월에 시작하여 1896년 3월까지 계속되었는데, 이는 청일전쟁 이후 대만을 점령하는 데 필요한 예산까지 사용하기 위함이었다.[96)]

일본은 전쟁비용 총액을 전쟁 기간이 6개월 이내일 경우는 5천만 엔, 1년 이내일 경우는 1억 엔, 1년 6개월 안에 끝날 경우는 1억 5천만 엔 등으로 판단하고 이를 전시공채를 판매하여 조달하되, 외채 모집의 필요성도 검토하면서 전쟁 이후 공채 상환과 조선주둔군 경비 등으로 비용이 확대될 것을 감안하였다.[97)]

전쟁이 발발하자 일본은 두 번에 걸쳐 임시군사비를 조달하기 위한 회의를 하였다. 처음에는 1억 5천만 엔을 공채 모집 또는 차입금으로 하고, 두 번째 회의에서는 1억 엔을 추가하여 총 2억 5천만 엔의 전비가 조달되었다. 이 가운데 전쟁 기간 총 2억 47만 엔이 전비로 사용되었다. 이 금액은 1893년 당시의 일본 정부의 일반예산이 8,458만 엔이라는 것을 감안해 본다면 무려 3배에 달하는 것으로, 얼마나 많은 전비가 사용되었는지를 짐작할 수 있다.[98)]

〈표 3-6〉 청일전쟁 당시 일본의 조세 수입

단위: 백만 엔

계	토지세	소득세	음료세	콩	관세	우표세	국유 재산세	기타
85.8	38.8	1.2	16.7	1.3	5.1	0.8	11.6	10.3

출처: Cappella, *op. cit.*, p. 298.

96) 윤현명, 앞의 논문, p. 9.
97) 앞의 논문, pp. 13~14.
98) 앞의 논문, pp. 14~15.

청일전쟁에서 일본은 임시군사비 외에도 조세제도의 정비와 중앙은행의 역할, 중앙정부 소유의 은행을 통한 외국교역에 대한 재정지원, 우체국 저축 제도, 소규모의 사설 은행 등 일련의 개혁을 통해 종전보다 더 많은 세금을 징수하면서 승리에 기여하였다.

이에 비해 청나라는 근대화 개혁에서도 뒤처지고 내부의 정치적 대립으로 국력을 충분히 발휘할 수도 없는 상황에 빠져 있었다. 부패한 청나라 정부는 서태후(西太后)의 회갑연에 해군력을 증강시키는 데 사용해야 할 예산을 전용하였다.

이러한 상황에서 청나라에게 전쟁비용의 조달은 커다란 문제였다. 청나라는 전쟁이 발발하자마자 그 비용을 조달하기 위하여 국내에서 국채를 발행하여 조달하였으나, 상황이 급박해지면서 외채 도입을 추진하였다. 이렇게 청나라는 전쟁 기간 중 4회에 걸쳐 영국과 독일에서 외채를 도입하여 전비를 해결하였다.

〈표 3-7〉 청일전쟁 당시 청나라가 도입한 전쟁비용 차관

일시	차관 명칭	도입국	금액	연리(%)	상환 기간
1894. 9.	상해양상차관(上海洋商借款)	영국	45만량	7	20년
1894. 11. 7.	익풍차관(匯豊借款)	영국	163만 파운드(1천만량)	7	20년
1895. 1. 26.	익풍차관(匯豊借款)	영국	300만 파운드(1,860만량)	6	20년
1895. 6. 20.	서기차관(瑞記借款)	독일	100만 파운드(620만량)	6	20년
1895. 6. 28.	극륭차관(克隆借款)	영국	100만 파운드(620만량)	6	20년

출처: 조명철, "청일전쟁기, 열강과 일본의 중국침탈", 『일본연구』 제13집, 2010, pp. 466~468에서 재인용

위의 도표를 보면, 청나라는 전쟁이 발발하자 8개월 만에 무려 네 차례에 걸쳐 4천만 량이 넘는 차관을 도입하여 전비를 조달하였고, 이는 당시 청나라 1년 예산의 50%를 넘는 규모에 달하였다. 전쟁비용 차관의 조달처는 당시 국제적으로 자본을 가장 많이 유통하고 있었던 영국에 이

어 독일이었으며, 당시 국제적인 연이율 4%를 초과하는 6~7%는 국제적으로는 높은 이율로, 이는 그만큼 청나라의 승리에 대한 믿음이 적었다는 것을 반영한 결과였다.

외국으로부터의 막대한 전쟁비용 조달에도 불구하고 부패한 청나라는 일본에 패하였다. 그리고 시모노세키 조약에 의거하여 2억 량의 배상금과 그 외의 비용 등으로 3,150만 량을, 그것도 3년 내에 지불해야만 하였다. 이 배상액은 당시 청나라 예산의 세 배에 달하는 엄청난 금액이었다. 그러나 청나라의 재정이 극도로 약화된 상황에서 이를 해결하기 위하여 다시금 차관에 의존하지 않을 수 없었다. 이 차관을 빌려준 국가들이 당시 열강들인 러시아, 영국과 독일 및 프랑스이다.

〈표 3-8〉 청나라가 전쟁배상금을 지불하기 위해 도입한 차관

일시	차관명칭	도입국	금액	용도	연리(%)	상환 기간
1895. 7. 6	러·프 차관	프랑스, 러시아	4억 프랑(1억 량)	배상금	4	36년
1896. 3. 29	영·독 차관	영국, 독일	1,600만 파운드(1억 량)	배상금	5	36년
1898. 3. 1	영·독 차관	영국, 독일	1,600만 파운드(1억 량)	배상금	4.5	46년

출처: 조명철, 앞의 논문, p. 470.

이렇게 외국으로부터의 차관이 급증함에 따라 청나라의 재정에서 원리금 상환에 대한 압박은 재정 여건을 더욱 악화시켜, 1899년 기준으로 재정수입의 26%를 채무를 해결하는 데 사용할 정도로 국가 살림은 어려워졌다.

청일전쟁에서 승리한 일본은 대만과 팽호제도 등을 할양받게 되어 아시아 최초의 식민지 영유 국가로 등장하였다. 또한 조선에서 청 세력을 일소하여 일단 조선을 일본의 영향력 아래에 둘 수 있는 좋은 기회를 맞이하였다. 더불어 당시 일본이 사용한 전쟁비용(2억 엔)을 훨씬 능가하는 배상금(3억 5,500만 엔)을 받았다. 일본은 이를 군수산업 근대화와 산업

혁명의 자금으로 활용하였다. 일본은 청일전쟁에서의 승리로 해외에서 영토를 확보하는 한편으로 막대한 배상금까지 받게 되면서, 전쟁도 잘만 하면 좋은 사업이 될 수 있다는 나쁜 교훈도 얻었다.

러일전쟁 시의 전비조달

러일전쟁은 일본이 처음으로 조세제도와 국내외에서 빚을 내서 치른 전쟁이다. 일본은 전비를 마련하기 위하여 기존의 조세 외에 새로운 조세제도를 만들었다. 러일전쟁은 현대의 일본이 전쟁비용 준비전략에 조세를 처음 포함한 것이기도 하다. 일본은 전쟁비용의 15%는 세금을 통해, 나머지는 국내외에서 빚을 내서 마련하였으며, 빚 가운데 78%는 해외에서 채권을 발행하여 마련하였다.

일본은 청일전쟁에서 승리하면서 받은 배상금 3억 5,500만 엔 가운데 23%는 임시군사비로, 16%는 육군확장비로, 36%를 해군확장비로, 14.5%를 차기 전비로 할당하여 향후에 있을 러시아와의 전쟁에 대비하여 군사력을 강화하기 시작하였다. 일본은 청일전쟁 직전에는 육군예산으로 1,138만 엔을 사용하였는데 청일전쟁 이후에는 1896년부터 1903년까지 8년의 기간 중 연평균 3,178만 엔이라는 예산을 사용하여 육군을 확장하였다. 그 결과 청일전쟁 당시에 비하여 육군은 두 배로 늘어난 13개 사단을 확보하였으며, 각종 화포도 2.5배 이상으로 확대하였다.[99] 해군도 청일전쟁 당시에 사용된 비용에 버금가는 약 2억 엔 이상의 막대한 예산을 투입하여 구축함과 순양함 등 100여 척의 전함을 건조하는 한편 영국과 미국, 독일 등에도 주문을 하였다.[100] 이렇게 일본은 이른바

---

99) 육군사관학교, 『세계전쟁사』, 황금알, 2005, p. 170. 당시 일본이 확보한 병력은 정규군 18만여 명, 1·2단계 동원예비군 각 20만 명과 47만 명을 합한 85만 명과 해군은 전함 7척, 순양함 31척을 보유한 것으로 알려지고 있다(강영수, "러-일 전쟁과 유대자본가에 관한 연구: 제이콥 시프의 일본 전쟁자금 지원 중심으로", 대한투자공사, 2001, p. 12)

100) 국방부, 『한반도에서 전개된 러일전쟁 연구』, 국방부 군사편찬연구소, 2011, pp. 50~52.

군비증강 10개년 계획을 수립하여 육군과 해군 전력을 증강하면서 러시아와의 일전을 준비하였다.

〈표 3-9〉를 보면 청일전쟁 이후 일본은 해마다 100%에 가까운 군사비를 사용하였음을 볼 수 있다. 정부 지출의 1/2에 가까운 비용이 군사비로 사용되면서 육군 부대의 확장과 장비의 개선은 물론, 해군의 각종 전함도 그 규모가 확대되었다.

〈표 3-9〉 러일전쟁 이전 일본 정부의 지출 대비 군사비 증가

기간	정부 지출 (천 엔)	군사비 지출 (천 엔)	군사비 비율(%)	전년도 대비 군사비 증가율(%)
1894~1895	78,128	20,662	26.4	-
1895~1896	85,317	23,536	27.6	114.4
1896~1897	168,856	73,248	43.4	312.2
1897~1898	223,678	110,542	49.3	150.9
1898~1899	219,757	112,427	51.1	101.7
1899~1900	254,165	114,212	44.9	101.6
1901~1901	292,750	133,113	45.4	116.5

출처: 국방부 군사편찬연구소, 『한반도에서 전개된 러일전쟁 연구』, p. 51.

1904년 2월, 일본군의 기습으로 일본이 러시아와 전쟁을 시작하였다. 러일전쟁(Russo-Japanese Wars)으로 일컬어지는 이 전쟁에서는 러시아가 승리할 것이라는 일반적인 예상과는 달리 일본이 승리했다. 그 10년 전인 1894년 청일전쟁에서의 승리에 이어 러일전쟁에서도 일본이 승리한 것이다.

〈표 3-10〉이 보여 주듯 1900년대의 러시아와 일본의 국력을 비교해 보면 일본이 러시아를 이길 수 있을 것이라고 보는 것은 무리일 것이다. 따라서 당시 러일전쟁에서 일본이 이길 것이라고 생각한 사람들은 거의 없었으며, 대부분의 사람들은 당연히 러시아가 이길 것이라고 생각

했다. 인구의 규모와 영토의 크기는 물론, 군사력과 산업화 수준 등 거의 모든 면에서도 러시아가 우위에 있었기 때문이다. 해군력만 보더라도 당시 러시아의 발틱함대와 극동함대는 일본 해군과는 비교할 수 없을 정도로 강력한 전함들을 보유하고 있었다.

〈표 3-10〉 1900년대 러시아와 일본의 국력비교

구분	인구 (명)	병력 (만 명)	군함 톤수	산업화 수준	에너지소비 (백만 톤)
러시아	1억 3,560만	116.2	383,000	20	30
일본	4,380만	23.4	187,000	12	4.6

출처: Paul Kennedy, *op. cit.*, pp. 199~203 요약.

〈그림 3-14〉 조선을 두고 주변 강국의 대립을 풍자한 당시의 그림

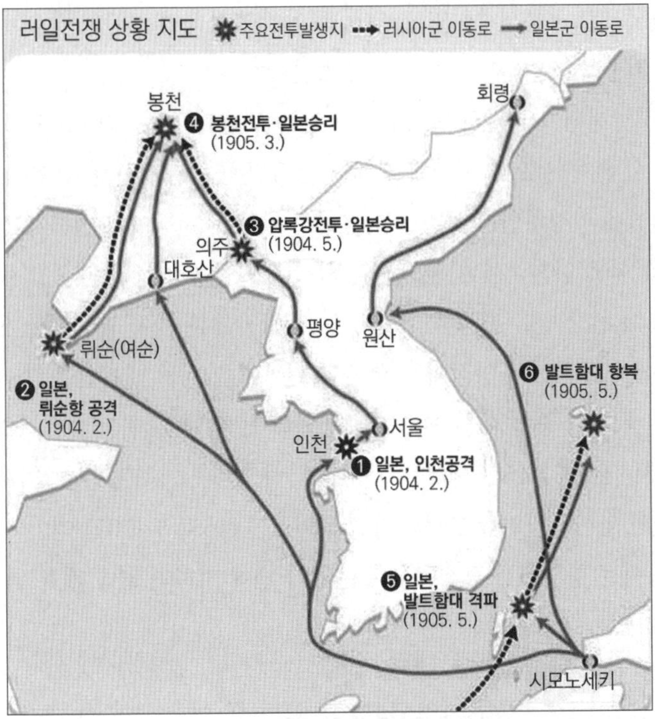

〈그림 3-15〉 러일전쟁 상황도

그럼에도 불구하고 일본군은 여순전투(1904. 8.~1905. 1.)와 봉천회전(1905. 3. 1.~1905. 3. 10.), 대한해협 해전(1905. 5. 27.)에서 러시아 군을 격파하면서 승리하였다. 그 이후 루즈벨트 대통령의 주선으로 미국의 포츠머스에서 강화조약(1905. 9. 5.)을 체결하였다.

그렇다면 당시 러시아가 당연히 이길 것으로 보였던 전쟁에서 일본이 이길 수 있었던 이유는 무엇이었을까? 여기에는 일본이 러시아와의 전쟁을 위하여 육해군 군비를 강화하는 등으로 철저히 전쟁준비를 하였던 것은 물론, 국제적인 세력균형의 문제도 작용하였다. 당시 미국과 영국은 일본을 지지 및 지원하였고, 프랑스는 러시아를 지원하고 있었다. 이러한 배경을 바탕으로 전쟁 당시 일본은 전비를 마련하기 위해 미국으로 영국으로 동분서주하였고, 양국은 이에 호응하여 일본이 필요로 하는 많은 비용을 조달하도록 도움을 주었던 것이다.

러일전쟁이 발발하기 이전부터 일본은 언제인가는 러시아와 전쟁을 피할 수 없을 것으로 예상하여 '재정상의 긴급처분'(칙령 291호)을 공포하고 예산을 편성하면서 군비를 확장하고 있었다. 전쟁이 발발하자 정부는 제국의회에 임시군사비 편성을 위해 전시법안을 제출하면서 그 예산으로 3억 8천만 엔을 편성하였고, 이를 위해 공채를, 특히 외국에서 채권을 판매하기로 하면서 영국과 미국에 채권판매를 위해 대표단을 파견하였다. 전쟁 기간 중 임시군사비 조달을 위해 1904년 12월 7억 엔, 1906년 2월에는 4억 5,045만 엔을 추가로 조달하도록 승인하는 등 17억 4,642만 엔의 임시군사비를 조달하기로 하여 그중 15억 8,470만 엔이 지출되었다. 이는 청일전쟁 당시에 사용된 2억 엔에 비하면 일곱 배를 넘는 것이었다.[101]

〈표 3-11〉 1903~1905년 기간 중 일본 정부의 조세수입

구분	1903	1904	1905
금액	1억 4,616만 엔	1억 9,436만 엔	2억 5,128만 엔

출처: Shumpei Okamoto, *The Japanese Oligarchy and the Russo-Japanese War*, Colombia University, 1970, p. 127.

위의 도표가 보여 주듯 당시 조세수입만으로는 막대한 전쟁비용을 조달할 수 없는 상황이었다. 전쟁이 진행되면서 각종 세금의 징수액이 증가하였지만 그것으로는 일본이 사용한 17억 엔(약 413억 달러, 42조 원)의 전쟁비용을 감당할 수 없었다. 1905년 기준으로 일본 정부의 예산이 대략 2억 5천만 엔 수준이었던 점을 감안해 본다면 수년간 국가 예산에 해당할 정도로 막대한 금액이었기 때문에, 당시 일본의 국력으로서는 이를

101) 윤현명, 앞의 논문, pp. 17~18.

일시에 해결할 능력이 없었다. 따라서 해외에서 비용을 마련할 필요가 있었다.

당시 영국을 방문하여 채권을 판매하고자 하였던 일본 관리는 채권을 판매하기 위해 신문광고를 하였지만 영국 국민들은 별로 관심을 두지 않았다. 미국에서도 1천만 파운드(당시 일본 돈으로는 1억 엔)를 모으기 위해 동분서주하였다. 이는 당시 일본 예산(2억 5천만 엔)의 40%에 달할 정도로 많은 금액이었다. 그러나 반응은 시원치 않았다. 미국에서도 전쟁이 발발하면 러시아가 이길 것이라고 생각해서 일본 채권을 구입하지 않았던 것이다. 당시 주요 국가의 채권수익률이 2~3%였지만 일본은 6%의 이자를 지급하는 조건으로 판매하고자 하였음에도 불구하고 사람들은 관심이 없었는데, 그것은 그만큼 일본의 승리에 부정적이었기 때문이다.

그런데 도움은 예상치 않은 곳에서 왔다. 당시 미국의 금융가인 월스트리트(Wall Street)에는 지금과 같이 유대인들이 엄청난 금융 권력을 휘두르고 있었는데, 바로 그 시절, 미국의 투자전문회사인 쿤 앤드 러브(Khun & Loeb Company)의 회장으로 시프(Jacob Schiff, 1847~1920)라는 사람이 일본의 채권판매에 도움을 준 것이다. 이 사람은 독일 프랑크푸르트 출신 유대인으로, 미국으로 이민 간 은행가였다. 러시아에서 유대인에 대한 탄압을 보면서 극단적인 반러시아 감정을 갖게 된 시프는 러시아의 황제 차르를 '인류의 적'이라고 규정하기까지 했던 인물이다. 제정 러시아에서의 유대인 탄압에 대한 소식을 들은 그는 러시아에 대한 보복을 생각하고 있었다.

시프는 러일전쟁이 자신의 동족 유대인을 탄압하는 제정 러시아를 견제할 기회라고 생각하고 미국으로 돌아가 내셔널시티은행에 일본 국채 인수를 제안했다. 이렇게 해서 액면가 100파운드, 발행가 93.5파운드, 이자 6%, 기한 7년으로 발행된 일본 국채를 구입하였다. 그 이후 예상을 깨고 일본군이 승승장구하여 전황이 유리해짐에 따라 일본의 국채

판매는 더욱 늘어났다. 이렇게 일본은 1905년 7월까지 4회에 걸쳐 런던과 뉴욕, 베를린 등지에서 8,200만 파운드의 해외국채를 발행하여 전비를 조달하였다. 러일전쟁 기간 중 시프가 일본 국채를 매입하면서 일본 정부가 조달한 금액은 모두 3억 4천여만 달러에 이르렀고 이는 전비의 약 40%에 달했다.

〈표 3-12〉 러일전쟁 당시 일본이 국외에서 발행한 채권[102)]

구분	1차(1904. 5. 11.)	2차(1904. 11. 14.)	3차(1905. 3. 28.)	4차(1905. 7. 11.)
발행액(100만 $)	50	58	150	150
일본 순 조달(100만 $)	45	50	124	124
판매(%)	뉴욕 50 런던 50	뉴욕 50 런던 50	뉴욕 50 런던 50	뉴욕 33 런던 33 베를린 33
최종 만기	1911	1911	1925	1925
기간	7년	7년	20년	20년
이율(%)	6.00	6.00	4.5	4.5

출처: Cappella, *op. cit*., p. 309.

〈표 3-12〉를 보면, 1차 국채를 발행할 당시인 1904년 5월, 일본군은 압록강 부근에서 러시아군과 전투를 하면서 승기를 잡고 있었을 때였다. 그러나 국제사회는 일본군의 승리를 반신반의하였기 때문에 비교적 높은 연이율 6%로 채권을 발행하였으며, 이는 당시 국제적 수준인 4.5%보다는 다소 높은 수준의 이율이었다. 2차 국채발행 시는 일본군이 여순항에서 전투를 하는 가운데서도 일본군의 승전에 대한 확신이 여전히 부족하여 6%의 이율로 국채를 발행하였다. 3차 국채발행 시는 이율이 4.5%로 하락하였는데, 이는 그만큼 일본의 승리에 대한 확신이 증가하

102) Cyrus Alder, *Jacob H. Schiff: His Life and Letters*, Doubleday, Doran and Company, 1928, pp. 212~230.

였기 때문이다. 4차 국채발행 시는 이미 일본의 승리로 전쟁이 끝난 상황에서 발행되었기 때문에 4.5% 선에서 발행되었다.

일본이 네 번에 걸쳐 국채를 발행하면서 이에 성공할 수 있었던 것은 유대인 시프의 적극적인 지원, 러시아에 대한 미국과 영국의 외교정책, 일본군의 승전 등이 어우러진 결과이다. 일본의 국채를 소화시키는 데 많은 기여를 한 미국의 투자회사 쿤 앤드 러브사는 당연히 일본 국채를 처리하면서 많은 이익을 남겼고, 일본은 일본대로 전쟁에서 승리하였다.

시프는 일본의 국채판매에 도움을 주는 것에 그치지 않고 미국의 유대인 은행가인 로스차일드(Rothschild) 가가 러시아 채권을 구입하지 않도록 하였다. 이외에도 카네기(Andrew Carnegie)가 3천만 달러, 모건은행(J. P. Morgan) 등 미국의 대기업 여섯 곳이 일본에 차관을 지원했다. 이렇게 미국에서 조달한 일본의 전쟁비용은 약 7억 엔에 달하였다.

특히나 이러한 미국의 사업가들을 러일전쟁에 대규모로 끌어들였던 장본인은 일본의 한반도 강점을 묵인하면서 가쓰라-태프트 밀약을 맺도록 하였고, 카네기 철강회사와 모건 회사 등 미국의 대기업을 통해 7억 엔의 비용을 조달하도록 지원한 루즈벨트(Theodore Roosevelt) 대통령이었다.

러일전쟁에서 일본이 사용한 총비용은 17억 엔에 이르는 거액으로, 이는 수년간의 국가 예산에 해당하는 금액이었다. 이 가운에 7억 엔은 미국과 영국에서 모집한 외채이며, 나머지는 국내에서 일부의 증세와 각종 국채를 발행하여 충당하였다. 유대인 시프와 미국의 이 같은 지원이 없었다면 과연 일본이 러일전쟁에서 승리할 수 있었을까?

후에 알려진 것이기는 하지만, 러일전쟁이 막바지에 달할 무렵, 일본은 더 이상 전비를 감당할 능력이 없어서 파산 직전에 다다르고 있었다. 그런 가운데 러시아가 먼저 항복하자 일본은 파산직전에 기사회생하였다. 일본군의 막대한 희생에도 불구하고 러일전쟁에서의 승리는 일본군에게는 영광으로 돌아갔다.

일본의 국력이 러시아보다 절대적으로 부족하여 모두가 일본의 국채발행에 회의적일 때, 시프가 나서서 일본의 국채발행과 판매를 적극 도우면서 전쟁은 일본의 승리로 끝났다. 러시아도 시프가 제공한 재정적 지원으로 일본이 승리했음을 인정하였다. 러시아 재무상 코코프초프(Vladimir Kokovtsov)는 "러시아는 유대인 시프가 러시아에 한 일을 결코 잊지 않겠다. 시프 한 사람이 일본의 전비를 조달하였다. 그가 러시아에 가장 큰 해를 입힌 공적이다"[103]라고 불만을 표출하였다.

이처럼 러일전쟁에서 미국이나 영국은 일본의 전비조달을 지원하여 전쟁의 승리에 도움을 주었다. 특히 미국의 이러한 지원은 결국 후일에 일본의 제국주의를 강화시키면서 조선합병은 물론 1931년 만주사변과 1937년 중일전쟁 도발, 나가서는 1941년 미국을 대상으로 한 태평양 전쟁 도발로 확대되었다.

러시아의 전비조달

러일전쟁에서 러시아는 30억 1,600만 루블(약 16억 달러)을 전비로 사용하였다.[104] 이는 1904~1905년 러시아 수입의 40%를 차지할 정도로 많은 금액이었다. 러시아는 전쟁비용을 조달하기 위하여 도시재산세와 맥주에 대한 세금을 올렸으며, 연료세라든가 우표에 대한 세금은 물론 유산상속세도 올렸다. 그런가 하면 보드카 판매가격, 수입물품에 대한 관세, 철도를 이용하는 여객과 물자 수송에 대한 비용도 인상하였다. 이러한 세금의 인상에도 불구하고 이는 전비의 5%에 불과하였다.

전쟁비용을 조달하기 위하여 러시아 정부는 다른 수단을 찾아야만 하였다. 전쟁 초기에는 국내에서 차입을 하여 초기에는 성공하였다. 그

---

103) 위의 논문, p. 225.

104) 1차 대전 당시 시기상으로는 다소 차이가 있으나 1루블(ruble)은 51.5센트(cents), 1프랑(franc)은 19.3센트였다.

러나 전쟁이 진행되면서 러시아 정부는 금본위제를 유지하고자 하였고, 지폐를 발행하는 데 문제가 많았다. 전쟁을 계속하기 위해서는 화폐를 발행하거나 해외에서 채권을 발행해야만 하였다. 러시아 정부는 외국에서 채권발행을 시도하였고 주된 국가는 프랑스였다. 그러나 전쟁에서 상황이 불리하게 돌아가면서 이율은 높아져 갔고, 국내에서의 사회적 상황마저 악화되면서 러시아에 대한 투자위험도가 높아져만 갔다. 게다가 러시아는 프랑스 정부와 은행의 확실한 신용마저 획득하지 못하였다. 이로 인해 국제사회로부터 신용을 획득하기 위하여 러시아 정부는 높은 이자비용을 지불해야만 하였다.

러시아는 전비를 조달하기에 세 가지의 취약점을 갖고 있었는데, 그것은 우선 화폐발행 및 사용과 후진적인 조세징수제도, 행정부의 비효율성에 기인하였다. 일본이 엔화를 이용하여 세금을 효과적으로 징수하였다면, 러시아에서는 루블이 상대적으로 비효율적으로 사용되었다. 러시아 정부는 많은 농부들로부터 세금을 징수할 시스템을 갖추지 못하였고, 세금 징수 시스템도 후진적이었기 때문에 소득에 대한 세금징수는 비효과적이었다. 전쟁이 발발하기 전인 1903년에는 6.6%를 직접세로 징수하였다. 술과 음료, 설탕, 석유 등에는 간접세를 부과하였다.

기업에 대한 러시아 정부의 과도한 세금부과는 탈세를 팽배하게 만들었다. 국내에서의 금본위제 지속 유지는 전쟁비용 조달을 어렵게 만들었다. 따라서 해외에서의 전쟁비용 조달을 고민하게 만들었고 여기서 떠오른 나라가 바로 프랑스였다.

해외조달

전쟁 초기 전쟁비용을 조달하기 위하여 러시아는 1904년 프랑스 시장에서 채권을 유통하는 데 성공하였다. 일본이 전쟁에서 승리를 해 가면서 채권발행 이율을 낮춰 나가는 동안, 러시아의 이율은 이와 반대로 높아져만 갔다. 러시아가 프랑스에서 채권을 성공적으로 발행하기 위해서는 프랑스 정부와의 관계가 좋아야 했지만, 러시아와 프랑스의 관계는 긴장된 관계였다. 1905년 봄에 프랑스의 은행가들은 러시아가 채권을 발행할지라도 이를 갚을 능력이 없을 것이라고 생각하였고, 따라서 결국 경제적으로 높은 비용을 지불해야만 하였다. 1904년 4월 프랑스 은행투자가들이 러시아의 수도에 도착하여 차관제공 협상을 시작하였다.

회담 초기에 러시아 재무상은 프랑스 정부를 도외시한 채 바로 프랑스의 은행투자가들과 직접 협상을 시작하였다. 이러한 행위는 결국 프랑스 정부를 화나게 만들었고 이는 결국 뒤에 악영향을 미쳤다. 프랑스 정부의 반대에도 불구하고 협상은 계속되어, 마침내 8억 프랑(약 1억 5,400만 달러)을 빌려주되 우선 4억 프랑을 즉시 제공하기로 하였다. 만약 시장에서 우호적이지 않을 경우에는 이를 중지하기로 하였다. 러시아 정부는 이러한 결정을 반대하면서 채권을 베를린에서 발행할 것이라고 위협을 가하기도 하였다. 1905년 5월 12일 프랑스 정부는 8억 프랑을 제공하기로 하면서 채권 유통에 동의하였다.

전쟁이 계속되면서 비용이 상승하자 또 다른 채권발행이 필요하였다. 따라서 프랑스와의 제2차 협상이 1904년 10월에 시작되었다. 이 당시 러시아가 전투에서 계속 패하면서 전장상황이 러시아에 불리하기 전개되고 있었지만, 프랑스는 궁극적으로 러시아가 승리할 것으로 생각하였다. 또한 이번에도 프랑스의 은행에서는 러시아 수도에 협상단을 파견하였다. 이번에는 독일 은행들도 포함되어 있었으며, 멘델스존(Mendelszon) 은행 등 수 개의 독일 은행들이 참여하여 1905년 1월 12일 4.5%의 이율로 2억 3,100만 루블을 발행하였다.

1905년 봄 러시아의 재정상황은 악화 일로였다. 전쟁상황은 더욱 일본에 유리하게 전개되어 갔고 여기에 국내에서는 소요가 지속되면서 혼란스러웠다. 이런 가운데 1905년 3월 러시아와 프랑스 재무성에서는 연이율 6%로 6억 프랑을 제공하기로 합의하였지만 이번에는 프랑스의 은행가들이 동의하지 않았다. 그 이유는 전세가 러시아에 불리하게 돌아가고, 1905년 4월 들어 일본군이 러시아군을 격멸하면서 전쟁이 막바지를 향하고 있었기 때문이다. 또한 이 무렵인 1905년 1월 러시아에서 발생한 '피의 일요일 사건'도 프랑스가 러시아에 대한 차관 제공을 거부하게 만드는 이유가 되었다. 이러한 일이 발생되면서 프랑스 정부나 은행가들은 러시아에 대하여 더 이상의 차관을 제공할 수 없게 되었고, 이것이 러시아의 채무 지불능력을 의심하게 만든 것이다. 이렇게 되자 러시아는 국내에서 2억 루블의 채권을 발행하여 가까스로 성공하기는 하였으나, 이것만으로는 부족해져 다시 독일을 방문하였다. 독일은 2억 루블을 발행하기로 하였으나 궁극적으로는 1억 5천만 루블을 7.28%로 발행하였다. 그러나 더 이상 전비를 조달하기가 어렵게 되자 러시아는 일본과의 평화협상을 희망하였고, 1905년 9월 5일 미국 대통령 루즈벨트(Theodore Roosevelt, 1858~1919)의 주선으로 미국 포츠머스에서 평화협정을 체결함으로써 전쟁은 끝났다.

러일전쟁에서 일본은 국내에서는 각종 세금을 확장하여 징수하였고, 미국이나 일본에서는 채권을 발행하는 데 성공함으로써 막대한 비용을 충당하였다. 이 과정에서 미국의 투자 은행들의 도움에 의해 일본은 낮은 비용으로 전비를 마련할 수 있었고, 이는 승리를 가져다주었다. 러시아도 전쟁 기간 중 국내에서 제한적이기는 하였지만 세금을 인상하였고, 국외에서는 채권을 발행하는 데 있어 일부 성공하였다. 그러나 전장 상황이 계속 불리해지면서 해외의 투자 은행들은 채권 발행 시 높은 이자의 지불을 요구하였고 그나마도 이에 호응하지 않으면서 러시아는 전쟁비용의 조달에 많은 어려움을 겪어야만 하였다.

2. 제1차 세계대전 시

모든 국민은 개인의 능력에 따라 국가의 보호에 상응하는 세금을 납부해야 한다.

– Adam Smith –

전쟁 개요

영국에 이어 독일도 1836년부터 1873년까지 계속된 산업혁명에 성공하면서 중화학 공업, 섬유공업, 기계공업이 발전하였다. 이로 인해 국력이 강화되고 더불어 철도와 운하의 건설도 순조롭게 진행되는 등으로 유럽에서 강대국으로 발전하였다. 1870~1871년 독일은 프랑스와의 전쟁(Franco-Prussian War)에서 승리하면서 통일제국이 되었다. 통일독일 제국은 군비를 확장하여 강대국으로 부상, 러시아와 프랑스 등을 제치고 유럽 대륙 제1의 강자로 등장하였다. 1888년 황제로 즉위한 빌헬름 2세(Wilhelm Ⅱ, 1859~1941)는 해외에서 식민지를 확보하면서 아시아-아프리카로 진출하기 시작하였다. 새로운 시장과 원료공급지가 필요하게 되자 강한 해군력을 건설하기 위해 '해군법(Navy Act)'을 만들고 함정을 건조하였고, 이 과정에서 전통적 해양국가인 영국과 갈등이 발생하기 시작하였다.

발칸 반도를 지배하던 오스만 터키가 쇠퇴하면서 영국과 프랑스, 독일 등의 자본이 진출함에 따라 대결이 발생하였고, 이 과정에서 독일의 '3B(Berlin-Baghdad-Byzantium)정책'과 영국의 '3C(Cairo-Calcutta- Capetown)정책'이 충돌하였다. 오스트리아-헝가리 제국이 1908년 보스니아를 합병하면서 같은 슬라브족인 러시아는 오스트리아-헝가리 제국에 대해 적대감을 갖기 시작하였다.

이와 같은 갈등과 대립 속에서도 유럽의 열강들은 상호 간 경제적으로 얽히고설켜 전쟁이 발발할 것이라고 생각하지는 않았다. 이러한 상황을 반영하듯 1909년 영국의 저널리스트인 노먼(Norman Angel)은 "유럽의 착시(Europe's optical Illusion)"라는 논문에서 "유럽의 산업국가 간의 상업과 경제, 금융이 너무나 광범위하게 연결되어 있기 때문에 전쟁을 생각하는 국가가 하나도 없다"라고 주장하면서, "설령 우연하게 전쟁이 발발한다고 할지라도 단기간에 끝날 것"이라고 하였다.[105] 이러한 그의 주장은 1910년에 가서 『거대한 환상』(*The Great Illusion*)이라는 책으로 발간되었다.

노먼의 주장을 옹호하듯 어느 한 교수도 『거대한 환상』에 대한 일련의 강의에서 "새로운 경제적 요소들은 전쟁의 어리석음을 명백히 입증시켜 주며, 유럽에서의 전쟁이 야기할 산업상의 재앙이나 금융체제의 붕괴, 국가적·개인적인 고통 등이 너무나 커서 전쟁을 생각할 수 없을 것이다"라고 하였다.[106]

이와 같은 희망적인 견해에도 불구하고 이미 유럽 지역에서는 기존의 해양강대국 영국의 독주 속에 새로운 강대국으로 등장한 독일의 경제·군사력의 증가와 이를 바탕으로 하는 해외진출이 머지않아 심각한 대립이 있을 것을 예견하고 있었다. 이러한 가운데 영국과 프랑스 및 러시아를 주축으로 하는 삼국협상(Triple Entente)과 독일과 이탈리아 및 오스트리아-헝가리 제국을 주축으로 하는 삼국동맹(Triple Alliance)으로 양극화된 동맹체제가 성립하였고, 독일에서의 민족주의의 대두와 정책의 불분명 및 혼란스러움의 복합적인 양상으로 인해 삼국협상과 삼국동맹의 대립은 심화되었다.[107] 이렇게 대립이 악화될 무렵인 1914년 6월 28일, 오스트리아-헝가리 제국의 황태자 부처가 사라예보를 방문하는 동안 세르비아 민족주의 단체의 단원에게 암살되었다.

---

105) 리아콰트 아메드, 조윤정 옮김, 『금융의 제왕(Lord of Finance)』, 다른세상, 2012, p. 34.

106) 아메드, 앞의 책, p. 36.

107) 조지프 S. 나이 Jr., 양준희 옮김, 『국제분쟁의 이해: 이론과 역사』, 도서출판 한울, 2009, p. 135.

The Washington Times

SUNDAY EVENING EDITION

SERB STUDENT ASSASSINATES ARCHDUKE AND HIS DUCHESS

CAPT. HOPKINS CHARGES LETTERS WERE STOLEN AS PART OF CONSPIRACY

NEWMAN TO FILE MOTION FOR NEW TRIAL WEDNESDAY

FALL VICTIMS TO ASSASSIN

SEVEN PASSENGERS FLY THROUGH AIR WITH LIEUT. PORTE

BOMB HURLED INTO CARRIAGE FAILS TO EXPLODE, USES PISTOL

HUERTA WILL FORCE WAR, MEXICAN SAYS

〈그림 3-16〉 오스트리아 황태자 암살사건과 이를 보도한 신문

이 사건을 계기로 오스트리아-헝가리 제국의 황제는 독일의 빌헬름 2세 황제에게 지원을 요청하였다. 한편 세르비아에게는 오스트리아에 반대하는 출판물 발간 금지, 반오스트리아 단체의 해산, 반오스트리아 운동 금지 보장을 위한 오스트리아와 협력, 반오스트리아 교육의 금지, 반오스트리아 관리의 파면, 사라예보 사건 관련자 재판에 오스트리아 관리의 참여, 무기의 국외 반출 금지 등을 포함하는 10개 조항의 최후통첩을 보내면서 48시간 내에 회답을 요구하였다. 세르비아는 9개 항은 받아들이되, 황태자 암살자 재판에 오스트리아 관리를 참석시키라는 조항은 세르비아의 주권과 관련된다고 판단하여 거부하였다.

이를 이유로 오스트리아-헝가리 제국은 세르비아와 단교하였고, 베오그라드 주재 대사가 귀국하자 세르비아는 동원령을 선포하였고, 오스트리아-헝가리 제국군이 7월 28일 세르비아에 대한 선전포고와 동시에 베오그라드를 폭격함으로써 1차 대전이 시작되었다.

독일의 비스마르크가 발칸 반도를 두고 "지금의 유럽은 지도자들이 화약 창고 안에서 담배를 피우는 것과 같다. 단 하나의 불씨가 우리 모두를 태워 버릴 만한 폭발을 일으킬 것이다. 폭발은 발칸 반도에서 어처구니없는 일이 벌어지면서 시작될 것이다"라고 말하였는데, 이러한 일이 현실화되면서 전쟁이 시작된 것이다.

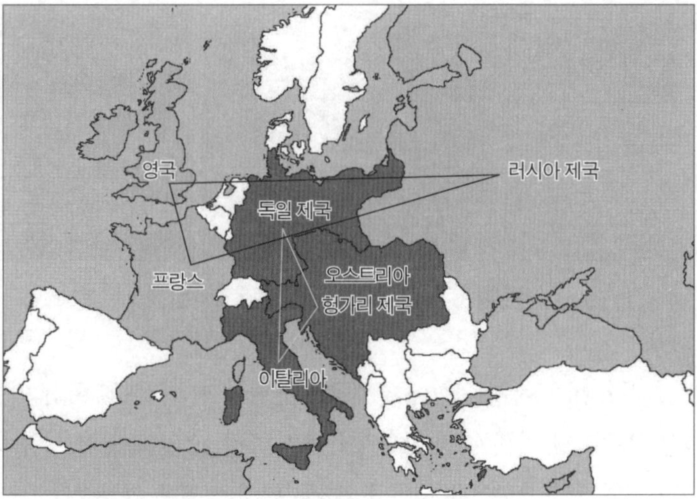

〈그림 3-17〉 삼국협상과 삼국동맹의 대결 상황(1914)[108]

1차 대전에서 영국과 프랑스, 러시아 등 28개 국가는 협상국(연합국)으로, 독일과 오스트리아-헝가리, 터키, 불가리아 등 4개 국가는 동맹국으로 각각 블록화하여 참전하였다. 전쟁기간 중 중립을 유지하던 미국은 대서양에서 독일 해군의 무제한(Unrestricted) 잠수함 작전으로 다수의 미국인이 사망하는 사건과 더불어 독일 외상 짐머만(Arthur Zimmermann)이 멕시코 주재 독일 대사관으로 보낸 전보가 미국 정부에 전달되는 이른바 짐머만 전보 사건으로 국내 여론이 악화되면서, 의회 일부의 반대에도 불구하고 1917년 4월 협상국 일원으로 참전하였다.

미국이 협상국의 일원으로 참전하면서 프랑스 전선에 200만여 명의 병력을 파견하고 장비와 물자를 지원함으로써, 협상국은 점차 전력을 강화하였다. 반면에 독일은 전쟁지속능력을 유지하기 위한 자원의 부족과 재정능력 악화, 식량 부족으로 촉발된 파업과 염전사상의 확산으로

108) Joseph S. 나이 Jr., 앞의 책, p. 129.

ENGLAND DECLARES WAR ON GERMANY.

Daily
Daily Net SALE Six Times as Large as That of Any Penny Lon
WEDNESDAY, AUGUST 5, 1914 LONDON MANCHESTER
GREAT BRITAIN DECLARES WAR ON GERMANY

The Argus.
BRITAIN AND FRANCE AT WAR WITH GERMANY
CHAMBERLAIN'S DECLARATION
"OUR CONSCIENCE IS CLEAR"
AUSTRALIA PLEDGES FULL SUPPORT

〈그림 3-18〉 1차 대전의 발발을 보도한 신문

인해, 그리고 마침내 킬 군항에서 해군의 반란이 전국적으로 확산되면서 전쟁을 계속하기 어렵게 되었다. 1918년 11월 11일 독일이 항복하고 1919년 6월 8일 베르사유 조약을 체결하면서 전쟁은 협상국의 승리로 종결되었다.

총력전 양상은 미국의 남북전쟁에 이어 1차 대전에서 본격적으로 나타나기 시작하였다. 전쟁을 지속함에 있어 유형의 군사력과 방대한 규모의 예비전력 동원 외에도 국가의 재정능력 및 경제력은 승리에 있어 중요하였다. 당시 대규모의 인적·물적 자원 동원과 더불어 과학기술의 발전으로 항공기가 최초로 전장에 출현하였고, 상선을 개조한 항공모함이 처음 사용되었다. 또한 대량의 탄약이 사용되는 등으로 어느 전쟁에서보다 막대한 비용이 소요되었다.

나폴레옹 전쟁이나 남북전쟁이 기본적으로 소총과 대포 등을 사용한 전쟁이었다면, 1차 대전은 사거리와 발사 속도가 증가한 개인화기와 기관총의 사용뿐 아니라 폭발력이 증대된 대포의 대량 사용, 비록 성능은 낮았지만 탱크의 등장, 신형 전투함과 잠수함 및 항공모함 그리고 비행기의 등장, 여기에 더해 독가스의 사용 등으로 대규모의 인명 살상이 있었음은 물론이고 종전의 전쟁에 비하여 거액의 전쟁비용이 사용되었다.

영국

1760년대 방적기술과 증기기관의 발전으로 시작된 산업혁명에 성공하면서 생산력이 급속도로 확대되기 시작한 영국의 경제력은, 1820~1840년대에는 영국을 전 세계의 40% 정도를 차지하는 산업화된 강국으로 만들었다. 경제력이 확대되고 런던이 국제금융의 중심지로서 부각되면서 1694년도에 창립된 잉글랜드 은행(The Bank of England)은 세계의 은행 역할을 하였다. 1851년 런던에서 열린 만국박람회는 산업혁명 성공에 이은 공업국가로서의 영국의 위상을 보여주는 데 있어 큰 역할을 하였다.

영국의 경제가 발전하고 그 영향력이 커지면서 파운드 스털링(pound sterling, 약칭 파운드, £)화는 국제적 결제통화로 사용되었다. 잉글랜드 은행을 대표로 하는 은행제도와 영국의 국력, 국가 및 은행에 대한 신용으로 영국이 세계의 경제에서 차지하는 중요성은 매우 높았다.

이러한 영국의 경제력 성장으로, 런던은 국제금융의 중심지로서 세계의 투자가와 은행가, 보험업자들이 모여들면서 국제적인 은행과 거래의 중심지가 되었다. 1차 대전 직전, 당시 해외투자의 증가와 더불어 자본의 이동이 확대되면서 국제거래의 중심지로서 런던의 역할은 더욱 커졌다. 런던은 산업혁명의 성공으로 생산된 물품을 해외에 판매하면서 이를 바탕으로 성장한 해군력, 이와 더불어 발전된 은행 및 보험회사 등을 이용하여 무역을 포함하는 많은 업체들이 생겨나면서 국제거래의 중심지로서 역할을 확대해 나갔다. 이 과정에서 국제거래를 위한 화폐로 파운드화가 공식적으로 사용되었고, 그 정산이 런던에서 이뤄졌다.

예를 들면, 미국에서 생산된 면화를 영국이나 프랑스가 구입할 때, 또는 중국에서 차를 구입할 때도 런던에서 발행한 서류들을 이용하여 대금을 지불하면서 런던이 전 세계의 상업적인 거래에서 중요한 역할을 하였던 것이다. 국제거래 시 결제통화의 90%가 파운드화로 결제되면서 영국의 위상 제고와 더불어 파운드화는 세계의 경제력에 지대한 영향력을 발휘하였다.

영국에 이어서 독일과 프랑스도 산업혁명에 성공하면서 이후 영국의 경제력이 차지하는 비중이 조금씩 낮아지기 시작하였지만, 1870년대에도 여전히 30% 내외를 차지하였을 정도로 강한 경제력을 유지하였다. 해양국가인 영국은 당대 최고의 함대를 보유하고 있었으나 육군은 상대적으로 그 규모가 작았다. 1차 대전이 발발하기 이전 영국의 국력은 다음과 같다.

〈표 3-13〉 1913~1914년 영국의 국가능력

구분	인구 (만 명)	1인당 소득 ($)	GDP (억 $)	군사력 (만 명)	강철 생산 (만 톤)	군함 (만 톤)
능력	4,500	244	110	53.2	770	271.4
연도	1914	1914	1914	1914	1913	1914

출처: Paul Kennedy, *op. cit.*, pp. 199~203, p. 243 요약.

영국의 경제

1차 대전이 발발하기 수년 전인 1906~1910년에 영국의 경제력은 전 세계에서 14.7%로 하락된 반면에 독일은 15.9%, 미국은 35.3%로 상승하였다. 영국 경제력의 상대적 쇠퇴는 당시 영국의 경제가 발전되지 않은 것이라기보다는 독일을 포함하는 다른 국가들의 경제가 상대적으로 발전하면서 비중이 작아진 것이다. 영국 산업력의 약화를 우려한 휴인즈(William A. S. Hewins, 1865~1931) 교수는 1904년에 "제철산업과 대규모 엔지니어링 산업의 발전 없이는 현대전에 필요한 육군과 해군을 능률적인 상태로 유지할 수 없다"라고 경고하였다.[109]

그나마 다행인 것은 영국이 아시아와 아프리카 등 해외에 다수의 식

109) Paul Kennedy, *op. cit.*, p. 319.

〈그림 3-19〉 영국의 병력 모집 공고 포스터

민지를 유지하면서 유사시에는 자국의 방어에 기여할 수 있도록 동원할 수 있는 영연방 국가의 자원이 많이 있었다는 것이다. 실제로 전쟁기간 중 영연방 국가들은 영국을 여러 방법으로 지원하였다.

영국은 1차 대전이 발발하기 얼마 전까지만 해도 많은 자본을 해외에 투자하고 있었다. 1913년 12월을 기준으로 볼 때 200억 달러를 영연방 국가인 캐나다와 오스트레일리아, 인도는 물론 아르헨티나와 브라질에도 투자하였으며, 그 수익도 매년 10억 달러에 달하였다.[110]

110) Bogart, *op. cit.*, p. 14.

〈그림 3-20〉 프랑스에 파견된 영국 원정군

막대한 해외투자와 여기서 발생하는 이자를 포함하는 수익, 무역을 통한 이익, 런던이 국제적인 거래의 중심지로서 은행과 보험을 통해 획득하는 이익 등은 영국에 부를 가져다주었다. 따라서 전쟁이 발발한다면 이로 인해 많은 것을 잃게 되는 나라도 영국이 될 수밖에 없었다.

1차 대전 당시 영국은 프랑스에 원정군(British Expeditionary Force, BEF)을 파견하고 있었다. 원정군이 프랑스에 파견되어 참전하면서 병력 수요가 급증하였다. 이를 해결하기 위하여 1916년 '군복무법(Military services act)'을 제정함으로써 최초의 강제적인 병역제도로 18세부터 41세까지 징집이 시행되었다.

전쟁발발 이전 영국은 경비 절약과 정치권으로부터의 압력 등으로 군사부문에 대한 투자가 적어 전쟁초기 단계에서는 장비나 탄약을 제대로 보급할 수 없었다. 개전 이전에는 신관이나 고폭성 탄약을 제조할 수 있는 현대화된 설비가 없어 후일 적대국이 되는 독일에 의존하고 있었을 정도였으며, 기술은 낙후하였다. 전쟁이 발발하여 프랑스에 파견된 원정군(BEF)으로부터 탄약긴급요청이 들어와도 긴급히 해결할 방도가 없어 '탄약위기(Ammunition Crisis)'도 발생하였다. 이를 해결하기 위하여 미국에서 공작기계를 도입하고, 로이드 조지(David Lloyd George, 1863~1945)가 탄약성 장관으로 부임하여 해결을 위해 노력하면서 탄약부족 문제는 겨우 해

소되었다.[111]

전쟁기간 중 장비와 물자 수요가 급증하자 미국은 1915년부터 영국을 재정적·물질적으로 지원하였다. 이를 위해 영국은 미국에서 제일 규모가 큰 J. P. Morgan(이하 Morgan)을 대행은행으로 지정하였다. 영국이 Morgan을 지정한 이유는 이 회사가 영국에 우호적이면서 런던과 파리에 지점이 있어 업무에 편하였기 때문이었다. Morgan은 영국을 위해 미국에서 탄약이나 물자를 구입하였고, 전쟁이 장기화되면서 자금이 부족하자 신용거래도 하게 만들어 주었다.[112]

당시 영국에서는 군수품 조달을 위해 한 회사에 의존하는 것에 대하여 반대가 없지 않았지만 자국의 상황이 급박해지면서 이를 따질 여유가 없어졌다. 그때만 하더라도 미국이 중립을 지키면서 영국을 전적으로 지원할 수는 없었다. 1916년 가을에는 자금이 갑자기 부족하여 미국으로부터 물자도입이 거절되기도 하였다.

1916년 말, 이 무렵 영국은 미국으로부터 대포나 탄약, 금속, 유류 및 식량, 기계 등을 수입하느라고 매월 2억 달러를 지불하여 재정적으로 큰 부담을 받고 있었다. 저명한 경제학자인 케인즈(John M. Keynes)는 이를 두고 "영국은 전비조달을 위해 재무성에서는 매일 500만 파운드화를 구해야 하고 그중에 200만 파운드화는 미국에서 구하고 있다"[113]라고 할 정도였다. 이를 해결하고자 재무성과 잉글랜드 은행은 금은 물론, 영국

---

111) (구)국무총리 비상기획위원회, 『세계동원의 역사』, 전광인쇄정보, 2004, pp. 225; 육군본부, 『영국 육군사』, 육군인쇄창, 1982, p. 372. 영국군의 탄약부족에 관한 자세한 내용은 Basil Clark, *The Wonderful Organization of Britain's Munition Supply: The Great War,* Trident Press International, 1999, pp. 169~191 참조.

112) Elisabeth Glaser, "Better Late than Never", *Great War, Total War,* Cambridge University Press, 2000, pp. 390~391; Kathleen Burk, *The Mobilization of Anglo-American Finance during World War I,* Wilfried Laurier University Press, 1981, pp. 26~27.

113) Kathleen Burk, *The Mobilization of Anglo-American Finance during World War 1,* Wilfried Laurier University Press, 1981, pp. 30~31.

증권을 Morgan 은행으로 보내 달러로 바꿔 물자를 구입하는 데 사용하였다.[114)]

1917년 4월, 미국이 참전하자 윌슨 행정부는 병력과 장비 등 군사적 지원뿐만 아니라 연방자금까지 지원할 필요에 직면하게 되면서, Morgan 은행이 연합국에 대한 지원까지를 떠맡게 하였다.

전쟁기간 중 모든 나라가 그랬듯 영국도 식량 부족에 시달렸다. 공산품을 수출하고 식량을 포함하는 많은 물자를 수입에 의존했던 영국은 1915년 2월부터 독일군의 무제한 잠수함 작전으로 인해 많은 상선이 격침되었고, 이는 시간이 지나면서 더욱 확대되기 시작하여 물자수송에 많은 문제가 발생하였다. 이로 인하여 식량부족이 심각한 문제로 대두되었다. 이러한 문제점을 해결하고자 국내에서 식량 생산에 박차를 가하기 위하여 '식량생산국(Food Administration)'을 설치하고 농지를 개발하여 토지를 확보하였으며, 식량 유통을 강력하게 통제하는 정책과 더불어 배급제를 실시하였다.[115)]

전쟁기간 중 철강 생산은 또 다른 중요한 문제였다. 당시 탄약장관직을 수행하던 처칠(Winston Churchill)은 "이 전쟁은 철강전쟁이다. 전쟁의 승패는 철강의 생산량에 달려 있다"라는 말을 하였다. 당시 철강은 화포와 탄약, 전함 등을 건조하는 데 중요했기 때문이었다.[116)] 영국은 급증하는 철강 수요에 부응하고자 공원에 설치되어 있었던 철재 난간도 회수하여 공장으로 보내는 등 전국적으로 철강재를 수집하여 화포와 탄약을 만드는 데 사용하였다.[117)]

영연방 국가들도 병력과 부대뿐만 아니라 석유나 금속류 등의 원자

---

114) Glaser, *op. cit.*, p. 392; Farrar. Jr, *op. cit.*, p. 62.

115) 피터 심킨스, 『모든 전쟁을 끝내기 위한 전쟁』, 플래닛미디어, 2008, pp. 322~324.

116) Elisabeth Glaser, "Better Late than Never", *Great War, Total War,* p. 389.

117) 스티븐 헤이워드, 『지금 왜 처칠인가』, 중앙 M&B, 1998, pp. 128~129.

재도 제공하는 등으로 전쟁지속능력을 유지하는 데 도움을 주었다. 오스트레일리아에서는 탄약 지원 외에 숙련·비숙련공 3천여 명을 보내 탄약을 생산하였으며, 캐나다는 포탄과 폭약을 지원하였으며,[118] 수백만 달러를 모금하여 왕립 뉴펀들랜드 연대의 6천여 명 대원들의 비용을 지불하였다.[119]

영국의 전비조달

1차 대전 기간 중 영국은 약 100억 파운드에 달하는 비용을 지출하였다. 전비지출이 가장 절정에 달하였던 1918년에는 1913년의 한 해 국가의 총수입을 상회하는 금액을 전비로 지출하였다. 1914년 4월 1일부터 1918년 3월 31일 회계연도 기간 중 정부 지출의 25%는 세금을 통해 조달하였으며, 나머지는 화폐의 발행과 채권 발행이나 차입 등을 통해 해결하였다.[120]

〈표 3-14〉 1차 대전 당시 영국 정부의 수입과 지출

단위: 백만 파운드

구분	1913-1914	1914-1915	1915-1916	1916-1917	1917-1918	1918-1919
수입	198.2	226.7	336.8	573.4	707.2	889.0
지출	197.5	560.5	1,559.2	2,198.1	2,696.2	2,579.3
과부족	+0.7	-333.8	-1,222.4	-1,624.7	-1,989.0	-1,609.3

출처: Martin Horn, "War Finance, International Encyclopedia of First world war"(검색일: 2016. 12. 16)

전쟁이 발발하자 비용이 중요한 문제로 대두되었고 이를 조달하는 것은 시급한 문제였다. 아래의 도표를 보면, 1916 회계연도 들어서 비용

118) Michael Bliss, *War Business as Usual: Canadian Munition Production, 1914~1918,* Wilfried Laurier University Press, 1981, pp. 46~49.

119) J. M. Winter, *The Experience of The World War 1,* Oxford University Press, 1995, p. 50.

120) Benjamins H. Higgins, *Lombard Street in War and reconstruction,* National Bureau of Economic Research, 1949, p. 10.

의 지출이 대폭 증가하고 있음을 볼 수 있다. 이는 평균적으로 시간당 약 30만 파운드(약 144만 5,000달러), 분당 약 5,100파운드(2만 5,000달러) 이상 지출한 것을 의미하는 것이기도 하다. 특히 1917년 마지막 분기에는 하루에 평균 780만 파운드(3,810만 달러)가 사용되기도 하였다. 이와 같은 막대한 전비의 사용 때문에 정부의 지출이 낭비적이고 사치스런 일이라는 비판이 제기되었다.

〈표 3-15〉 1차 대전 기간 중 영국의 평균 비용의 지출

기간	평균 일일 지출 총비용	평균 일일 전쟁지출 비용
1914. 8. 4.~1915. 3. 31.	205만 £(998만 $)	198만 £(946만 $)
1915. 4. 1.~1916. 3. 31.	427만 £(2,079만 $)	373만 £(1,816만 $)
1916. 4. 1.~1917. 3. 31.	602만 £(2,933만 $)	548만 £(2,669만 $)
1917. 4. 1.~1918. 3. 31.	739만 £(3,597만 $)	685만 £(3,336만 $)
1918. 4. 1.~1919. 3. 31.	707만 £(3,443만 $)	652만 £(3,175만 $)

출처: Seligman, *op. cit*, p. 167.

전쟁이 발발하기 4일 전에 법적 효력을 발휘한 '재정법(Finance Act)'에서는 소득세를 6.25%로 고정하고 있었다. 이러한 조치를 통해 1915 회계연도에 약 2.1억 파운드(10억 3,500만 달러)의 수입을 예상하였다. 전쟁이 발발하자 1914년 11월에 로이드 조지가 처음 전시예산을 제출하면서 소득세를 두 배로 인상하는 것 외에도 차와 맥주에 세금을 부과하고, 재산세 등을 인상하였다.

1915년 5월 4일 제2차 전시예산이 제출되었다. 당시 전쟁비용은 하루가 다르게 급증하면서 1914~1915 회계연도의 재정적자는 무려 약 4.2억 파운드(20억 3,925만 달러)에 달하였다. 1915~1916 회계연도의 총 전비지출은 약 11.6억 파운드(56억 6,327만 달러)로 예상되었지만, 실제 수입은 약 2.8억 파운드(13억 5,166만 달러)로 약 8.8억 파운드(43억 1,161만 달

러)의 적자가 예상되었다. 따라서 채권은 물론 이제 증세를 통한 전비조달에 대해서도 다시금 생각해 보지 않을 수 없었다. 따라서 1915년 9월 21일 정부는 세금을 통해 전비를 충족하고자 소득세를 6.25%에서 17.5%로 인상하고, 조세면제 기준을 약 165파운드(800달러)에서 약 130파운드(650달러)로 하향 조정하였다. 여기에다 불로소득에 대해서는 높은 수준의 세금을 부과하였다. 부가소득세율도 개정하였다. 이러한 조치를 통해 1915~1916년 회계연도에 약 1.2억 파운드(5억 8,210만 달러)를 획득하였다.

또한 전쟁 이전을 기준으로 약 200파운드(1,000달러) 이상의 이윤을 내던 곳에서는 업체에서는 최초로 초과이익세도 50%를 부과하는 것이 결정되었으며, 만약 전쟁 이전 그 기준으로 할 만한 자료가 없을 경우는 7%를 부과하였다.

소득세의 경우 130파운드(650달러)로 부과금액을 결정하였지만 그 이하 소득에 대해서도 그에 해당되는 금액을 기부하도록 하였다. 차와 커피, 코코아, 건과일, 담배 등에 대해서는 50%의 관세가 부과되었고 영화 필름이나 시계, 악기, 수입 자동차와 오토바이 등에 대해서는 33.3%의 세금을 부과하였다. 또한 우편이나 전신 및 전화의 세율도 인상하였다. 이러한 조치들로 1,180만 파운드(5,750만 달러)의 조세수입이 예상되었다. 한편 사치품에 대해서는 낭비와 과소비를 방지하고 저축을 장려하기 위하여 다른 세금들보다도 더 높은 세금을 부과하였다.

1916년 4월 4일, 1916~1917년 회계연도에 대비하는 전시예산이 보고됐다. 여기서 조세수입을 약 5.2억 파운드(25억 1,137만 달러)로 예상하였다. 소득세는 수입에 따라 11.25%~25%를 부과하고, 불로소득에 대한 과세 기준도 변경하며, 초과이익세는 60%로 인상하여 약 2억 파운드(9억 6,367만 달러)의 수입을 예상하였다. 그 외에도 차와 커피, 코코아, 설탕 같은 물품의 관세도 배로 오르고, 사이다 같은 음료수에도 새로운 세금이 부과되며, 영화 등 모든 종류의 오락에도 세금이 부과되면서 약 6,340만 파운드(3억 900만 달러)의 수입이 예상되었다. 면세 기준을 하향 조정하면서 소득세를 지불하던 인원이 1914년에 113만여 명이었지만 1920년 300만여 명으로 증가하였다.

1917~1918 회계연도에는 약 23.5억 파운드(114억 5,190만 달러)의 지출이 필요할 것으로 판단되었지만 총수입은 약 6.5억 파운드(31억 8,300만 달러)가 예상되면서 이 시기에는 기존에 시행하고 있었던 세금에 대한 비율을 상향 조정하거나 초과이익세를 80%로 올리는 방법, 탄약세 부과 등을 통해 종전보다 더 많은 수입을 기대하였다.

〈표 3-16〉 1차 대전 당시 영국의 조세 수입

단위: 백만 파운드

구분	1914	1915	1916	1917	1918	1919
계	163	189	290	514	613	784
관세	35	39	60	71	71	103
물품세	40	42	61	56	39	59
재산세	27	28	31	31	32	30
우표판매세	10	6	7	8	8	12
토지세	0.7	0.7	0.7	0.6	0.7	0.6
가옥세	2	2	2	2	2	2
소득세	47	69	128	205	240	291
초과이익세	-	-	0.1	140	220	285
토지가격세	0.7	0.4	0.4	0.5	0.7	0.7

출처: Seligman, *op. cit.*, p. 184.

1918~1919 회계연도 예산에서는 약 8.6억 파운드(42억 1,025만 달러)의 수입을 예상하였으며, 그것은 소득세와 부가소득세의 추가 인상이나 담배와 맥주 같은 물품의 관세 인상, 사치세 등을 통하여 약 7,000만 파운드(3억 3,900만 달러)를 조달하고자 하였다. 여러 조세제도의 개편을 통해

전비를 조달하려 하였으나 실제로 1914년으로부터 1919년 회계연도 기간 중 〈표 3-16〉에서 보는 금액을 세금으로 조달하였는데, 이는 전체 비용의 약 25%에 달하였다.

조세 수입 외에도 영국은 전쟁기간 중 우체국 운용, 전보통신 사업, 전화와 왕실 소유 토지를 활용한 수입, 수에즈 운하 수입 등을 통해 조세 수입 외의 수입으로 약 3억 7,700만여 파운드의 전쟁비용을 조달하기도 하였다.

〈표 3-17〉 1차 대전 당시 영국의 조세 외의 수입

단위: 백만 파운드

구분	1914	1915	1916	1917	1918	1919
계	35	37	47	59	94	105
전보, 전화 등	31	30	34	34	35	40
왕실 소유 토지	0.5	0.5	0.5	0.6	0.7	0.8
수에즈 운하	2	1	2	8	6	12
기타	2	6	10	17	52	52

출처: Seligman, *op. cit.*, p. 184.

영국의 조세수입과 관련된 추가적인 자료는 별지 #1(제1차 세계대전 시 영국의 수입 및 지출)을 참조하기 바란다. 1차 대전이 발발하기 전까지 영국은 금본위제(Gold Standard)를 택하고 있었다. 전쟁이 발발하자 영국 정부는 국민들이 돈을 인출해 갈 것을 우려하여 3일 동안 은행을 폐쇄하였고, 8월 6일 '통화 및 은행권법(Currency and Bank Notes Act)'을 제정하였다. 이 법에 의거하여 정부는 금을 예치하지 않고도 정부가 원하는 만큼 은행권을 발행할 수 있게 되었다. 이 법을 기반으로 영국 정부는 잉글랜드 은행을 통하여 1918년 12월 31일까지 3억 2,300만 파운드를 발행하였다. 은행가인 리프(Walter Leaf)는 이러한 제도의 변화를 가리켜 "이자의 비용에 대한 부담 없이, 제한된 기간에 구애됨이 없이, 정부의 입장에서는 아주

효과적으로 신속하게 전쟁비용을 조달할 수 있는 제도"라고 하였다.

다음은 채권을 발행하여 전비를 조달한 것이다. 영국은 전쟁기간 중 전쟁비용을 조달하기 위하여 여러 조치를 취하였지만, 그 가운데 하나가 바로 재무성이 전시공채와 채권을 발행하는 것이었다. 전쟁이 발발하면서 재무성은 전쟁에 필요한 비용을 조달하기 위하여 잉글랜드 은행을 통하여 전시공채와 Exchequer 채권 등을 발행하였다.

1차 전시공채(1st War Loan)는 1914년 12월 1일부터 액면가 95%로 판매를 시작하였으나 국민들은 이에 냉담하여 은행에서 1/3을 구입하였으며, 3억 3,200만 파운드(약 17억 300만 달러)를 조달하였다. 2차 전시공채(2nd War Loan)의 발행은 1915년 6월에 4.5%의 이윤으로 95%의 액면가를 갖고 1925~1928년에 상환하기로 하여 5억 9,200만 파운드(약 28억 8,300만 달러)를 조성하였다. 약 60만여 명이 이를 구입하였으며, 은행에서도 1/3을 구입하였다. 3차 전시공채(3rd War Loan)는 1917년 1월에 시행되었는데, 액면가 95%에 5%의 이윤을 갖는 채권 등 두 가지 종류로 1929~1947년의 기간 중에 상환하기로 하여 9억 4,100만 파운드(44억 300만 달러)를 조성하였다. 이 증권을 구입한 사람은 200만여 명에 달하였다.[121)]

한편 1915~1916 회계연도에 들어 전쟁이 예상과는 달리 장기화되면서 그 비용이 폭증하기 시작하였다. 수입에 비하여 비용지출이 증가되면서 그 대책으로 단기채인 국고채권(Exchequer Bonds)을 3차례에 걸쳐 발행하였다. 다수의 국민이 참여하여 채권을 구입할 수 있도록 하기 위하여 소액으로 우체국에서 채권을 판매할 수 있도록 소액채권인 전시저축채권(War Saving Certificates)을 발행하였다. 처음 채권을 발행하였을 때에는 고액권을 발행하다 보니 이를 구입한 사람들은 10만여 명에 불과하였으

---

121) Higgins, *op. cit.*, 1949, p. 12; Seligman, *op. cit.*, p. 186.

나 소액채권을 발행하면서 이를 구입하는 사람들도 대폭 증가되었으며, 많은 인원이 참여하면서 판매액도 두 배로 증가되었다. 이 채권은 또한 미국에서도 판매할 수 있도록 재무성은 조치하였다. 이러한 여러 방법으로 1915~1916 회계연도에 7억 2,500만 파운드(35억 3,075만 달러)를 조달하였다.

〈표 3-18〉 1차 대전 기간 중 영국 정부의 채권 등 판매

구분		일시/기간	이윤	발행 가격	총금액(100만 £)
계					2,962
전시공채 (War Loan)	1차	1915. 3.	3.5	95	332
	2차	1915. 6.	4.5	100	592
	3차	1917. 4.	4~5	95~100	941
국고채권 (Exchequer Bonds)	1차	1915. 3.	3	95~100	48
	2차	1915. 12.~1916. 4.	5	100	516
	3차	1916. 10.	6	100	161
전시채권(National War Bonds)		1917. 10.~1918. 10.	4~5	100~100.5	372

출처: Seligman, *op. cit.*, p. 189.

전쟁이 장기화되면서 비용이 급증하여 1917년 정부가 전비를 조달하기 위해 생각해 낸 것이 전시채권(National War Bonds) 계획이다. 이 프로그램은 100파운드 채권을 구입할 시 1917년부터 5년간 5%의 이자를 지불하며 1922년에는 원금과 함께 추가로 2%를 지불하기로 하였다. 1918년 5월, 정부는 채권 판매를 촉진하기 위하여 은행에 0.125%의 위임판매료를 지불하였다. 심지어 전시채권을 개인은 유산상속세(Death Duties), 회사는 초과이익세(Excess Profits Duty)를 지불하는 수단으로 사용하기도 하였다.[122] 정부는 국민이 우체국에서는 5파운드 이상을, 은행에서

122) McLeon Museum and Art Gallery, RBS Remembers 1914-1918(National War Bonds),

는 50파운드 이상을 구입할 수 있도록 하였다. 채권을 판매하기 위하여 국민과 기업을 대상으로 다양한 홍보 활동을 전개하였으며, 은행에도 협조를 요청하였다. 이 프로그램을 통해 3억 7,200만 파운드(약 18억 1,000만 달러)를 조달하였다.

영국은 전비를 조달하기 위하여 전차(Tank)를 이용하는 특색 있는 방법도 고안하였다. 일명 '탱크 뱅크(Tank Bank)'로 알려진 이 방법은 국가저축위원회(National War Savings Committee)가 전비를 조달하기 위해 전차를 활용한 방법이다. 프랑스의 솜므(Somme) 전투에서 처음으로 전차가 사용되기 시작한 1년 뒤 깡브레(Cambrai) 전투에서는 전선돌파용으로 위력을 발휘하였다. 전쟁터에서 전차가 위력을 발휘하면서 영국 국민들은 이에 호기심을 갖고 있었다.

국가저축위원회에서는 이렇게 전투에 사용된 바 있는 전차를 이용하여 전비를 모집하는 데 사용할 필요성을 인식하였다. 이에 처음에는 깡브레 전투에서 사용된 바 있는 전차를 영국으로 수송한 뒤 런던의 트래펄가 광장에 전시하여 시민들의 관심을 끄는 데 커다란 성공을 거두었다. 이에 따라 승무원과 6대의 Mark-Ⅳ 전차를 잉글랜드와 스코틀랜드, 웨일스의 주요 도시와 마을 등 168개소를 순회하면서 국민들에게 보여 주었는데, 주목적은 정부의 전시채권(National War Bonds)과 저축채권(War Savings Certificates)을 판매하기 위한 것이었다.

국가저축위원회에서는 전차가 각 지방의 도시에 도착하기 전에 항공기를 이용하여 채권판매 촉진을 선전하기 위한 팸플릿을 살포하였다. 전차가 도착하였을 때에는 시의 고위당국자와 성직자, 지역유지, 전쟁영웅들을 포함하는 많은 사람들이 그들을 환영하면서 채권을 구입하였다. 전시채권을 판매하여 조성된 금액은 신문이나 게시판을 등을 통해 대중

---

http://www.rbsremembers.com(검색일: 2016. 12. 20.)

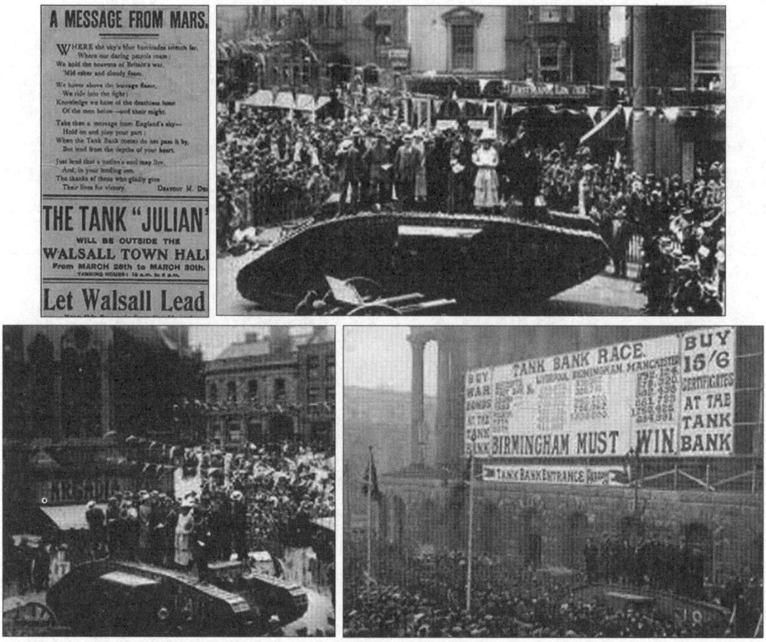

※ 오른편 하단 사진을 보면 지역별 판매액을 표시하여 경쟁(TANK BANK RACE)을 시키고 있음을 볼 수 있다. 즉 다른도시의 판매금액을 보여 주면서 "버밍햄이 가장 많은 채권을 구입함으로써 1등을 해야 한다(BIRMINGHAM MUST WIN)"라고 하는 것이다.

〈그림 3-21〉 영국의 도시를 순회하는 탱크와 군중, 지역별 채권판매 표지판

에게 공개되었으며, 어느 지역에서 많이 구입하는지 경쟁하도록 만들었다(〈그림 3-21〉 참조).

이렇게 해서 전국적으로 약 3억 파운드(약 15억 달러)의 비용을 조달하였다. 주요 도시별 판매금액을 보면 〈표 3-19〉와 같다. 1919년 재무부는 전쟁기간 중 국민들의 채권구입에 대한 감사의 뜻으로 영국의 각 도시에 264대의 전차를 전시용으로 기증하였다.[123]

123) 기증된 전차는 공원에 전시되어 관람용으로 활용되었으나 종전 이후 관리용 예산의 부족과 무관심으로 녹슬다가, 제2차 세계대전이 발발하면서 철강 수요가 급증하자 회수되어 다시 활용되고 1대만 전쟁기념관에 보존되고 있다.

〈표 3-19〉 주요 도시에서 Tank Bank를 통한 채권판매액

단위: 파운드

도시	West Hartlepool	Glasgow	Birmingham	Edinburgh	Manchester	Bradford	London
판매액	2,367,333	14,563,714	6,703,439	4,764,639	4,430,000	4,060,000	3,423,261
도시	Sunderland	New Castle	Swansea	Hull	Leicester	Liverpool	-
판매액	2,305,000	3,608,768	2,180,939	2,186,820	2,063,250	2,061,012	-

출처: http://www.aforceforgood.org.uk/history/tankglasgow(검색일: 2016. 12. 20.)

재무성은 그 이외에도 정부기관의 각종 기금을 전비로 이용하였다. 당시 영국에는 정부 부처별로 기금의 조성과 운용에 있어 자율권을 갖는 우체국 저축은행(Post Office Saving Bank), 신탁저축은행(Trustee Saving Bank), 우체국 기금(Post Office Fund), 국민건강보험기금(National Health Insurance Fund), 실업보험기금(Unemployment Insurance Fund), 재무성연금기금(Treasury Pension Fund) 등이 있었는데 이러한 은행이나 기금 등은 전시공채나 채권을 구입하는 등으로 전비조달에 기여하였다.[124]

〈그림 3-22〉 1차 대전 당시 영국의 전비조달 홍보 포스터

124) Higgins, *op. cit.*, pp. 11~12.

영국은 이와 같이 다양한 방법을 이용하여 전비를 조달하면서 국민을 대상으로 홍보를 하였다. "여러분은 전시채권을 구입해 주세요, 나머지는 우리들이 하겠습니다(You buy War Bonds, We do the rest)", "전시채권은 무기를 유지하는 데 필요합니다(War Bonds feeds the Guns)", "당신이 갖고 있는 돈을 국가에게 빌려주세요(Lend Your Money to your Country)", "국가를 위하여 저축된 돈을 빌려주세요(Lend Your Savings to the Nation today)" 등 다양한 문구로써 국민들의 마음을 움직이기 위하여 노력하였다.

전비조달의 결과

영국은 협상국의 일원으로 전쟁에서 승리를 하였지만 그 여파는 결코 작지 않았다. 먼저 '해가 지지 않는 나라'라고 하여 국제 경제에서 막강한 영향력을 발휘하였던 영국의 파운드화는 그 가치를 많이 잃었다. 1차 대전에서의 비용 지출은 약 100억 파운드(약 500억 달러)에 달해 국가의 부(富)의 1/3이 탕진되었다. 전쟁이 끝났을 때인 1918년 11월, 영국은 70억 파운드를 상회하는 국가채무를 지고 있었고, 그중 14억 파운드는 유동성 채무였다. 전쟁 전까지만 해도 영국은 미국에 30억 달러에 달하는 채권이 있었는데 전쟁이 끝난 후에는 오히려 47억 달러에 달하는 갚아야 할 빚이 생겼다. 전쟁기간 각종 무기와 탄약 등을 구입하기 위하여 미국으로부터 달러를 빌려서 사용했기 때문에 전후에는 채무국으로 그 위상이 바뀌면서 재정상 어려움에 직면하였다.

영국은 1차 대전 기간 중 독일군과 전투를 함에 있어서 프랑스와 중동 지역에서 전투를 한 것 이외에 대서양에서 독일군 잠수함들로부터 피해를 받았다. 이로 인해 영국이 지출한 전비가 확대되면서 위에서 언급한 바와 같이 미국에 갚아야 할 돈과 국내 채무가 대폭 증가한 것이다.[125]

---

125) 영국은 1차 대전 당시 발생하였던 채무를 전쟁이 끝난 지 100여 년이 가까워져 오고 있는 2014년 당시까지 완전히 갚지 못하여 30억 3천만 달러가 남아 있었다. 이를 2014년

미국

미국은 이미 1900년대로 들어서면서 경제적으로는 세계의 강대국으로 발돋움하고 있었다. 인구는 중국과 러시아에 이어서 3위였지만, 국민총생산액이나 1인당 소득과 산업에 있어서 반드시 필요한 철강 생산은 다른 나라들과 비교할 수 없을 정도로 발전되고 있었다. 다만, 군사력에서는 직접적으로 대립하는 국가가 없어 유럽의 강대국들에 비하여 병력규모와 군함 보유량이 상대적으로 작았다.

〈표 3-20〉 1913~1914년 미국의 국가능력

구분	인구 (만 명)	1인당 소득 ($)	GDP (억 $)	군사력 (만 명)	강철 생산 (만 톤)	군함 (만 톤)
능력	9,800	377	370	16.4	3,180	98.5
연도	1914	1914	1914	1914	1913	1914

출처: Paul Kennedy, *op. cit*., pp. 199~203, p. 243 요약.

미국은 1915년 5월 7일 발생된 독일군의 루시타니아(Lusitania)호 격침 사건에 이어 1917년 1월 16일 짐머만 전보 사건이 발생하자 4월 6일 마침내 참전을 결정하였다. 참전이 결정되면서 어느 정도의 병력을 유지할 것인지, 또한 참전에 따른 경제는 어떻게 할 것인지에 대한 문제가 대두되었다. 당시 미군 병력은 20만여 명이 되지 않았다. 병력수요가 급격히 증가하자 '선발징병법(Selective Service Act)'을 제정하고 병력모집을 신속하게 진행하여 종전 당시까지 479만여 명이 동원되었다. 이 가운데 200만여 명이 유럽전선에 파견되었고 그중 139만여 명은 전투에 투입되었다. 군 병력의 증가와 더불어 무기와 탄약 생산이 급증하였다. 이로 인하여 1916년에 4억 7,700만 달러였던 국방비는 절정기인 1918년도에는

완전히 상환하기로 하였다.

무려 85억 8,000만 달러로 급증하였다.

〈표 3-21〉 1차 대전 전후 미국의 주요 지표

구분	1916	1917	1918	1919	1920
산업생산(1916=100)	100	132	139	137	108
GNP(1억 달러)	460	551	697	772	872
연방정부 수입(100만 달러)	930	2,373	4,388	5,889	6,110
연방정부 지출(100만 달러)	1,333	7,136	15,585	12,425	5,710
국방비(100만 달러)	477	3,383	8,580	6,685	2,063
군 병력(만)	17.4	83.5	296.8	126.6	35.3

출처: http://eh.net.encyclopedia/u-s-economy-in-world-war-1(검색일: 2016. 5. 2.)

미국의 경제

19세기가 끝날 무렵 이미 미국은 농작물 생산에 있어서는 밀과 옥수수 등의 농작물은 물론, 석탄 등의 증산이 급증하고 있었고 텍사스에서 발견된 석유도 이 무렵 연간 5천만 배럴 이상 생산되기 시작하였다. 당시 미국의 생산력을 살펴보면 석유는 세계 최대의 생산국이었고 US철강주식회사 한 곳에서 생산하는 철강만 해도 영국에서 생산하는 양보다도 많았으며, 선철도 영국과 프랑스, 독일 3개국이 생산하는 양의 합보다도 많았다. 농산품은 물론 공산품에 있어서도 최대 생산국으로서 등장하면서 경제는 호황을 누리고 있었다. 강대국이 되기 위한 인구와 자원, 철강 생산, 국토 면적과 식량 생산 등에서 당시 유럽의 강대국들을 압도하였다.

경제력의 확장은 필연적으로 해군 군사력의 증강을 가져왔다. 특히 해외무역의 보호를 위해 해군력 강화가 필요하여 해군에 보다 많은 군사비를 할당하여 이를 바탕으로 함정을 건조하는 한편 하와이와 필리핀,

카리브 해 등지에 해군기지를 건설함으로써, 미국은 영국과 독일에 이어 세계 3위의 해군력을 보유하게 되었다. 1904년 영국의 함정 설계사가 미국의 어느 조선소 한 곳에서 14척의 전함과 13척의 장갑 순양함을 동시에 생산하는 것을 보고 "우리는 식민지의 도움이 없으면 미국과의 경쟁에서 바다의 제왕이라는 자리를 오래 유지할 수 없을 것이다"[126]라고 말은 당시 미국의 경제력을 보여 주는 한 단면이다.

미국은 전쟁 초기에 외교적으로는 중립을 유지하고 있었지만 1915년부터 영국과 프랑스에 전쟁에 필요한 물자를 지원함으로써 간접적으로는 개입하고 있었다. 즉, 1915년 초 영국과 프랑스 정부가 Morgan 은행을 대행은행으로 지정하여 미국에서 생산하는 장비와 물자를 구입하는 업무를 대행하도록 지원하였다. 이렇게 전쟁 직후부터 종전 시까지 미국이 영국과 프랑스에 차관 등으로 제공한 금액은 〈표 3-22〉에서 보는 바와 같다.

〈표 3-22〉 1차 대전 기간 중 미국의 영국 및 프랑스 지원 금액

구분	1915	1916	1917	1918
영국(100만 $)	912	1,887	2,009	2,061
프랑스(100만 $)	369	861	941	931

출처: Glaser, *op. cit.*, p. 391.

정부는 군수품 생산을 독려하기 위하여 '국방고문회의(National Defence Advisory Council)'를 설치하였고 전문가들이 모여 전쟁에 필요한 물자의 생산을 조정하는 업무를 하였으며, 경제동원 업무를 위해 '전시산업국(War Industry Board)'을 설치하였다. 전시산업국에서는 군수공장 신설과 물자의

126) Paul Kennedy, 김주식 옮김, 『영국 해군 지배력의 역사』, 한국해양전략연구소, 2010, p. 355.

생산 우선순위 결정 및 생산된 물자의 배분과 가격 규제 등의 업무를 총괄·조정하였다.[127]

또한 '식량관리국(Food Administration)'을 설치하여 여기서는 식량 증산은 물론 공급과 가격 통제 업무를 담당하게 하였으며,[128] '연료관리국(Fuel Administration)'을 설치하여 석탄 및 석유의 생산과 분배 및 가격통제 업무를 수행하였다.

육상에서의 병력과 물자 수송을 위해 '철도관리법(Railroad Act)'을 제정하고 '철도관리국(Railroad Administration)'을 설립하였으며, 해상수송을 위해서는 '선박법(Shipping Act)'을 제정하고 '선박국(Shipping Board)'을 설립하였고, '선박함대주식회사'를 운영하여 선박 건조와 운영, 조달 업무 등을 담당하게 하였다.[129] 산업현장에서 많은 노동력이 필요하자 '전시노동관리국(War Labor Board)'도 설치하여 사업주들이 하루 8시간 노동과 최저생활보장 및 여성에 대한 동등한 임금의 보장 등의 업무를 하게 하였으며, 노동자에게는 파업을 금지하고 고용주에게는 직장을 폐쇄하지 않도록 하는 업무를 수행하였다.[130]

이러한 조치들로 미국은 전쟁기간 중 영국군에게 다량의 탄약 외에 120만여 정의 소총과 57만여 톤의 폭약, 4만 2,000여 대의 트럭과 3,400여 대의 항공기 엔진 등의 장비를 지원하였다. 또한 러시아군에게도 영국을 경유하여 다량의 탄약 외에 97만여 정의 소총과 2만 4,500여 정의 기관총 등을 지원하였다.[131]

---

127) http://en.wikipedia.org/wiki/War-Industry-Board; Gerd Hardash, *The First World War 1914-1918,* University of California Press, 1981, pp. 96~97; 앨런 브린클리, 황예성 외 옮김, 『미국사』 3, 청예문화사, 2011, pp. 40~41.

128) Glaser, *op. cit.,* p. 402.

129) Hardash, *op. cit.,* p. 96~97.

130) F. 프라이델·A. 브린클리, 박무성 옮김 『미국 현대사: 1900~1981』, 대학문화사, 1985. pp. 146~148.

131) Hardash, *op. cit.,* pp. 98~99.

〈그림 3-23〉 1차 대전 당시 미국의 군 병력모집용 포스터

참전 결정 이후 의회가 선발징병법을 통과시키면서 전례 없는 대규모로 징병이 실시되었다. 1915년 당시에는 17만 4,000여 명의 병력이 있었는데 이 법이 통과되면서 1917년에는 64만여 명으로 확장되고 이듬해인 1918년에는 290만여 명으로 확장되었다. 군비지출도 1915년 국민총생산액의 1%를 사용하던 것이 4년 동안 무려 14%로 증가되었다.[132)]

미국의 전비조달

19세기 말 이미 미국은 이미 풍부한 자원과 인구의 지속적인 증가, 기술력과 자본을 바탕으로 세계 제1위의 강대국으로 부상하였다. 당시 1913년 이전까지 미국은 재정에서는 주로 관세와 주세, 담배세 등을 통해 세금을 징수하여 운용하였다. 전쟁이 발발하자 연방정부는 전쟁과 직접 관련되는 비용으로 320억 달러를 책정하였다. 1915년 이전 연방정부의 예산이 10억 달러를 넘는 경우가 드물었고, 당시 1910년 미국의 국민총생산액이 350억 달러였던 점을 생각하여 보면 많은 예산을 편성

132) Julian E. Zelizer, *Arsenal of Democracy: The Politics of National Security–From World War II to The War on Terrorism*, Basic Books, 2010, p. 28.

한 것을 알 수 있다.[133] 이러한 예산을 조달하기 위하여 조세제도를 개편하고 국채를 발행하였다. 이런 과정에서 민주당과 공화당 의원들의 대립이 있었다. 민주당은 세금을 통해서 예산을 마련할 것을 주장하였지만, 공화당은 차입을 선호하였다. 그러나 그 뒤에 민주당과 공화당 의원 모두 세금이나 차입만으로 모두 해결할 수 없다는 것을 알았다.

먼저 조세제도에 관한 것이다. 정부는 전쟁 발발의 전년도인 1913년에 소득세를 도입하였다. 1913년의 세법에서는 법인소득세를 부과하도록 하였고, 미혼자는 2천 달러, 기혼자는 3천 달러를 기준으로 1%의 소득세를 부과하였다.[134]

유럽에서 전쟁이 발발하면서 교역에 영향을 받았고, 이로 말미암아 연방정부의 관세징수에 차질이 발생하면서 정부 운영에 문제가 발생하자 조세제도 개편을 통한 전비조달의 필요성이 제기되었다. 이에 따라 긴급소득세법이 1914년 10월 시행돼 은행가, 중개업자, 위락시설 소유자, 중개상인, 담배판매상 등에 부과되었으며, 아울러 전신사용료 및 전화통화료, 향수 및 화장품 구입, 껌 같은 곳에도 새로운 세금이 부과되었다.[135] 포도주와 술의 세금도 50% 인상됐으며 탄산수에도 새로운 세금이 부과되었다.

기본적으로 윌슨 대통령은 전쟁이 발발할 경우, 전쟁비용의 조달을 가능한 한 부유한 국민들이 더 많은 세금을 내는 등 조세를 통한 해결을 하고자 생각하고 있었고, 이러한 그의 생각은 채권발행을 최소화하려는 민주당으로부터 지지를 받았다.

아직 미국이 전쟁에 직접적으로 개입하기 이전인 1915년 점차 상황이 악화되면서 군비를 증강할 목적으로 면세 기준을 기혼자는 4천 달

133) 브린클리, 『미국사』 3, p. 42.

134) Hormats, *op. cit.*, p. 109.

135) Bogart, *op. cit.*, p. 268.

러에서 3천 달러로 하향 조정하였고, 미혼자는 3천 달러에서 2천 달러로 인하하며, 자동차와 휘발유 등의 제품에는 물품세를 부과하는 세법개정안을 제출하였다. 1916년도에는 소득세 기본세율을 1%에서 2%로 인상하고 연간 소득 2만 달러 이상에 대해서는 추가로 소득세율을 6%로 하였으며, 200만 달러 이상에는 13%, 그 이상에 대해서는 최고세율을 15%로 하며, 여기에 누진상속세를 부과하였다.[136]

전쟁이 장기화되면서 정부운영에 문제가 계속 발생하였다. 따라서 영구적으로 수입을 보장하기 위한 조세제도의 필요성이 대두되어 1916년 9월에 새로운 소득세법이 시행되었다. 이 법은 육군과 해군 군사력 증강을 위해 제정된 법으로 부동산세, 상속세, 탄약제조업자에 대한 과세 등 세금을 부과하는 항목과 화폐발행에 관한 사항을 포함하였다.[137]

탄약을 생산하는 사업자들에게는 물품세의 일환으로 12.5%에 달하는 세금을 부과하였다. 이 세금은 전쟁에서 얻은 이익에 대한 과세로, 나중에는 1916년의 경우 전쟁 관련 물자를 생산하는 498개의 업체 가운데 269개 회사가 세금을 납부하도록 확대 적용되었다.[138] 이는 전쟁을 하게 되면 탄약제조 업체들이 막대한 이익을 남기는 만큼, 고율의 세금을 부과하여 이를 통해 전비의 대부분을 기업들이 부담토록 하자는 주장으로 이른바 'Pay-go', 즉 부담이 가능한 조항을 적용하여 전비를 조달하도록 하자는 것이다.[139] 또한 포도주 세율을 인상하였고, 담배를 만드는 사람이나 선박중개상 등에 대해서 특별물품세가 부과되었다.

1917년 4월 독일에 대한 선전포고로 미국도 유럽 전선에 직접 참전하면서 이전과는 다른 전비소요 양상이 전개되자 보다 많은 세금을 징수

136) Hormats, *op. cit.*, p. 110.

137) Bogart, *op. cit.*, pp. 270~271.

138) *ibid.*, p. 274.

139) Hormats, *op. cit.*, p. 112.

하기 위해 법이 개정되었다. 법인에게는 이익의 8%를 초과이익세로 징수하였고, 재산상속에 따른 세율로 50%를 부과하였다. 소득세는 개인당 종전의 2천 달러에서 1천 달러(결혼 시 2천 달러)로 하향 조정하면서 그 이하는 면제하고 추가로 어린이 1명당 200달러의 면세점을 부여하였으며 소득 수준에 따라 세율을 차등 적용하였다. 이러한 조치들로 납세자는 500만여 명이 증가하였다.[140)]

특별세 항목 신설에 따라 물품세가 사업가, 중개인, 극장소유주, 곡예단, 볼링장 등에 부과됐으며, 술을 만들거나 주류 반입이 금지된 지역에 사업 목적으로 술을 반입하다 적발된 사람들에 대해서도 벌금으로 1천 달러를 부과하였다.

보석이나 시계, 상아 제품 등의 사치품에도 고율의 사치세가 부과됐고, 종전에는 아편을 제조하거나 분배하는 사람들에게 포괄적으로 연 1달러씩 받던 것을 도매상에게는 연 120달러, 수입상이나 제조자와 생산자에게는 24달러, 소매상에게는 6달러, 의사와 직업상 이를 다루는 사람에게는 3달러를 부과하였다.[141)] 이렇게 미국은 전쟁기간 중 법을 제정하여 여러 종류의 세금 항목을 만들었는가 하면 법률을 개정하여 이미 시행중에 있었던 세금의 세율을 상향 조정하여 세금을 부과하였다.

〈표 3-23〉 1918~1920년 소득세 징수

단위: 달러

연도	개인소득세	법인소득세	초과이익세
1918	6억 1,500만	4,817만	-
1919	9억 100만	4억	13억
1920	14억	6억 5,000만	17억

출처: Bogart, *op. cit.*, p. 289.

---

140) Hormats, *op. cit.*, p. 117.

141) Bogart, *op. cit.*, p. 294.

〈표 3-24〉 1914~1919년 기간 중 미국의 조세징수액 변화

단위: 백만 달러

구분	1914	1915	1916	1917	1918	1919
계	734.7	697.9	779.4	1,118.2	4,173.8	4,647.5
관세	292.3	209.3	213.2	225.7	182.8	183.4
개인·법인세	71.4	80.2	124.0	359.7	2,838.9	2,600.7
기타 국내수입	308.7	335.4	384.7	449.7	857.0	1,239.5
공공토지 판매	2.6	2.2	1.8	1.9	1.9	1.9
기타	59.7	70.8	54.8	81.2	293.2	622.5

출처: Bogart, *op. cit.*, p. 295.

한편 개인이나 법인에게는 일정한 소득 이상의 이익이 발생하였을 경우 초과이익세가 부과됐는데 이는 커다란 성공을 거두면서 정부에 많은 수입을 안겨 주었으며, 그 현황은 다음과 같다.

〈표 3-25〉 1917~1918년 초과이익세 징수 현황

단위: 달러

구분	계	개인	협력업체	법인
금액	22억 2,756	8,873	9,312	20억 4,571

출처: Bogart, *op. cit.*, p. 281.

한편 1916년 9월 법에서 정한 누진세율과 1917년 10월 법에서는 소득 수준에 따라 부과구간을 세분화하면서 강화하였다. 〈표 3-26〉을 보면 미국이 1917년 4월 전쟁에 참전한 이후 늘어나는 전비를 충당하기 위해 소득수준에 따라 누진세율을 대폭 상향 조정하였음을 볼 수 있다.

〈표 3-26〉을 보면 소득수준이 높아짐에 따라 무려 60%에 가까운 세금을 부과하였음을 볼 수 있다. 재산을 보유하고 있는 사람들에게도 정부가 평가한 재산 평가액에 따라 재산세가 차등적으로 부과되었으며, 그 세율은 〈표 3-27〉과 같다.

〈표 3-26〉 누진세율의 변화

소득수준($)	1916년 9월 법에서 정한 누진세율(%)	1917년 10월 법에서 정한 누진세율(%)	총 누진세율(%)
5,000~7,500	-	1	1
7,500~10,000	-	2	2
10,000~12,500	-	3	3
12,500~15,000	-	4	4
15,000~20,000	-	5	5
20,000~40,000	1	7	8
40,000~60,000	2	10	12
60,000~80,000	3	14	17
80,000~100,000	4	18	22
100,000~150,000	5	22	27
150,000~200,000	6	25	31
200,000~250,000	7	30	37
250,000~300,000	8	34	42
300,000~500,000	10	40	50
500,000~750,000	10	45	55
750,000~1,000,000	11	50	61
1,000,000~1,500,000	12	50	62
1,500,000~2,000,000	13	50	63

출처: Bogart, *op. cit.*, p. 289.

〈표 3-27〉 재산규모에 따른 재산세 부과율

재산 (만 $)	5 미만	5~15	15~25	25~45	45~100	100~200	200~300	300~400	400~500	500 이상
세율 (%)	1	2	3	4	5	6	7	8	9	10

출처: Bogart, *op. cit.*, p. 274.

〈표 3-28〉 상속재산 규모에 따른 상속세율의 변화

재산 (만 $)	5만 이하	5~ 15	15~ 25	25~ 45	45~ 75	75~ 100	100~ 150	150~ 200	200~ 300	300~ 400	400~ 500	500~ 800	800~ 1,000	1,000 이상
1916(%)	1	2	3	4	5	5	6	6	7	8	9	10	10	10
1917. 3.(%)	1.5	3	4.5	6	7.5	7.5	9	9	10.5	12	13.5	15	15	15
1917. 10.(%)	2	4	6	8	10	10	12	12	14	16	18	20	22	25
1919(%)	1	2	3	4	6	8	10	12	14	16	18	20	22	25

출처: Bogart, *op. cit*, p. 478.

재산상속세도 과세대상으로는 좋은 항목이었다. 1916년의 상속재산 관련법으로부터 개정을 거쳐 법에서 정한 세율을 보면 재산 상속 규모에 따라 상속세율을 달리하여 상속세액이 높아질수록 상속세율도 인상하였다. 이 세율을 적용하여 1917년 한 해에 거둔 세금만 해도 4,745만 달러에 달한다.

1919년 연방정부의 조세 수입 가운데 75% 정도가 소득세와 초과이익세, 재산세로부터 징수되었다. 연방정부의 조세수입은 1916년 10억 달러가 안 되던 것이 1920년에는 50억 달러에 달하였으며 이는 부유층이나 기업에 대한 높은 수준의 세금 부과는 물론, 많은 국민들에게 세금이 부과되었다는 것을 의미한다.[142] 이와 같이 조세제도의 변화를 통해 1913년으로부터 1917년까지의 소득세 부과액은 〈표 3-29〉와 같이 변화되었다.

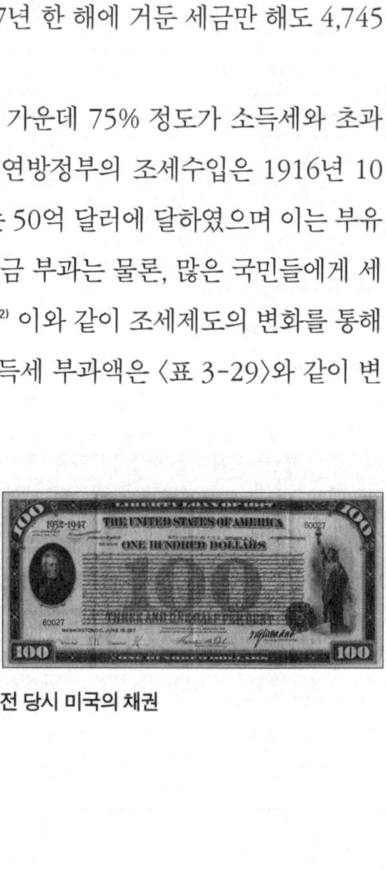

〈그림 3-24〉 1차 대전 당시 미국의 채권

142) Hormats, *op. cit.*, p. 121

〈표 3-29〉 소득세 부과액 변화

연도	정상세수($)	누진세($)	초과이익세($)	총 세수($)	비 고
1913	12,728,038	15,525,497	-	28,253,535	
1914	16,559,493	24,486,669	-	41,046,162	
1915	23,995,777	43,947,818	-	67,943,595	소득 3,000달러 이상
1916	51,440,558	121,946,136	-	173,386,694	소득 3,000달러 이상
1917	140,653,937	433,345,732	101,249,781	675,249,450	소득 2,000달러 이상

출처: Bogart, *op. cit*, p. 473.

다음은 채권을 발행하여 전비를 조달한 것이다. 전쟁을 하면서 미 정부는 전비를 조달하기 위해 4차례에 걸쳐 자유채권을 발행하는 법(Liberty Bonds Act)을 만들었다.[143] 제1차 자유채권법은 1917년 5월 14일 제정됐으며 이를 근거로 3.5%의 이율로 50억 달러를 발행하였다. 그러나 이것만으로 충분치 못하자 제2차 자유채권법을 제정하고 그해 1917년 10월에 30억 달러를 4%의 이율로 발행하였다. 그래도 부족해지자 제3차 자유채권법으로 30억 달러를, 제4차 자유채권법으로 60억 달러를 각각 4.25% 이율로 발행하였으며, 여기에 그치지 않고 승리채권도 발행할 수 있도록 법(Victory Liberty Loan Act)을 제정하고 45억 달러를 3.75~4.75%로 발행하였다.

〈그림 3-25〉는 미국의 뉴잉글랜드 지역에서 자유채권을 판매하여 모집한 전비를 보여 준다. 자세히 보면 뉴잉글랜드에 할당된 1~4차 자유채권의 양과 이를 초과하여 달성한 판매액, 그리고 판매에 참여한 국민의 수 및 1인당 평균적으로 구입한 금액을 보여 주고 있다.

〈그림 3-25〉를 보면 뉴잉글랜드에 할당된 금액(Quota)과 총응모액(Subscribed) 및 할당 대비 응모 금액, 응모 인원(Subscriber), 1인당 평균 응모

143) 자유채권법에 관한 구체적인 사항은 다음을 참조할 것. Bogart, *op. cit.*, pp. 437~472.

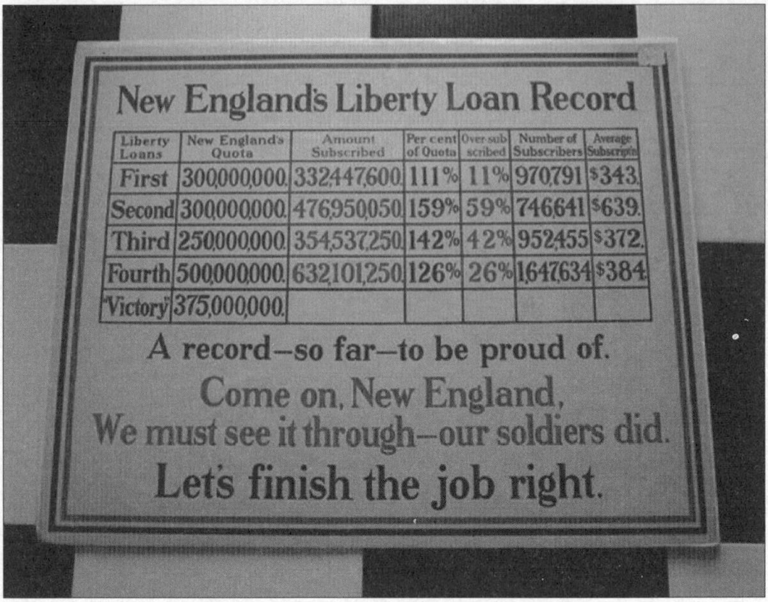

〈그림 3-25〉 뉴잉글랜드 지역에서의 자유채권 판매 기록

액(Average Subscription)을 볼 수 있다. 이와 같이 미국이 5차에 걸쳐 자유채권 및 승리채권을 발행하였으며, 판매액을 보면 〈표 3-30〉과 같다.

자유채권 등의 판매를 통해 정부는 약 240억 달러를 모았으며 여기에는 수천만여 명의 미국인이 참여하였다. 당시 재무장관은 채권을 판매하면서 "프랑스의 참호에서 싸울 수 없는 사람은 조국의 전쟁비용 전선에서 싸울 수 있다(Man who could not serve in the trenches of France might nevertheless serve in financial trenches at home)"라고 하여 채권을 구입해 줄 것을 호소하였다.[144)]

재무성은 채권을 판매하기 위하여 애국심에 호소하는 공격적 방식을 택하였다. 재무장관은 이를 '애국심 이용하기(capitalizing patriotism)'라고 하였다. 정부는 유명 영화배우를 활용하여 몇 개의 팀을 구성, 전국을 순

144) Hormats, *op. cit.,* p. 123.

회하면서 홍보를 하였는가 하면, 포스터를 만들어 대중들이 모이는 곳에 부착하였으며, 영화도 만들어 국민들을 대상으로 상영하였다. 이렇게 다양한 수단을 사용하여 전방위적으로 시민들의 애국심에 호소, 채권을 구입할 것을 요청하였으며, 전국적으로 채권 구입을 위한 단합대회도 열렸다. 할리우드의 유명한 배우인 졸슨(Al Jolson), 피크포드(Mary Pickford), 페어뱅크스(Douglas Fairbanks), 콜버트(Claudette Colbert), 채플린(Charlie Chaplin) 등은 자유채권을 구입하도록 전국적으로 홍보 활동을 전개하였다. 3차 채권을 판매할 당시에는 전국적으로 900만여 장의 포스터와 1,000만 개의 배지가 생산되기도 하였다.

〈표 3-30〉 1차 대전 기간 중 자유채권 및 승리채권 판매

구분	자유채권				승리채권
	1차	2차	3차	4차	
발행 일시	1917. 5. 14.	1917. 10. 1.	1918. 4. 5.	1918. 9. 28.	1919. 4. 21.
이율(%)	3.5	4.00	4.25	4.25	3.75~4.75
상환 개시(년)	15	10	-	15	3
상환 기간(년)	30	25	10	20	4
판매 목표($)	20억	30억	30억	60	45억
판매액($)	30.35억	46.18억	41.77억	69.59억	52.5억
목표 대비 초과(%)	52	54	39	16	16.7
구입 인원(명)	400만	940만	1,837.7만	2,277.8만	1,180.3만
평균 구입액($)	759	491	227	306	445
1만 달러 이하 발행비율(%)	42	40	66	52	60
비고	소득세 면제	소득세 면제	소득세 면제	소득세 면제	

출처: Rockoff, *op. cit*., pp. 120~121.

〈그림 3-26〉 전시채권 판매 촉진을 위한 홍보 활동

미국인은 "당신은 100% 확실한 미국인인가요? 그렇다면 이를 증명하기 위하여 채권을 구매하시기 바랍니다!(Are you 100% Americans? Prove it! Buy U. S. Government Bonds!)"라든가 또는 "참전을 하거나 아니면 채권을 구입해 주시기 바랍니다!(Fight or Buy Bonds!)"라는 등 다양한 문구가 새겨진 포스터를 보면서 채권을 구입하였다.[145]

보이스카우트(Boy scout)와 걸스카우트(Girl scout) 같은 청소년 단체도 채권을 판매하는 데 참여하였다. 이렇게 영화배우로부터 가수 및 남녀 학생들에 이르기까지 수많은 사람들이 채권 판매 홍보 활동에 참여하였다. 채권을 판매하기 위한 홍보는 나름대로 성공하였지만, 은행과 금융사들이 주로 구입하였으며, 이 과정에서 일부의 국민들은 채권을 구입하는 것을 미래의 불확실한 투자로 생각하여 주저하는 경우도 있었다. 자유채권은 미국 전 가족의 50%가 대부분 5달러부터 100달러의 액면가

145) *Ibid*, p. 122.

를 갖는 소액채권을 구입하였다.

마침 이 시기에 연방준비제도이사회(Board of Government of Federal Reserve System)가 창설되면서 정부의 막대한 채권 발행에 대하여 낮은 금리로 발행할 수 있도록 하는 데 많은 기여를 하였다. 전시채권 발행과 병행하여 저소득층과 어린이들을 참여시키기 위해 전시 저축증서(War savings certificates)와 우표(Saving Stamps)사기 운동도 창안하였다. 이는 20센트 우표를 25장 구입하면 5달러 저축증서와 교환해주는 방식으로, 1917년 12월부터 1919년 10월까지 시행되었으며 이를 통해 18억 달러를 모금하였다.[146)]

1917년 10월, 미군이 프랑스 전선에 참전하기 시작한 이래 6개월이 지나 작전활동이 확대되면서 비용이 급증하였다. 1918년 9월까지는 월평균 16억 2,500만 달러에 달할 정도로 그 비용이 증가하였는데, 이는 1년 전에 비하면 4배 정도 증가한 것이다. 1916년 이후 사용한 전비를 보면 〈표 3-31〉과 같다.[147)]

〈표 3-31〉 1916~1919년 기간 중 미국의 전쟁비용 지출

단위: 달러

구분	1916	1917	1918	1919
계	7.2억	11.4억	89.6억	153.6억
민간비용	2.04억	2.34억	15억	32.3억
육군비용	1.64억	4.4억	56.8억	92.3억
해군비용	1.55억	2.57억	13.6억	20억
기타	2.0억	2.1억	4.0억	8.7억

출처: Bogart, *op. cit.*, p. 87.

146) *Ibid.*, p. 125.

147) Bogart, *op. cit.*, p. 286.

〈표 3-32〉 1917~1918년 미국의 전쟁비용[148]

월	1917(천 $)		1918(천 $)	
	월간	일일	월간	일일
1	79,910	2,577	715,302	23,074
2	75,844	2,798	675,209	24,114
3	72,773	2,347	819,955	26,450
4	81,599	2,719	910,756	30,358
5	114,102	3,680	1,068,203	34,458
6	134,304	4,776	1,263,914	42,130
7	208,299	6,719	1,259,782	42,130
8	277,238	8,949	1,524,901	49,190
9	349,013	11,337	1,624,583	54,152
10	465,045	14,904	1,174,622	37,892
11	512,952	17,098	1,655,051	55,168
12	611,297	14,904	1,670,890	53,899

출처: Bogart, *op. cit*., p. 86.

미국은 이렇게 세금과 전시채권을 판매하여 조성된 비용을 이용, 자국의 전시산업을 일으켰고, 유럽의 전선에서 작전하는 미군의 비용을 조달하였는가 하면 우방국인 영국과 프랑스에게도 차관으로 전쟁비용을 지원하였다. 미국이 1917년 참전을 전후하여 전쟁이 끝나는 1918년까지 월간, 일일 사용한 전쟁비용을 보면 다음과 같다. 미국이 본격적으로 참전한 4월 이후 전비가 급증함을 볼 수 있다.

전쟁은 협상국의 승리로 끝났다. 미국은 비록 늦게 참전하였지만 전쟁기간 중 막대한 물자를 판매하여 이익을 남기고 영국과 프랑스에 100억 달러에 달하는 차관을 제공하여 전쟁 이후에는 채권국으로 돌아섰다. 전쟁 이전인 1915 회계연도에 7억 5천만 달러를 밑돌던 연방정부 예산

148) *Ibid*., p. 86. 여기서 1,000달러 미만은 삭제하였다.

은 종전 시기인 1919 회계연도에는 180억 달러로 대폭 확대되었고, 국민총생산액의 2% 수준에 불과하였던 연방정부 예산은 25% 수준까지 높아졌다. 그렇지만 연방정부의 부채도 1916년에 12억 달러이던 것이 1919년에는 무려 250억 달러로 급증하였다.[149]

전쟁 기간 중 소득세를 포함하는 다양한 조세제도의 개편과 전시채권 판매를 통한 방법으로 전비를 조달하였지만, 공평한 조세부담을 통해 전쟁수행에 대한 국민들의 지지 및 지원을 획득하고 채권을 판매함으로써 애국심을 고취하기도 하였다.

소결론

1차 대전은 총력전 양상이 본격적으로 나타난 전쟁이었다. 과학기술의 발전으로 인해 소총과 야포 같은 무기가 진화에 진화를 거듭해 사거리와 폭발력을 증가시켰고, 전차가 전장에 출현하여 미래의 전쟁양상을 전망하는 기회가 되었다. 그런가 하면 초기 단계의 항공모함과 항공기가 사용되는 등으로 전쟁이 대규모화되기도 하였다. 이러한 양상의 전쟁에서 승리하기 위해 모든 국가는 최대의 자원을 동원할 목적으로 새로운 법령을 만들고 기구를 확대하였다.

1차 대전에서는 과학기술의 발전으로 사거리가 확장되고 파괴력이 향상된 무기들이 대거 등장하였고, 이는 전쟁비용의 지출이 대폭적으로 늘어나는 계기가 되었다. 이와 같은 현상을 두고 미국의 셀리그만(Edwin R. A. M, Seligman) 교수는 다음과 같이 비판하였다.[150]

> 현재에 사용되는 무기들은 이전에 사용된 무기에 비하여 어마어마하게 비싸졌지만 영구성은 줄어들었다. 비행기가 정교해질수록, 포가 정밀해질수록

149) Hormats, *op. cit.*, p. 132.

150) Bogart, *op. cit.*, p. 84.

그 수명은 짧아지면서 파괴될 확률은 커지고 있다. 전쟁의 초기 비용이 매우 확대되고 있을 뿐만 아니라 파괴를 통한 낭비 역시 심각해지고 있다. 현재의 전쟁은 가장 비싼 전쟁일 뿐만 아니라 가장 낭비적이기도 하다.

이러한 전쟁에서는 무기의 기술적인 발전 못지않게 재정의 효율성 역시 전쟁의 결과에 커다란 영향을 미친다. 평시의 국가재정에서는 작은 단위의 예산들이 계획되고 집행되는 동안 그 효율성이 중요시된다. 그러나 전쟁이라는 상황이 되면 천문학적으로 소요되는 무기 및 탄약 사용으로 인해 이를 충당하기 위한 비용은 종전에 보기 어려울 정도로 증가되지만, 평시보다 신속히 집행되어야만 하다 보니 그 적절성 또는 효율성을 논하기조차 쉽지 않게 된다.

1차 대전에서 전쟁비용 조달을 위한 눈에 띌 만한 특징 중의 하나는 각국 정부가 각국의 은행에 직간접적으로 많은 의지를 하였다는 것이다. 각국은 전쟁을 하기 위하여 병력과 장비 및 물자 등을 동원하고 작전을 준비하면서 소요되는 비용을 은행에서 차입하여 조치하면서 전쟁이 계속되는 동안에도 지속적으로 의존하였으며, 전쟁이 끝난 뒤에는 정부가 은행에 많은 빚을 지게 되었다. 각국 정부가 언제 발생할지도 알 수 없는 전쟁을 미리 예상하고 이에 따라 전쟁비용을 조달하기 위한 계획을 수립해 놓는다든가, 또는 전시예산을 편성하는 등의 계획이 없는 상황에서 전쟁이 발발하면서 많은 예산이 일시에 소요되자 우선적으로 은행이 정부에 필요한 자금을 지원하는 역할을 한 것이다.

전쟁이 발발하자 모든 국가는 평시 집행 중에 있었던 예산을 군사작전을 위해 전환하였다. 또 전쟁을 수행하다 보니 많은 예산이 소요되면서 이를 해결하는 데 소요되는 예산은 물론 참전군인에 대한 보상이라든가, 전쟁 기간 사용된 경비에 대한 이자비용, 인플레이션으로 인한 비용 등 다양한 비용이 예상할 수 없을 정도로 초과되는 현상이 발생하는 것도 다반사였다.

또한 각국은 전쟁기간 중 국민생활의 안정을 위하여 노력을 기울였으며, 그 핵심은 어떻게 하면 국민들을 굶기지 않을 것인가 하는 것이었다. 전쟁이 장기화되면서 가장 중요한 식량부족 문제를 해결하기 위해 학교 운동장이나 정원 등 가용한 모든 공간을 이용하여 국토를 경작지화하는 노력을 경주하면서도, 배급제를 실시하고 배급량을 조정하여 강제적인 절약대책을 강구하였다. 이러한 노력에도 불구하고 식량부족을 해결할 방법이 미흡하자 러시아, 독일, 오스트리아-헝가리 등에서는 기아와 이로 인한 폭동 및 파업 등이 사회적으로 문제가 되면서 염전의식(厭戰意識)이 확산되어 패배의 한 원인을 제공하였다.

협상국(연합국)이 승리할 수 있었던 중요한 이유는 막대한 인적·물적 잠재력을 군사작전을 위해 동원하고 전쟁지속능력을 확대하기 위하여 산업동원을 확대하였으며, 전시체제에 적합하게 동원기구를 신설 및 확대하는 등 정부기능을 조정하였을 뿐만 아니라, 남자들이 동원되고 남은 빈자리에 다수의 여성들을 동원하여 장비와 탄약을 생산하는 등으로 전쟁지속능력을 강화하였던 것이다. 이러한 일이 가능하였던 것은 협상국이 동맹국에 비하여 국가의 재정 및 경제력에서 우위를 보였기 때문이었다.

1차 대전 당시 사용된 전쟁비용은 1913년 미화 달러로 산정하였을 때 약 824억 달러에 달한다. 이를 2013년도 가치로 환산하면 1조 9,466억 달러에 달한다.[151] 당시 영국이나 독일은 산업능력이나 재정능력 등에서 프랑스나 러시아에 비하여 좋은 여건하에 있었다. 일반적으로 전쟁을 위한 비용은 세금으로 충당하였을 것이라고 생각하는 경향이 대부분이

151) William Kellher, *The First World War: A Concise Global History,* Roman & Littlefield, 2013, p. 118; 또 다른 자료에서는 전쟁기간 중 직접적으로 사용된 비용은 1,863억 달러, 간접적으로 사용된 비용은 1,516억 달러로 총 3,379억 달러를 제시하고 있다(Bogart, *op. cit.*, p. 417)

다. 이 말은 전적으로 틀리다고 할 수는 없지만 그렇다고 100% 맞는 것도 아니다.

영국의 경우는 전비의 1/4을 세금으로 충당하였을 뿐이다. 많은 나라에서는 주로 화폐발행을 통해 비용을 조달하거나 차입을 통해 이를 해결하였다. 일부 국가에서는 평시 유통되던 화폐의 양보다 두 배~다섯 배에 달하는 돈을 발행하여 전비를 조달하였다. 그렇다고 인플레이션이 그만큼 오르지는 않았다. 그것은 바로 전시채권을 발행하여 시중의 돈을 흡수하였기 때문이다.

독일의 경우는 전쟁이 시작되자 1914년 9월부터 매 6개월 단위로 전시채권을 발행하여 전쟁비용의 2/3를 조달하였다. 독일에서 채권의 발행이 인기를 끈 것은, 첫 번째로 10년에 상환기간을 거쳐 연 5%의 이자를 받을 수 있었고, 두 번째로 독일이 적어도 1916년까지는 이길 수 있을 것이라는 믿음이 있었기 때문이다.

그러나 베르덩(Verdun) 전투 이후부터 독일 국민들은 과연 독일이 승리할 것인가에 대한 회의감 대문에 정부를 불신하기 시작하면서 어려움을 겪었다. 러시아에서는 많은 국민들이 채권을 구입할 정도로 여력이 없었기 때문에 정부가 돈을 마구 발행하여 조달하였으며, 이는 오스트리아-헝가리 제국에 있어서도 마찬가지였다. 다른 국가들의 채권을 통한 전비조달은 별지 #2(제1차 세계대전 시 국가별 채권 발행)를 참조하기 바란다.

한편 1차 대전 당시 프랑스는 영국과 미국으로부터 많은 돈을 빌렸다. 영국으로부터는 1914년부터 1918년까지 78억 프랑을, 미국으로부터는 34억 프랑을 빌렸다. 영국도 미국으로부터 많은 돈을 빌렸다. 영국은 미국의 Morgan을 대행으로 지정하였고, 이 은행을 통해 필요로 하는 물자를 구입하였다. 전쟁비용의 부족으로 영국의 신뢰는 1917년으로 가면서 가파르게 하강하였다. 한편 미국이 경제적 이유로 참전하였다는 근거는 없다. 그럼에도 사실은 협상국이 패하면 미국이 경제적 위기에

처해질 가능성 때문에 참전하였다는 주장도 있다.[152]

이처럼 1차 대전 당시 각국 정부는 전쟁을 지속함에 있어서 군사력의 중요성 못지않게 재정 및 경제력의 중요성을 인식하여 여러 대책을 강구하였지만, 그럼에도 불구하고 승자나 패자 모두 종전 이후에는 막대한 채무로 인하여 한동안 어려움을 겪었다.

3. 제2차 세계대전 시

총 한 자루, 전함 한 척, 비행기 한 대, 로켓포 한 발 등을 만들기 위해 사용되는 돈은 바로 헐벗고 추위에 떠는 사람들에게 가야 할 돈으로 만들어진 것이다.

– Dwight Eisenhower –

전쟁 개요

1차 대전에서 패한 독일은 베르사유 조약에 의해 아시아-아프리카 지역에서의 식민지 반환, 알자스-로렌 지방의 프랑스로의 반환, 전쟁배상금 지불(1,320억 금화 마르크), 군대 규모 축소(10만) 및 군함 보유량 제한(10만 톤), 공군과 잠수함 보유 금지, 의무병역제 철폐 및 참모본부의 폐지 등 수많은 간섭과 통제를 받았다.

독일을 정치·경제·군사적으로 구속하는 베르사유 조약의 조항에 대하여 프랑스군 포슈(Ferdinand Foch) 원수는 "베르사유 조약이 평화가 아니라 단지 20여 년의 휴전일 뿐이다"라고 하였고, 처칠(Winston Churchill) 역시 베르사유 조약의 경제조항, 즉 1,320억 마르크의 전쟁배상금이 "악의적이고 우매한 것"이라고 지적하면서 우려를 나타냈는가 하면, 영국의

152) *Ibid*., p. 120.

The New York Times.

ARMISTICE SIGNED, END OF THE WAR!
BERLIN SEIZED BY REVOLUTIONISTS;
NEW CHANCELLOR BEGS FOR ORDER;
OUSTED KAISER FLEES TO HOLLAND

〈그림 3-27〉 1차 대전 종전 보도 신문과 승리를 기념하는 필라델피아 군중집회(1918)

경제학자 케인스도 독일의 배상금 문제가 경제적으로 무의미하고 우매한 것이라고 비난하였다.

당시 미국의 대표로 참여하였던 랜싱(Robert Lansing) 국무부 장관도 "베르사유 조약이 패전국에 공평과 평화를 가져다주리라는 기대는 버려야 한다. 베르사유 조약은 전쟁의 연속을 위한 도구이자 수단일 뿐이다. 베르사유 조약은 실망과 후회, 그리고 더 절망적인 침체를 가져올 것이다. 이 평화조약의 약관은 예사롭지 않은 잔혹성과 모욕성을 가지고 있다"라고 비판하였다. 이탈리아 수상도 "베르사유 조약은 당대 역사를 통틀어 최악이었다는 선례로 남을 것이다. 지금까지 전해 내려오는 전통은 완전히 무시되었다. 독일 대표는 지금까지 이처럼 불공정한 조약을 들어본 적이 없을 것이다"라고 비판하였다. 이렇듯 조약에 참여한 각국에서 비판과 우려의 소리가 나왔으며, 조약대로라면 독일은 매년 17억 마르크를 1988년까지 배상금으로 지불해야만 하는, 그래서 독일을 완전히 경제적으로 재기할 수 없는 상황으로 만들고자 하였던 것이다.

엄격한 군비조항에도 불구하고 1919년 독일 국방군 참모총장으로 취임한 젝트(Hans von Seekt)는 조약상의 허점을 이용하여 '비밀재군비 계획(Clandestine German Re-armament Plan, Aufrustung)'을 추진하였다.[153] 그 내용은 첫째, 독일군을 이중의 목적을 가진 간부화된 정예군으로 만들어 장차 부대 확장에 대비하고 둘째, 독일군에 필요한 새로운 전략사상을 개발하며 셋째, 정부의 각 기관에 향후 군사력 확장에 대비하여 군을 팽창시킬 조직을 숨겨 놓고 비밀리에 활동하며 넷째, 동원 및 예비군 제도를 비밀리에 유지하여 필요시 부대를 즉시 확장할 수 있도록 하고 다섯째, 소련과 비밀리에 라팔로 조약(1922. 4.)을 체결하면서 군사협력을 시작하였다. 그 이외에도 전시에 대비하여 동원국을 만들어 놓고 경제동원 준비도 하였다.[154)]

1929년 미국 뉴욕 시장의 주가 하락으로 시작된 대공황으로 독일도 예외 없이 경제적으로 커다란 어려움을 겪었다. 이러한 어려움을 이용하여 1932년 선거에서 다수당이 된 나치당의 히틀러(Adolf Hitler)가 수상으로 취임하였고, 힌덴부르크(Paul von Hindenburg) 대통령이 죽자 수상 겸 총통이 된 히틀러는 1933년 10월 국제연맹을 탈퇴하였다. 국제연맹 탈퇴로 서유럽 국가들과 관계가 악화되자 인접한 폴란드에 의도적으로 접근하여, 이듬해인 1934년 1월에는 불가침 조약(German-Polish Non-Aggressin Pact)을 체결하였다(이 조약은 1939년 4월 독일이 일방적으로 폐기를 선언하였다. 그리고 9월 1일 폴란드를 기습적으로 침공하였다).

1935년 1월에는 프랑스에 속하였던 '자르(Saar)' 탄전지대를 독일로 귀속시켰으며, 1935년 3월 이탈리아의 에티오피아 침공을 계기로 위기가 조성되자 이 틈을 이용하여 베르사유 군비제한 조항을 폐기하였다. 1936년 3월 7일에는 로카르노 조약을 폐기하였고 프랑스와 분쟁 중에 있었던 중립지대인 라인란트에 국방군 장군들의 반대를 무릅쓰고 군대를 진주시켰다. 그렇지만 프랑스가 제대로 군사적 대응을 못 하자 더욱

---

153) 독일의 비밀재군비 계획은 1931년 Carl von Ossietzky(1889~1938)에 의해 폭로되었다. 그는 이러한 폭로로 1935년 노벨 평화상을 받았으나 1938년 게슈타포 감시하에 병원에서 결핵으로 숨졌다.

154) 정하명 외, 『세계전쟁사』, 도서출판 황금알, 2004, pp. 263~268.

The New York Times.
GERMAN ARMY ATTACKS POLAND; CITIES BOMBED, PORT BLOCKADED; DANZIG IS ACCEPTED INTO REICH

The New York Times.
NAZIS INVADE HOLLAND, BELGIUM, LUXEMBOURG BY LAND AND AIR; DIKES OPENED; ALLIES RUSH AID

〈그림 3-28〉 독일군의 폴란드와 네덜란드 등의 침공을 보도한 신문

기고만장해진 히틀러의 무력행사는 더욱 강도가 높아져 갔다. 1936년 7월에는 스페인 내란이 발생하자 프랑코 총통을 지원하여 '콘도르 군단(Condor Legion)'을 파견하여 새로운 장비를 시험하고 부대를 훈련시켰다.

히틀러는 1938년 3월 오스트리아를 합병하였고, 9월에는 체코의 수데텐란트에 독일인이 300만여 명이나 거주한다는 등의 이유로 군대를 보내 점령하면서 영국과 프랑스에게는 뮌헨협정을 통해 이를 승인하게 하였으며, 1939년 3월에는 체코를 합병하였다. 역사가들은 나치 독일의 이러한 전술을 '잠식전술(Piecemeal Tactics)'이라고 한다. 1939년 8월 23일에는 '독-소 불가침조약(German-Soviet Non-Aggressin Pact)'을 체결하였고, 일주일 뒤에는 9월 1일에 폴란드를 전격적으로 침공하면서 2차 대전이 발발하였다. 이에 9월 2일 영국과 프랑스가 독일에 최후통첩(Ultimatum)을 보낸 뒤 3일 선전포고를 하였다.[155]

한편 아시아에서는 일본이 1931년 9월 18일 만주침공을 시작으로 1937년 7월 7일에는 '류거우차오(盧構橋) 사건'을 이유로 중국을 침공하여 중일전쟁이 발발하였다. 1940년 들어 일본이 '대동아공영권(大東亞共

155) 독일인 폴란드를 침공하기 이전에 영국과 프랑스가 먼저 선제적으로 독일을 공격하였을 경우 독일이 이렇게 2차 대전을 도발하지 못하였을 것이라고 주장하는 학자도 있다(조지프 S. 나이 Jr., 『국제분쟁의 이해: 이론과 역사』, 한울, p. 175).

〈그림 3-29〉 일본군의 진주만 기습을 보도한 신문과 복수를 강조한 포스터

榮圈, Greater East Asia Co-Prosperity Sphere)' 주장을 더욱 강화하면서 동남아시아로 세력을 확대하자, 미국은 이를 저지할 목적으로 일본에 대하여 수출을 금지하였다.

일본은 '독-소 불가침' 조약을 모방, 1941년 4월에 5년간의 '일-소 중립조약(Japanese- Soviet Neutrality Act)'을 체결하여 북방에서 소련군의 위협을 제거함으로써 남방 지역으로 더욱 힘을 집중할 수 있는 여건을 만들었다. 이에 미국은 일본 상품 수입을 금지하고 미국 내 일본인 자산을 동결하였으며, 이른바 'ABCD(America-British-China-Dutch)' 라인을 연결하여 일본이 전쟁을 수행하는 데 필요한 전략물자인 고무나 석유, 니켈과 주석 등을 확보할 수 없도록 하였다.

1940~1941년 유럽에서 독일군이 승승장구하여 전세가 추축국에게 유리하게 돌아가자, 이에 용기를 얻은 일본은 태평양 지역에서 미국이 주도하는 연합국이 전쟁준비를 갖추기 이전에 기습으로 전쟁을 시작하여 공세적 작전을 유지하면서 속전속결에 입각한 단기결전으로 전쟁을 진행하는 것이 바람직할 것으로 판단하였다. 1941년 12월 7일, 일본이 하와이 진주만(Pearl Harbor)의 태평양 함대를 기습적으로 공격함으로써 태평양 전쟁이 시작되었다.

전쟁 초기에는 연합국에 비하여 상대적으로 전쟁준비를 갖춘 추축국이 승승장구하였으나, 전쟁이 예상을 벗어나 장기화되면서 전쟁지속능력에서 수세로 몰리면서 독일이 1945년 8월 7일 먼저 항복하고, 이어서 일본이 8월 15일 항복하면서 전쟁은 연합국의 승리로 종결되었다.

영국

영국은 1차 대전에서 협상국의 주축으로 승리하였지만 전후에 남은 것은 막대한 국가부채의 증대와 더불어 영연방 국가들의 독립 주장이었다. 한때 '해가 지지 않는 나라(The Empire on which the sun never sets)'였던 영국은 전쟁 기간 중 미국에게 막대한 채무가 발생하였고, 경제 역시 어려운 상황에 처해 있었다. 독일에서 히틀러 정권이 들어서고 군비를 강화해도 영국은 국내 정치·경제의 어려움 때문에 군비를 강화할 수도 없었다.

2차 대전이 발발할 당시 영국은 프랑스에 영국 원정군 16만여 명(10개 사단)을 파견하고 있었다. 1940년 5월 독일군이 전격전으로 침공하자 프랑스군과 연합작전을 실시하였던 영국군은 던커크(Dunkirk)에서 철수하면서 수많은 장비와 탄약을 유기하였다. 천신만고 끝에 영국군 등 30만여 명이 영국으로 철수하였으나 당시 본토를 방위할 장비와 탄약은 거의 없는 상황으로, 남은 모든 장비와 탄약을 이용하더라도 2개 사단을 편성할 수 없을 정도였다.

〈표 3-33〉 1937~1938년 영국의 국가능력

구분	인구 (만 명)	GNI (억 $)	국방비 (억 $)	항공기 생산(대)	철강생산 (만 톤)	에너지 소비 (만 M/T)
능력	4,760	220	18.63	7,940	1,000	19,600
비고	1938	1937	1938	1938	1938	1938

출처: Paul Kennedy, *op. cit.*, pp. 199~201, 296, 324, 330~332.

1940년 7월 영국은 독일 해군의 공격에 의하여 10일 동안 11척의 전함을 상실하였다. 프랑스를 점령한 독일군은 그해 8월 들어 영국에 대한 폭격을 시작하였다. 만약 그 시기에 독일군이 침공하였다면 거의 속수무책인 상황으로 갈 수밖에 없을 정도로 영국은 열악하였다.

이 시기에 처칠은 루즈벨트에게 영국은 더 이상 버티기 어렵고, 영국이 항복할 경우 미국에 근접하는 영국령이 독일군의 미국 침공 기지로 사용될 수 있을 것이라고 경고하였다. 이때 영국은 독일군과의 전투에서 많은 전함을 상실하면서 새로 전함을 구입해야만 하였으나, 이미 국가의 재정은 최악의 상황이었기 때문에 이를 구입할 비용이 없었다. 미국은 미국대로 중립주의를 주장하는 국내의 고립주의자들로 인하여 영국을 지원할 수 없었다. 이러한 상황에서 미국과 영국은 협상 끝에 미국의 구축함 50척을 영국에 제공하는 대신에 카리브 해 지역의 영국 해군기지를 사용하기로 하는, 이른바 'Destroyers for Base Agreement'를 체결하였음을 1940년 9월 3일 발표하였다. 이에 따르면 미국은 영국에 1,200톤급 구축함 50척을 제공하되 바하마와 자메이카, 트리니다드, 영국령 기아나 등지에서 영국 해군기지를 99년간 사용하기로 하였다. 이는 미국의 입장으로 보면 독일군 잠수함들이 미 본토에 근접하여 공격할 수 없도록 하는 것으로 유럽의 전장 지역으로부터 안전거리를 확보하기 위한 것이었으며, 영국으로서는 그동안 약화된 해군력을 보강할 목적이었다.

1941년 늦은 12월, 일본군의 진주만 기습으로 미국이 2차 대전에 참전한 이후 처칠과 루즈벨트가 워싱턴에서 만났다. 그 회담은 일명 '아르카디아(Arcadia) 회담'으로, 여기서 양국의 수뇌는 추축국의 침공을 격멸하기 위한 협력을 포함하는 메시지를 발표하였다.

영국의 경제

1차 대전 이후 영국의 경제는 매우 어려운 상황에 직면하고 있었다. 수출은 감소되었고 조선업이나 철강과 석탄 생산량 등 경제는 모든 수치가 하락되었으며, 경제력의 약화는 국방력의 약화로 직결되었다. 전쟁 기간 중 미국으로부터 장비와 물자를 구입하면서 발생한 수십억 달러에 달하는 채무도 있었다.

영국이 산업혁명 이래 국력을 강하게 키워 올 수 있었던 배경은 해군력이 뒷받침되어 아시아나 아프리카 식민지에서의 원료를 충분히 수입하였던 것이었다. 전후에는 전쟁 당시의 지출과 대공황으로 영국의 경제상황도 약화되었다. 당시 영국의 경제력이 약화되고 있었음을 보여 주는 몇 가지 수치를 보면, 철강 생산은 1929~1932년에 45% 하락되었고, 조선업은 노동력의 62%가 실업 상태에 있었다. 그 결과 수출은 1927년을 100%로 했을 때 1932년에는 66%로 하락되었고, 1937년에는 일부 회복되기는 했으나 여전히 88%에 불과하였다. 세계무역에서 차지하는 비중도 지속적으로 하락하였다.

그럼에도 히틀러가 재군비를 선언하고 국방력을 강화하자, 영국도 할 수 없이 유사시에 대비하여 1936년부터 민수공장을 군수품 생산 공장으로 전환할 준비를 하였으며 새로운 공장들을 설비하였다.[156] 경제가

156) 1936년 2월 25일 내각이 승인한 군비확장계획은 항공기와 필수적인 장비의 생산량

회복되지 않은 상태에서 독일의 위협이 가중되자 전쟁에 대비하기 위해 투자하면서, 이는 그대로 국민의 부담이 되었다.

1940년 5월, 독일군이 프랑스를 침공하자 영국도 전비가 폭발적으로 증가하면서 재무성에 보관 중이던 금과 달러가 그해 12월 말이면 고갈될 것으로 예상되었다. 영국 의회의 재무위원회에서는 만약 1940년 외부로부터의 지원이 없으면 1941년 말에는 영국의 경제력이 바닥으로 떨어지면서 전쟁을 더 이상 수행하기가 곤란할 것으로 판단하였다. 그렇다고 장비와 물자가 필요한 상황에서 그대로 있을 수 없었던 영국은 미국에 막대한 군수품을 주문하였다. 그러나 이것은 당시 영국의 지불능력을 초과한 것으로, 영연방 국가인 캐나다 정부와 미국이 무기대여법을 통해 가까스로 문제를 해결해 주었다.[157]

영국은 산업혁명에 성공한 이후 농작물을 생산하여 국내 수요량을 충족하는 것보다는 공업제품을 수출하고 여기서 발생하는 이익을 이용하여 농산물을 수입해서 수요량을 충족하였다. 그러다 보니 1차 대전 시 독일군의 잠수함에 의해 대서양에서 식량을 수입하는 선박이 다수 격침되면서 커다란 문제가 발생하였다. 2차 대전 시에도 이러한 현상은 반복되었다.

부족한 식량을 생산하기 위하여 영국 전역에서 학교의 운동장, 농사를 중단하였던 농경지 등 모든 가용한 곳이 농작물 생산에 활용되었다. 심지어 개인 주택의 공터나 정원에도 부족한 식량을 해결하면서 승리를 위해 농작물을 심을 수 있도록 '승리를 위한 밭갈이(Dig for Victory)' 운동을 전개하면서 전국적으로 농작물 재배가 적극 권장되었으며,[158] 아울러 배

을 확대하기 위한 계획으로, 정부는 '그늘공장(Shadow Factory)'이라 하였다. 이 계획은 영국 공군의 어느 역사가가 언급하였듯이 독일군의 재무장에 대한 대응이었다(Robert Goralski, *World War II Almanac: 1931~1945,* Bonanza Books, 1981, p. 43).

157) 폴 케네디, 김주식 옮김, 『영국 해군 지배력의 역사』, p. 561; Peter Calvocoressi and Guy Wint, *Total War*, p. 426.

158) 마틴 폴리, 박일송 외 옮김, 『2차 대전』, 생각의 나무, 2008, p. 152.

〈그림 3-30〉 승리를 위한 밭갈이 운동 홍보 포스터

급제도 시행되었다.

영국이 전쟁 기간 중 당면하였던 문제 중의 하나는 어떻게 하면 최대한 군수물자 생산을 확대할 수 있는가의 문제였다. 이를 해결하기 위해 중앙집권화된 공업제도를 운영하면서 고철뿐만 아니라 건물 난간, 공원의 시설물 등 전국적으로 모든 지역에서 가용한 금속을 수집하여 전투장비 생산을 대폭적으로 늘렸다. 철강 생산량은 1,300만여 톤에 달하면서 전시 수요를 대체적으로 충족하였다. 비행기를 만드는 데 필수적인 알루미늄은 1939년 3,100톤에서 1943년에는 5,400톤까지 증가하였고, 외국으로부터의 수입량마저 증가하면서 1943년에는 거의 30만여 톤에 달할 정도로 확대되었다. 이러한 노력의 결과로 전차는 물론, 폭격기 등 비행기와 각종의 군수물자 생산량이 증가되면서 1943년에 절정을 이루었다.[159]

탄약 생산은 1935년에 2만여 톤을 넘지 않았으나 1939년 전쟁이 시작된 이후 생산량을 늘리기 시작하여 1942년 정점에 달하자 10만여

159) 존 키건, 류한수 옮김, 『2차 대전사』, 청어람미디어, 2009, pp. 321~322

톤에 이를 정도로 생산량이 확대되었다. 이것은 영국이 미국으로부터 기계류를 수입해서 공장을 설치하면서 가능해졌다. 이러한 생산량의 확대는 대폭적인 전쟁비용의 증가를 의미한다.

〈표 3-34〉 2차 대전 기간 중 영국의 전투장비 생산

구분	항공기 (대)	전차·자주포 (대)	야포 (문)	트럭 (대)	상선 (만 톤)	전함 (척)	잠수함 (척)
수량	119,479	26,927	41,000	326,234	6,17	281	178

출처: R. A. C. Parker, *Struggle For Survival: The History of the Second World War*, Oxford University Press, 1989, pp. 132~134.

영국은 1940년 6월 22일 프랑스가 항복한 이후에는 단독으로 한동안 전쟁을 수행하면서 경제적으로 막대한 출혈을 하였다. 이러한 희생에 대해 역사학자 테일러(Alan John Percivale Taylor)는 "영국은 세계를 위해 전후 영국의 미래를 희생하였다"라고 주장하였으며, 전쟁사 연구가 바네트(Correlli Barnett)는 "영국은 미국에 목숨을 의존하고 있는 상태가 되었다"라고 하여 당시 영국의 어려운 처지를 표현하였다.[160]

국민들은 전쟁 기간 중 독일군의 폭격으로 많은 피해를 입으면서도 결코 이에 굴하지 않았다. 전쟁 당시 여론조사에 의하면 1940년 10월, 독일군의 공습이 심했던 그 시기에 많은 사람들이 제대로 자지도 못하면서 고통받고 있었지만 그럼에도 불구하고 직장에는 거의 결근을 하지 않았다. 당시 조사에 의하면 런던 시민의 44%는 독일 공군의 맹폭격에도 불구하고 44%가 집안의 대피소에 대피하였고 다른 44%는 지하철과 같은 공공의 피난소로 대피하였으며 12%는 친구와 함께 있었거나 또는 거리를 배회하였다.[161]

160) 폴 케네디, 김주식 옮김, 『영국 해군 지배력의 역사』, pp. 562~563.

161) 한국일보타임-라이프, 『영국본토 공방전(World War Ⅱ)』, 한국종합물산, 1985, p. 145.

이렇게 지하철 같은 공공의 시설을 이용한 대피소에 대피를 하기는 하였지만, 뜻밖의 사고로 많은 인명이 피해를 입는 사건이 발생하였다. 1940년 10월 14일 독일 공군의 대형 폭탄이 지하철 상부에서 폭발하면서 수도관과 가스관, 하수관을 파괴하여 600여 명이 대피해 있는 지하에 전등이 꺼지고 물과 가스와 하수물이 뒤엉켜 나오면서 암흑 속에서 대혼란이 발생하였다. 사건이 발생하자마자 역무원들의 노력에 의해 350여 명은 대피하였지만 250여 명이 사망하였다. 다른 곳에서는 층계에서 어떤 부인이 발을 헛디뎌 뒹굴면서 뒤에 있었던 사람들마저 쓰러지고 밟혀 질식하는 등으로 200여 명이 사망하는 참사도 발생하였다.[162] 우리도 전시 지하철역을 민방위 대피시설로 사용하기 위해 지정해 놓고 있는 만큼 정전과 수도 및 하수, 가스 노출 등으로 인한 예기치 못한 대형 사건의 발생 가능성에 대비할 수 있는 대책이 필요하다.

영국의 전비조달

2차 대전 당시 영국은 전쟁비용을 조달하기 위하여 조세의 인상과 전시채권 판매는 물론, 국내외에서의 금과 같은 자산 판매와 특히 미국의 지원이 중요하였다. 전쟁 기간 중 영국은 1939년부터 1945년까지 국내에서 166억 4,700만 파운드(약 671억 달러)를 세금으로 조달하였다. 또한 국내에서 152억 3,700만 파운드(약 378억 달러)를 새로 차입하였다. 전쟁 이후 외부에 대한 채무는 37억 파운드(약 150억 달러) 상승하였고, 이는 영국의 1945년 국민소득의 40%에 달하는 금액이었다. 그 이외에도 10억 파운드(약 25억 달러) 이상의 해외자산이 매각되었고, 미국의 무기대여법에 의거하여 67억 파운드(약 270억 달러)를 지원받았다.

먼저 조세를 통한 전비의 조달이다. 전쟁이 발발하면서 처음 조세

---

162) 위의 책, p. 147.

를 통한 비용의 조달은 1939년 9월에 검토되었다. 재무장관 시몬(John Simon)은 전시예산을 의회에 보고하면서 역대에 없었던 정도로 세금이 인상될 것이라고 하였다. 소득세는 1파운드당 1s 6d(18펜스) 인상되며, 누진세는 등급에 따라 2천 파운드는 1s 3d(15펜스)에서 3만 파운드는 9s 6d(114펜스)까지 인상될 것이라고 하였다.[163] 부동산세도 1만~5만 파운드는 10%, 5만 파운드 이상은 10%를 추가하여 20% 부과할 것이라고 하였다. 그 외에 맥주에도 1핀트(0.568리터)당 1펜스를 인상하며 음료수와 포도주에는 무거운 세금을 부과할 것이라고 하였다. 담배세라든가 설탕세도 인상될 것이라고 하였다. 저소득자들에 대한 세금감면은 135파운드에 대하여 1s 8d(20펜스) 지불하던 것을, 1940년 1월부터는 2s 4d(28펜스)를 지불할 것이라고 하였다.

전쟁이 시작되면서 실질소득이 20% 감소된 사람들에 대해서는 세금을 삭감해 주며, 면세 기준은 125파운드에서 120파운드로 하향 조정할 것이라고 하였다. 세금 공제에 대하여 종전에 최대 300파운드에 1/5을 공제해 주던 것이 최대공제액 250파운드에 소득의 1/6을 공제해주는 것으로 조정되며, 기혼자에 대한 인적공제는 180파운드에서 170파운드로 조정되고, 어린이에 대한 인적공제 역시 50파운드로 줄어들 것이라고 하였다.[164]

소득세는 전쟁 기간 내내 전비조달에 있어서 중요한 역할을 하였다. 1937~1938년도의 25%로부터 1941~1942년에 50%로 증가되었다. 더 중요한 것은 1943년에는 버는 것만큼 세금을 내는 제도를 도입하면서 세금을 내는 인원이 대폭 증가된 것이다. 또한 중요한 세금 수입원

163) 1971년 이전까지 영국의 1파운드는 20실링이고 1실링은 12펜스였다. 따라서 1파운드는 240펜스와 같다.

164) http://www.telegraph.co.uk/history/world-war-two/6235257/World-War-2-Income-tax-7s-6d-in-the-.html(검색일: 2016. 12. 10.)

〈그림 3-31〉 2차 대전 영국의 병력모집 홍보 포스터

중의 하나는 초과이익세 제도의 도입이었다. 이 세금은 초기 단계에는 60%를 부과하였으나 1940년에는 100%로 증가하였다. 우표와 담배에는 간접세가 부과되었다. 케인즈의 주장대로 강제저축도 시행되었다. 이와 같은 조세제도의 개편을 통해 1940년도 영국이 거두어들인 세금은 11억 500만 파운드에 달하며, 이는 1941년도에는 15억 7,500만 파운드, 1942년도에는 21억 6,600만 파운드, 1943년에는 26억 6,400만 파운드, 1944년에는 30억 100만 파운드, 1945년도에는 31억 3천만 파운드에 달한다. 전쟁 기간 중 영국은 조세를 통하여 총지출의 약 46%를 조달하였다.[165]

다음은 국내에서의 차입을 통한 전비의 조달이다. 시몬 재무장관은 1938년 7억 파운드의 예산을 의회에 보고하였지만, 전쟁이 발발하면서 수입이 5,400~8,800만 파운드 감소될 것으로 예상하였다. 따라서 이러한 부족을 보충하기 위하여 국내에서의 차입을 고려하지 않을 수 없었다. 이를 위하여 국방채권(Defence Bonds)과 국가저축채권(National Saving Certificates)의 발행을 검토하였다. 이러한 조치를 통하여 영국은 1940년 14억 5,900만 파운드, 1941년에는 27억 2,700만 파운드, 1942년에는

165) Benjamins H. Higgins, *Lombard Street in War and Reconstruction*, Government Controls and Lombard Street in World War Ⅱ, NBER, 1949, pp. 27~29.

26억 5,500만 파운드, 1943년에는 28억 9,900만 파운드, 1944년에는 27억 4,200만 파운드, 1945년에는 25억 7,200만 파운드 등 총 150억 5,400만 파운드를 조달한 것으로 알려지고 있다.[166] 만약 다른 조치 없이 화폐발행만으로 전비를 조달하였다면 영국의 물가는 1939년을 100%로 하였을 때 1945년에는 102만 %로 하이퍼 인플레이션에 달할 정도로 급등할 수 있었는데, 이러한 상황에 채권발행을 통해 현금을 회수하면서 물가안정을 이룰 수 있었던 것이다.

영국은 전쟁 당시 영연방 국가인 캐나다로부터도 지원을 받았다. 즉, 캐나다는 전쟁 기간 중 총액 약 35억 달러에 달하는 전비를 지원하였으며, 이 가운데 10억 달러는 무상으로, 12억 달러는 장기로 제공하였다. 영국은 이 비용으로 식량과 전쟁에 필요한 물자를 구입하였다.

영국은 전쟁 기간 중 미국으로부터 많은 도움을 받았다. 이 과정에서 영국이 필요로 하는 비용은 물론 장비와 탄약, 식량 등을 조달하였지만 미국으로부터 많은 원치 않은 피해 내지 굴욕을 감수해야만 하는 경험을 겪기도 하였다.

전쟁이 발발하면서 영국은 1940년 말 무렵에 들어 보유하고 있었던 달러가 거의 고갈되어 가고 있었지만, 전쟁을 하는 데 필요한 장비와 물자는 더욱 소요가 증가하고 있었다. 막대한 장비와 물자, 식량 등이 필요한 상황에서 달러가 필요하였으나 심각한 무역역조마저 발생하면서 달러와 금 보유량이 급감하였다. 영국은 자체적으로 해결하고자 노력하였으나 이는 그 능력을 초과하였다. 1930~1940년 기간 중 영국은 미국으로부터 물품을 구입하기 위하여 달러가 필요하였지만 미국의 중립주의로 인하여 영국이 달러를 지불하고 물품을 수송해야 하는 이른바 'Cash-and-Carry' 원칙이 철저히 준수되면서, 영국은 더욱 어려운 상황

166) *Ibid.*

〈그림 3-32〉 영국의 전시채권 판매 홍보

이었다.

이 시기에 영국은 사치품과 영국에서 생산이나 공급이 충분히 가능한 물품들에 대한 수입의 금지와 전쟁에 필요한 물자를 수입하기 위한 조치를 할 수 있도록 '수입 및 수출 관세법(Import and Export Power(Defence) Act)'을 제정하였다. 이 법을 제정한 이후 미국으로부터 수입을 제한하였다. 이에 미국 관리들이 영국의 조치를 비방하자, 영국 대사가 나서서 영국의 전쟁수행을 위하여 달러가 필요하여 취한 조치임을 설명하여 양해를 구하였다. 영국은 한편으로 달러를 획득하고자 고무와 주석, 위스키, 가죽제품 등의 수출을 독려하였다.

전쟁이 진행되면서 수출보다 수입이 급증하여 달러 부족 현상이 심화되었다. 다음의 〈표 3-35〉는 전쟁 기간 중 영국의 수입 및 수출 현황이다. 도표를 보면 영국은 빠른 속도로 무역역조 현상이 심화되어 가고 있음을 알 수 있다. 이는 그만큼 달러의 부족으로 인하여 전쟁에 필요한 물자의 도입이 어려워지는 것을 의미한다.

〈표 3-35〉 1938~1945년 영국의 수입 및 수출 현황

단위: 백만 파운드

구분	1938	1939	1940	1941	1942	1943	1944	1945
수입	920	866	1,152	1,145	997	1,234	1,309	1,104
수출	471	440	411	365	271	234	266	399
무역적자	-449	-446	-741	-780	-726	-1,000	-1,043	-705

출처: Cappella, *op. cit.*, p. 242.

1940년 6월, 독일군의 전격전으로 인하여 던커크에서 영국 원정군이 철수하였다. 당시 원정군이 철수하면서 유기한 장비는 당시 영국군의 최신의 장비였다. 따라서 본토를 방위하기 위하여 새로운 장비를 준비하기 위해서는 시간상의 제약이 있음은 물론 막대한 비용이 필요하였고, 이를 해결하기 위해서는 막대한 달러가 필요하였다. 던커크에서 철수한 이후 영국이 처했던 실상은 처칠의 다음의 글에서 잘 표현되고 있다.[167)]

> 우리는 육군의 모든 장비와 탄약을 잃었다. 그것은 7천여 톤의 탄약과 9만 정의 소총, 2,300여 문의 야포, 12만여 대의 차량과 8천여 문의 브렌포, 400여 문의 대전차포…. 우리는 야전포병은 물론, 정규군조차도 거의 없다. 남아 있는 것이라고는 4.5인치와 6인치 포, 252대의 경전차… 등이다. 적 앞에서 그렇게 발가벗겨진 나라는 없었다.

167) Cappella, *op. cit.*, p. 245.

이러한 손실을 극복하기 위하여 영국은 미국에 주문을 하였다. 이 시기 독일은 프랑스를 점령하면서 영국의 전시 생산을 크게 앞지르고 있었다. 당시 영국의 생산력은 이를 따르지 못하고 있었기 때문에 미국으로부터 장비와 물자의 도입이 절대적으로 필요한 시기였다. 당시 처칠은 루즈벨트에게 전쟁에 승리하기 위해 구축함과 전투기, 야포와 탄약이 필요하다는 전문을 보냈다.[168)]

> 영국 원정군을 구출하였기 때문에 본토방위를 위해서 병력은 부족하지 않을 것이다. … 이미 루즈벨트 대통령에게 전문을 보냈듯이 우리가 지금 필요로 하는 것은 전투기이다. 현시점에서 영국이 필요로 하는 것은 전함이다. … 지금 우리가 필요로 하는 것은 전함인 만큼 구형의 전함일지라도 상관없으니 수리를 마친 30~40척을 지원해 주기를 희망한다….

이 무렵 미국으로부터 무기 구입이 확대되면서 달러 유출이 급격히 증가하여 재정상황이 악화되자 재무장관은 지속적으로 경고하고 있었다. 이 시기인 1940년 7월부터 1941년 6월 1년 사이 영국의 무역적자는 15억 달러에 이르고 있었으며 그동안 누적된 적자만 해도 32억 달러에 달하여, 이는 재무부가 취할 수 있는 능력의 범위를 초과할 것이라고 하면서 지난 6주간에도 3억 5,200만 달러의 지출이 발생하였다고 하였다. 이러한 추세대로 가면 12월 말에는 금 보유가 바닥에 달할 것이라고 하였다.[169)] 전쟁은 장기화되는데 이런 추세라면 영국은 자체적으로 전쟁 비용을 조달할 수 없게 될 상황으로 가고 있었다.[170)]

---

168) *Ibid.*, p. 248.

169) *Ibid.*, p. 251.

170) *Ibid.*, p. 243. 전쟁 초기 단계인 1939. 12월~1940. 6월 기간 중 영국의 금과 달러 보유 감소 현황

구분	1939. 12.	1940.1.	1940.2.	1940.3.	1940.4.	1940.5.	1940.6.
금·달러보유 (100만 $)	2,100	2,002	1,954	1,883	1,772	1,694	1,572

1940년 12월 들어 미국의 루즈벨트 대통령이 영국이 처해 있는 어려운 상황을 감안하여 영국을 지원하기 위한 필요성과 더불어 이에 따른 비용의 지불은 전쟁이 끝난 뒤 할 것을 발표하였다. 루즈벨트는 무기대여법을 제정하면서 이는 '미국의 방위를 향상시키기 위하여 필요한 조치'라고 하였다. 무기대여법에 대하여 미국인의 다수는 1941년 1월에 의회가 이를 통과시켜야 한다고 동의하였다. 미 정부의 고위관리나 재무장관은 영국이 거의 파산 직전이므로 무기대여법을 통과시켜 영국을 지원해야 한다고 주장하였다. 이 과정에서 재무장관은 영국이 보유하고 있는 미국 내의 자산과 남아프리카 공화국에 있었던 금, 캐나다에 보관 중이던 프랑스 소유의 금 등을 미국에 이전할 것을 주장하여, 처칠이 이에 대한 부당함을 제기하는 일도 발생하였다.

1941년 1월 10일, 미 전함 루이스빌 함이 남아프리카 공화국에서 4,200만 파운드의 금을 적재하여 26일 뉴욕에 도착하였다. 그 당시 벨기에 망명정부의 8,700만 파운드의 금과 네덜란드 망명정부의 2,350만 파운드의 금 외에 캐나다에 있는 2억 3,500만 파운드의 금도 미국은 원하였다. 영국은 벨기에 망명정부로부터 3억 달러에 상당하는 금을 차관으로 받았다.

1941년 3월 들어 미국이 무기대여법을 시행하면서 영국에 장비와 탄약은 물론, 식량 등에 이르기까지 지원함으로써 영국의 어려움을 해소시키기 시작하였다. 무기대여법을 시행함으로써 영국에 달러가 유입되고 영국의 달러 보유량이 조금씩 증가하고 1943년 들어 영국 정부가 당시 10억 달러 정도를 보유하자 미국은 무기대여법이 더 이상 필요한지 의문을 갖기 시작하였다. 미국은 영국이 달러를 지불하고 영국의 배로 무기와 탄약 등을 수송하기를 요망하였지만, 영국은 아직 상황이 호전되지 않았음을 강조하면서 무기대여법을 그대로 시행할 것을 요구하였다. 전쟁이 끝날 때까지 영국은 상품을 구입하기 위하여 미국에 44억

470만 달러를 지불하였지만, 무기대여법에 의하여 270억 2,300만 달러에 상당한 무기와 탄약, 식량 등의 물자를 지원받았다. 1945년 영국의 달러 및 금 보유 등 이러한 상황에 대하여 케인즈는 "조금도 과장함이 없이, 우리는 현재의 상황을 극복할 능력이 없는 재정 및 경제적인 던커크 상황에 처해 있다"라고 하였다.[171]

미국은 무기대여법에 의해 영국에 막대한 양의 장비와 무기, 식량 등의 물자를 지원하기는 하였지만, 이 과정에서 미국은 이를 감시할 목적으로 영국에 행정관리를 파견하였으며, 여러 차례 회계 관련 자료를 요구하였다. 무기대여법에 의한 영국에 대한 지원이 제대로 시행되는지, 영국 정부가 이를 제대로 시행하고 있는지 확인을 요구하면서 영국의 자존심이 훼손되는 상황이 발생한 것이다.

〈표 3-36〉 2차 대전 기간 중 영국의 정부지출 대 국방비 지출 비교

단위: 백만 파운드(회계연도 4. 1.~3. 31.)

구분	계	1938~'39	1939~'40	1940~'41	1941~'42	1942~'43	1943~'44	1944~'45
총지출	28,101.9	1,018.9	1,408.2	3,970.7	4,876.3	5,739.9	5,909.3	6,197.5
국방비 지출	22,846.4	254.4	626.4	3,220.0	4,085.0	4,840.0	4,950.0	5,125.0
비율(%)	25	44.5	81.1	83.8	84.3	83.7	82.7	81.3

출처: Cappella, *op. cit.*, p. 231.

1938년부터 1945년까지 영국 정부는 281억 파운드를 지출하였다. 이 가운데 국방비로는 228억 파운드를 지출하였으며, 이는 평균적으로 정부지출의 81.3%에 해당된다. 1944년 최고조에 달하였을 때에는 국방비의 지출이 국민소득의 54%에 달하였다. 1939년 9월부터 1945년 6월 종전 시까지 영국의 외부자산 감소액은 총 41억 9,800만 파운드에

---

171) *Ibid.*, p. 227.

달하며, 이 가운데 11억 1,800만 파운드는 고정자산 매각, 28억 7,900만 파운드는 외부채무의 증가, 1억 5,200만 파운드는 금과 달러 자산의 감소를 의미한다. 당시 영국 정부의 수입과 지출은 〈표 3-37〉에서 보는 바와 같다.

〈표 3-37〉 1940~1945년 영국 정부의 수입 대 지출

단위: 백만 파운드

구분		계	1940	1941	1942	1943	1944	1945
수입	계	29,551	2,607	4,384	5,099	5,750	5,831	5,880
	세금	13,641	1,105	1,575	2,166	2,664	3,001	3,130
	캐나다 정부지원	225	-	-	141	83	-	-
	기금 등	631	43	82	137	104	88	177
	차입	15,054	1,459	2,727	2,655	2,899	2,742	2,572
지출	계	29,551	2,607	4,384	5,099	5,750	5,831	5,880
	이자	1,856	222	229	281	325	376	424
	정부지출	27,594	2,368	4,139	4,801	5,409	5,439	5,438
	기타	101	17	17	17	16	17	18
총 지출 대비 조세 비중(%)		46	42	36	42	46	51	53

출처: Higgins(1949), *op. cit.*, p. 29.

2차 대전 당시 영국이 미국과 캐나다로부터 빌린 돈을 전쟁이 끝난지 61년 만인 2006년도에 미국과 캐나다 정부에 갚았다. 영국 재무부는 전쟁 당시 빌린 돈 가운데 지금까지 갚지 못한 미국에 대한 4,300만 파운드와 캐나다에 대한 1,200만 파운드를 지불하겠다고 발표한 것이다.[172)]

172) http://www.independent.co.uk/news/business/news/britain-pays-off-final-instalment-of-us-loan-after-61-years-430118.html(검색일: 2016. 11. 20.)

미국

미국은 유럽의 주요 국가들이 1차 대전의 후유증으로 어려움을 겪는 동안 경제 강국으로 그 위치를 확고히 하였다. 그러나 1929년의 대공황으로 인하여 1930년대에는 산업생산이 침체되고 실업률이 치솟는 등으로 많은 어려움을 겪었다. 이러한 대공황을 타개하기 위하여 루즈벨트 대통령은 뉴딜정책(New Deal Policy)을 추진하면서 서서히 경제를 회복해 나갔다. 전쟁이 발발하자 미국은 정부 지출을 대폭 확대하여 완전고용을 달성하였고 생산능력을 대폭 확대하여 자국의 전쟁을 수행함은 물론 연합국도 지원하였다.

〈표 3-38〉 1937~1938년 미국의 국가능력

구분	인구 (만 명)	GDP (억 $)	국방비 (억 $)	항공기 생산(대)	철강 생산 (만 톤)	에너지 소비 (백만 M/T)
능력	13,830	680	11.31	2,195	2,880	697
비고	1938	1937	1938	1938	1938	1938

출처: Paul Kennedy, *op. cit.*, pp. 199~201, 296, 324, 330~332.

전시체제로의 전환

1차 대전 당시 미국은 전쟁 초기 단계에는 중립을 지키다가 1917년 4월에 참전하였지만, 참전 결과 전승국의 일원이 되면서 당시 정치·경제·군사적으로 세계에서 제1의 강대국이 되었다. 또한 전쟁 기간 중 무기나 탄약과 물자들을 판매하여 막대한 이익도 남기고 있었다. 그런 결과로 전쟁이 끝난 후에는 유럽 국가들에게 미국 정부에 대해 100억 달러에 달하는 채무도 발생하였다. 그러나 유럽 국가들은 계속된 경기침체와 불황으로 이러한 채무를 지불할 능력이 없었다.

경제적으로 승승장구하던 미국은 1929년 뉴욕 주식 시장의 주가 폭락을 계기로 시작된 대공황으로 수많은 공장이 문을 닫고, 수백만의 노동자들이 실업자가 되어 거리로 나서는 등 경제적으로 어려운 가운데 있었다. 대공황 초기인 1929년 미국은 54억 달러의 상품을 수출하였으나 1933년에는 21억 달러로 감소되었고, 해외투자액도 1930년에는 172억 달러였으나 1933년에는 135억 달러로 감소됐다. 이렇게 경제적으로 어려운 가운데 1933년 3월 대통령으로 취임한 루즈벨트는 이른바 '뉴딜정책'으로 대공황을 극복하기 위해 노력하였다.

초반에는 뉴딜정책이 주효하여 재정이 상승하고 국민총생산액이 1929년 대공황 이전으로 회복되는 듯하였다. 그러나 1937~1938년에 들어가면서 정부지출의 삭감과 금융에서의 긴축정책, 기업투자의 감소 등으로 경제가 다시 하향 추세로 바뀌고, 노동 사정이 악화되어 1938년 후반에는 실업자가 1천만여 명을 돌파하여 불황이 심해지는 가운데 전쟁이 서서히 다가오고 있었다.

2차 대전이 발발할 무렵 미국은 대공황의 여파와 미국 내의 정치적 상황에서 국제 문제에 개입을 원치 않는 고립주의 경향으로 제정된 중립법 때문에 전쟁을 수행할 준비가 미흡하였다. 또한 1930년대 후반 미국은 대공황을 완전히 극복하지 못하고 있었기 때문에 유럽에서 전쟁이 발발할 당시인 1939~1940년에 연합국의 전쟁을 지원하기 위한 완전한 준비가 되어 있는 것은 아니었다.

1939년 9월 독일군이 폴란드를 침공하면서 전쟁이 발발하자 미국도 1940년 4월 의회에서 국방법(National Defence Act)을 시작으로 여러 조치를 취하기 시작하였다. 육군병력을 증원하고 전함 생산을 확대하며, 일본의 공격이 예상되는 태평양 지역과 알래스카 등지에 공군기지를 건설하는 등의 조치를 시작하였다.

1940년 5월 독일군이 프랑스를 침공하자 루즈벨트는 육군력과 해군력을 증강하기 위해 의회에 많은 예산을 요청하였고, 하와이 진주만

기지를 확장하였으며, 항공기 생산을 대폭 확대하기 시작하였다. 당연히 이에 소요되는 예산이 증가하기 시작하였지만 1940년 당시만 해도 국방예산은 전체 예산의 17%, 국민총생산액 대비해서는 2%에 불과할 정도로 그 비중은 작았다.

6월이 되면서 유럽에서의 상황이 극도로 악화되었다. 이미 폴란드는 물론 베네룩스 3국과 스웨덴, 노르웨이, 프랑스가 독일군 수중에 들어갔고, 독일군은 영국을 침공하기 위한 준비를 하고 있었다. 미국으로서는 유럽에서의 상황은 물론 아시아-태평양 지역에서의 상황의 악화도 보면서 전쟁에 대비하기 위한 발빠른 조치를 취하지 않을 수 없었다. 따라서 의회는 조세제도는 물론 채권발행 등 다양한 방법으로 그 비용을 조달하기 위한 방법을 강구해야만 하였다.

1940년 대통령 선거에서만 하더라도 루즈벨트는 "나는 이전에 말하였듯이 다시 말하지만 여러분의 자제들을 어떤 외국의 전쟁에도 파견하지 않을 것이다"라고 하여 미국이 전쟁에 개입하지 않을 것이라고 하였다. 그럼에도 불구하고 유럽 지역에서 상황이 악화되자 미국은 처칠 정부를 지원하면서 미국이 '민주주의를 지키기 위한 병기고(Arsenal for Democracy)'가 되어야 한다고 생각하였다. 이러한 상황에서 영국이 고군분투하면서 최악의 상황으로 감에 따라 영국을 지원할 필요성이 제기되고 있었다.

영국은 1940년 말에 들어 전쟁을 지속하기 위한 노력이 거의 바닥에 다다르고 있었다. 당시 재무성에서는 영국이 더 이상 전쟁을 지속하기에는 국가의 재정이 바닥을 보이고 있다고 보고할 정도로 국가의 재정상황은 악화되었다. 이 시기에 신임 미국 주재 영국대사 로디언(Lord Lothian)이 뉴욕의 공항에 도착하여 기자회견에서 "영국은 거의 파산 직전이다. 전쟁을 지속하기 위해서는 미국의 돈이 필요하다"라고 하였다. 이 내용이 언론매체들을 통하여 전 미국으로 전파되면서 미국인들은 영국이 대단히 어려운 상황으로 가고 있음을 알았다. 상황이 악화되는 가운데 1940년 12월 초 처칠은 개인 서신을 보내서 "우리는 선박이나 다른 무기 등을 구입하기 위하여 더 이상 현금을 지불할 능력이 없는 순간으로 다가가고 있다. 우리는 나치 독일에 의해 야기되는 팽창의 위험성을 알고 있다"라고 하였다.[173)]

영국이 거의 파산 상태까지 가면서 루즈벨트는 이제 더 이상 중립주의를 주장하기에는 상황이 어려워지고 있음을 인식하였다. 1940년 11월, 의회는 교전 당사국에 대해서 전쟁물자의 판매를 금지하는 '중립법(Neutrality Act)'을 개정하였다. 이 법에 따라 전쟁 당사국은 미국에게 현금을 지불하고 물자를 구입해서 해당 국가의 책임 아래 수송할 수 있었다. 그는 12월 17일에는 기자회견을 열어 의회와 국민을 대상으로 미국의 필수이익을 지키기 위한 영국에 대한 지원의 필요성을 역설하였다. 12월 29일에는 노변담화에서 민주주의를 지키기 위한 병기고로서 미국의 역할의 중요성에 대하여 언급하였다. 그는 "미국 내의 유화론자들이 유럽의 비극이 보내는 경고를 무시하고 협상에 의한 평화를 이룰 수 있다고 하지만 호랑이(독일군)를 길들인다고 고양이가 되는 것은 아니다. 강요된 평화는 평화가 아니다. 불난 옆집(영국)에서 소방호스(무기와 탄약 등)를 빌려달라고 하는데 우물쭈물하면 불(전쟁)이 옮겨붙을 수밖에 없다. 일단 불을 끄고 난 뒤에 다음에 돌려받는 것이 낫다"라고 하였다.

무기대여법 제정의 필요성을 설명하면서 전쟁성 장관 스팀슨(Henry L. Stimson)은 상원외교관계위원회에서 말했다. "우리는 사는 것입니다…, 빌려주는 것이 아닙니다. 우리는 우리의 안전보장을 사는 것입니다. 독일이 지난 6년간 전쟁을 준비하는 동안, 우리는 그냥 지냈습니다. 이제 우리는 완전히 준비되고 무장한 적들과 대치해야 함을 알아야 합니다."[174)]

---

173) http://www.fdrlibrary.marist.edu/aboutfdr/lend-lease.html(검색일: 2016. 6. 10.)

174) http://www.archives.gov/education/lesson/fdr-churchill(검색일: 2016. 6. 10.)

고립주의자들의 반대에도 불구하고 그는 1941년 3월 8일 무기대여법(Lend-Lease Act, Subtitle: An Act to Promote the Defence of the United States)을 제출하였고 의회는 이를 통과시켰으며, 11일에 루즈벨트가 서명하였다. 이 법에서는 대통령에게 의회가 통과시킨 우방국 지원 비용에 대하여 이를 다시 할당할 수 있는 권한을 부여하였다. 무기대여 업무를 담당할 부서를 설치하였고, 당시 영국이 무기 등을 수송할 능력이 없었기 때문에 미국 선박을 이용하여 영국에 수송할 수 있도록 하였다. 1940년 4월부터 영국은 미국으로부터 막대한 양의 무기와 탄약은 물론, 식량 같은 물자도 지원받았다. 이렇게 영국에 대한 지원에서 시작하여 마침내 무기대여법을 제정함으로써, 이 법을 통하여 연합국에 대한 지원은 1942년 말에는 소련과 중국, 호주, 뉴질랜드, 망명 폴란드 정부와 네덜란드 및 노르웨이, 그리고 드골의 자유 프랑스 운동 등으로 확대되어 무기와 탄약, 식량 등의 물자도 제공하게 되었다. 무기대여법에 따라 미국은 1차 대전 이후로 지속되어 온 고립주의 정책을 포기하면서 개입하기 시작하였다.

무기대여법에서는 1차 대전 당시와는 달리 미국의 방위에 도움을 주는 국가에게 이 법에 적용되는 무기와 탄약 및 식량 등의 물자를 미국이 해당국에 무료로 운송해 주었다. 당시 많은 국가들에서 자체적인 수송능력이 제한되고 있었기 때문이다.

또한 이 법에서는 전쟁 물자 구입 시 해당국이 선불로 지불하고 직접 운송하도록 요구한 법안도 무효화하였다. 그것은 영국이 독일과의 전쟁으로 인해 경제가 피폐해지면서 더 이상 무기구입 대금을 지불할 능력이 없어졌고 무기를 수송할 선박이 많은 피해를 입으면서 운송할 능력이 없어졌기 때문이었다.

1941년 6월 22일, 독일군이 이른바 바르바로사 작전으로 소련을 침공하였다. 유럽에서 이러한 상황이 전개되면서 루즈벨트는 대규모 장비 및 군수물자 생산계획을 발표하였다. 여기에는 6만여 대의 항공기와

4만 5천여 대의 탱크, 2만여 문의 포, 1,800만여 톤의 선박 생산과 대규모 병력 동원의 계획이 포함되었다.[175)]

대량의 장비 생산과 병행하여 루즈벨트는 국민들에게 "우리 국민 모두는 국가적 비상사태를 맞아 국가를 위해 희생할 준비가 되어 있어야 한다"라고 말하면서 "다음 해 예산에는 증가되는 국방비를 충당하기 위해 지금보다 더 많은 세금을 내야 할 것이지만, 개인이 세금을 낼 수 있는 능력에 따라 부담한다는 원칙이 지켜져야 한다"라고 강조하였다.

1941년 12월 7일, 일본군의 연합함대가 하와이 진주만을 기습하면서 아시아-태평양 전쟁이 시작되었다. 다음 날 루즈벨트 대통령은 의회 연설을 통해 "미국 국민은 우리가 가진 정의로운 힘으로 적들을 압도할 것이다"라고 선언하면서 일본에 대한 선전포고를 하였다.[176)] 여기서 루즈벨트가 말한 '정의로운 힘(Righteous Power)'이란 미국의 강력한 자금과 경제력 외에도 미국이 동원할 수 있는 인적 자원의 능력도 포함한다. 미 상하원도 압도적으로 루즈벨트가 제안한 대일본 전쟁 선포를 지지하였다. 같은 시기에 히틀러는 미국에 대해 선전포고를 하였다. 이듬해 1942년 1월 의회에서 행한 연두교서에서 루즈벨트는 "우리는 군사력에서 추축국에 비해 압도적으로 우세해야 한다"라고 하였다.

또한 루즈벨트는 연두교서에서 "전쟁은 막대한 비용을 필요로 한다. 이 말은 많은 세금의 징수와 전시채권의 판매를 뜻한다. 또한 사치품과 필수품 등의 소비 억제를 의미하는 것으로, 국가와 국민, 개인 모두가 전쟁에 참여하는 총력전을 의미한다. 그렇지만 우리는 아직 그 수준에 도달하지 못하고 있으며, 국민소득의 15%만 국방비로 사용하고 있다"라고 하였다. 역사학자인 케네디(David Kennedy)는 "미국이 군수물자를 대량으로 생산하는 것이 전장에서 압도적인 우위를 점하는 방법이며, 미국은

---

175) Hormats, *op. cit.*, p. 146.

176) *Ibid.*, p. 134.

연합국이 전쟁에서 주도적으로 담당할 수 있도록 대량으로 무기를 공급하는 것이야말로 미군의 희생을 최소화할 수 있는 가장 확실한 방법이다"라고 하였다.[177]

전시체제로 전환한 미국은 병력을 동원하여 부대를 확장하는 한편, 경제도 전시체제로 전환하면서 전투장비와 탄약과 물자를 생산하기 위하여 생산시설을 대폭 확장하였다.

〈표 3-39〉 미국의 연도별 병력 증강[178]

구분	1939	1940	1941	1942	1943	1944	1945
계(만 명)	33.4	45.8	180.1	385.8	904.4	1,145	1,212
육군(만 명)	13.9	26.9	146.2	307.5	699.4	799.4	826.7
해군(만 명)	12.5	16.0	28.4	64.0	174.1	298.1	338.0
해병(만 명)	1.9	2.8	5.4	14.2	30.8	47.5	47.4
비교(%)	기준(100)	137	539	1,155	2,707	3,428	3,628
비고	중립		연합국으로 참전				

출처: Goralski, *op. cit.*, p. 422

전시 생산을 확대하기 위해서 많은 전략물자들이 필요하였다. 당시 미국은 무기와 탄약을 만드는 데 필요한 주석이나 알루미늄, 텅스텐, 아연, 주석, 고무 등을 자체 생산하면서도 해외에서 대량으로 수입하였다. 예를 들면 천연고무는 말레이와 인도네시아로부터 100%, 텅스텐은 볼리비아나 태국으로부터 72%, 주석은 말레이와 볼리비아 및 인도네시아로부터 100%, 크롬은 터키와 남아공화국, 필리핀으로부터 100%, 코발트는 아프리카의 콩고로부터 94%를 수입해서 원자재 생산량을 증대하

177) *Ibid.*, p. 148.

178) 당시 미군에 공군은 없었고, 육군항공이 공군으로서 임무를 수행하였다. 공군은 1947년도에 육군항공이 공군으로 독립되면서 창설됐다.

였다.[179]

〈표 3-40〉 1939~1944년 미국의 원자재 생산량의 변화

단위: %

구분	1939(기준)	1940	1941	1942	1943	1944
철강	100	131	171	190	202	197
구리	100	119	121	138	142	127
아연	100	131	160	173	180	167
알루미늄	100	126	189	318	561	474
고무	100	108	122	123	112	108
원유	100	107	111	109	119	132

출처: Backman, *op. cit.*, p. 125.

전시생산체제로 전환한 미국의 잠재력은 항공기나 전차, 전함과 선박 등 전시생산력으로 현실화되어 생산량이 대폭적으로 증가되었다. 전시생산이 최고조에 달하였던 1943~1944년에 미국은 단독으로 매일 한 척의 선박, 매 5분마다 항공기 한 대를 생산할 정도로 생산능력이 대폭 확대되었다. 이 시기에 미국의 생산량은 추축국의 세 배 이상을 능가하였고 이러한 생산력은 전쟁이 계속되면서 전쟁지속능력으로 확대되었다.[180] 1945년 8월 15일 일본이 항복하면서 무기대여법은 9월 2일에 만료되었다. 전쟁 기간 중 미국의 주요 전투 장비 생산은 〈표 3-41〉과 같다.

이렇게 대량생산이 가능하였던 이유는 미국이 전시생산을 원활하게 하기 위하여 대공황 이후 1932년에 설립된 '부흥금융공사(Reconstruction Finance Corporation)'를 이용하여 군수생산을 높이고 산하에 국방공장공사와 국방공급공사, 금속저장공사와 고무저장회사, 전시재해공사 등을 설치하였기 때문이었다.

179) Backman, *op. cit.*, pp. 113~115.

180) Paul Kennedy, *op. cit.*, p. 355.

〈표 3-41〉 2차 대전 기간 미국의 전투장비 등의 생산[181]

구분	상선	상륙정	탱크	비행기	트럭	기관총	철강	탄약
단위	척	대	대	대	대	정	톤	발
수량	5,600	79,125	10만	30만	240만	260만	4.34억	410억

출처: James L. Abrahamson, *The American Home Front*, National Defence University, 1983, p. 89.

국방공장공사에서는 전쟁 발발 이전부터 많은 공장시설들이 무기와 탄약을 생산할 수 있는 시설로 전환할 수 있도록 자금을 융자하는 업무를 하여 생산량을 확대하였다.[182] 여기서는 기존 공업시설 중에서 군수물자 생산을 위한 생산시설의 전환을 주저하였던 기업에 대하여 92억 달러를 지원하여 2,300여 개의 군수공장을 건설하였다. 국방공급공사에서는 국내는 물론 외국에서 필요한 자원을 도입하여 물가를 안정시킴으로부터, 전시 생산에 필요한 물자 공급은 물론 합성고무 개발도 담당하였다.[183] 또한 국방공급공사에서는 전쟁수행을 위해 필요한 자원을 조달하고 국내에서 전쟁 중 식료품과 육류의 가격이 폭등하자 가격을 안정시키기 위한 보조금 지불 업무도 수행하였다.

한편 중남미 항공사에 독일인과 이태리인이 근무하자 이들 자본을 배제하기 위하여 미국인으로 대체할 수 있도록 훈련비와 급여도 부담하였다. 또한 당시 전 세계 천연고무의 90%를 생산하는 주산지인 말레이가 일본의 침공으로 점령되자 합성고무(Synthetic Rubber)를 개발하여 천연고무를 대신할 수 있도록 하였고, 합성고무 생산공장을 건설하였다. 그럼에도 불구하고 수요를 충족하기에 부족하여, 전국의 각지에서 폐타이

181) 또 다른 자료도 참고할 것. http://ww2-weapons.com/u-s-arms-production(검색일; 2016. 12. 20.)

구분	포병	박격포	기관총	소총	차량	전함	잠수함	항공기	항모
수량	25.7만	10.5	267만	1,100만	23.8만	903	203	28.3만	141

182) 시드니 렌지, 서동만 옮김, 『군산복합체론』, 도서출판 지양사, 1985, p. 266.

183) 위의 책, pp. 269~271.

〈그림 3-33〉 자원 재활용: 금속과 폐타이어 수거 활동

어를 구입하거나 회수하여 재사용(Recycling)할 수 있도록 하는 업무를 수행하기도 하였다. 조그마한 폐금속 조각이나 폐타이어, 폐지 등 자원을 수거하기 위하여 전 국민들을 대상으로 〈그림 3-34〉와 같은 포스터를 이용하여 홍보 활동을 전개하였다.

〈그림 3-34〉 폐휴지, 금속, 고무 등의 수거를 독려하는 포스터

〈그림 3-35〉 육군 및 해군, 해병대 병력모집 포스터

이렇게 많은 조치들이 이루어진 이유는 전쟁이 발발하여 갑자기 수요가 급증하는 군비를 충족하기 위해서였다. 또한 미국 경제가 불황을 극복하기 위해 당시 군사 부문에 의존하는 비율이 매우 높았기 때문이며, 후일 '군산복합체(Military Industrial Complex, MIC)'가 미국이 2차 대전을 준비하는 과정에서 출발했다는 이유가 되기도 하였다.[184)]

---

184) '군산복합체'란 군부와 방위산업체들의 상호의존체제를 일컫는 용어로, 미국의 아이젠하워 대통령이 1961년 1월 17일 행한 퇴임연설에서 "미국의 민주주의는 새로운 거대하고 음험한 세력의 위협을 받고 있는데, 그것은 군산복합체라고 할 수 있는 위협"이라고 한 말에서 유래하고 있다. 군산복합체 기원에 대하여는 첫째, 1차 대전 기원설과 둘째, 1940년 기원설 그리고 셋째, 제2차 세계 기원설이 있다. 여기서 1940년 기원설이 이에 해당된다고 할 수 있다(김진균·홍성태, "군산복합체와 전쟁"(http//breview.jinbo.net/maynews/readview), pp. 58~62).

전시생산을 위해 수많은 기술인력과 노동자들이 필요하게 되자 연령이 많은 남자들이나 여자들은 장비와 탄약, 물자를 생산하거나 생산된 장비들을 정비하는 기사나 보급시설의 운용요원 등으로 동원하였다. 전쟁이전에는 900만여 명의 실직자가 있었으나 전쟁이 발발하여 동원된 인원이 약 1,000만여 명에 달하였다.

전쟁을 수행하면서 미국인뿐만 아니라 연합국을 지원하기 위해 대량으로 식량과 물자가 필요하였으나 생산능력의 한계로 인하여 수요를 모두 충족시킬 수 없었기 때문에 배급제로써 이를 통제하였다. 물자가 풍부한 미국도 전쟁을 수행하기 위하여 결핍과 절약이 강조되었으며, 수많은 여성인력이나 심지어 10대들까지도 농업생산에 동원되는 등 총력적으로 대응하였다.

전쟁 기간 중 제너럴 모터스(General Motors, GM)나 포드(Ford), 크라이슬러사(Chrysler)는 수많은 차량을 생산하였고, 보잉(Boeing)사와 록히드마틴(Lockeed Martin) 및 그루만(Grumman) 사는 B-29와 B-52 폭격기 등의 항공기를 생산하였다.[185] 예를 들면 B-29 폭격기는 워싱턴의 렌턴에서 생산되었지만, 또 다른 조립라인이 캔사스의 위치타에도 세워졌으며, 마틴사와 벨 사는 네브라스카의 오마하에서 면허생산으로 항공기를 조립하기도 하였다.[186]

또한 오대호 연안의 중공업지대에서도 전차나 자동차, 항공기가 대량생산되었다. 이렇게 생산된 전차가 M-3 및 M-24 채피 경전차, M-4 셔만 및 M-26 퍼싱 중전차이며, 항공기는 P-38 라이트닝 및 P-47 선

185) 보잉 사는 제2차 세계대전 중 B-17이나 B-29 폭격기를 생산하였다. 이 비행기를 만든 많은 노동자들은 여자들로, 남편들이 전쟁터로 갔을 때 여자들이 노동력을 제공한 것이다. 이 회사에서는 월 350여 대 정도로 대량으로 폭격기를 생산하였다. 또한 이 회사에서 디자인한 B-17 폭격기를 록히드마틴 사와 더글러스 사가 조립을 하거나 벨 항공사는 B-29를 조립하기도 하였다(http://en.wikipedia.org/wiki/Boeing(검색일: 2016. 5. 12.)).

186) Evan Mawdsley, *World War II*, Cambridge University Press, 2009, p. 335.

〈그림 3-36〉 미국의 전시생산

더볼트와 P-51 무스탕 전투기, B-17·29 폭격기 등이다. 이 외에도 대서양이나 태평양의 주요 조선소에서는 아이오와급 전함이나 엔터프라이즈와 니미츠급 항모 등 다수의 전함들도 건조되어 해군에 인도되었다.

장비와 탄약이 대량으로 소요되면서 대량생산을 위하여 공정을 단순화하였고, 컨베이어 벨트(Conveyer Belt)와 조립라인을 설치하였다. 선반이나 밀링머신 같은 공작기구의 활용과 합리적인 생산관리 및 통합생산으로 대량생산이 가능하도록 하였다.

이렇게 생산된 방대한 규모의 전투장비와 탄약은 아시아-태평양 전선과 유럽전선에 투입된 미군이 사용하였을 뿐만 아니라, 무기대여법에 따라 영국과 중국 및 소련 등 연합군에도 제공되어 추축군을 격멸하는 데 사용되었다. 미국이 무기대여법을 통하여 연합국에 지원한 것은 무기와 탄약은 물론, 각종 식량과 피복 및 군화 등 다량의 물자를 포함한다. 다음의 〈표 3-42〉는 미국이 연합국에 지원한 장비 수량이다.

〈표 3-42〉 무기대여법에 의하여 연합국에 지원한 장비

구분	계	영국	중국	프랑스	소련	미주	기타
전차(대)	37,323	27,755	100	1,406	7,172	840	50
트럭(대)	792,404	292,256	24,991	27,276	432,659	9,359	50
항공기(대)	43,021	26,165	1,378	1,417	11,450	2,089	522
중포(문)	1,282	1,129	36	85	-	20	12
소총류(정)	1,843,797	1,425,725	299,712	69,129	-	9,230	40,000

출처: (구)국무총리 국가비상기획위원회, 『미 육군의 군사동원 역사』, 전광인쇄정보, 2004, pp. 819~820.

무기대여법이 통과된 이후 1945년 9월 말까지 미국이 영국과 중국, 소련 등 연합국에 지원한 장비와 탄약 및 각종의 물자 등의 비용은 약 501억 달러(현재의 가치로 보면 약 6,590억 달러)에 달한다.

〈표 3-43〉 무기대여법에 의하여 연합국에 지원한 금액

구분	계	영국	소련	중국	기타 연합국
금액(억 $)	501	314	110	16	61

1939년 이후 1945년까지 전쟁 기간 중 미국에서는 30배 이상으로 확장된 군사력으로 무장하고 유지하면서도 경제는 계속 확대되었다. 1939년 130억 달러였던 연방정부의 지출은 1944년도에 가서 710억 달러로 5.5배 증가하였으며, 이 기간 동안 국민총생산액(GDP)은 1939년도 886억 달러에서 1945년도에는 불변가격으로 1,350억 달러(경상가격 기준으로는 2,200억 달러)로 확대되었다.[187]

전시 생산증대와 확대된 경제력 덕분에 1939년의 900만여 명의 실업자가 1944년에는 1,870만 명의 취업인구로 바뀌었고, 이 중에 1천만여 명의 여자들도 전투장비나 탄약 등의 군수산업에 종사하였다. 이렇게

187) 폴 케네디, 이일주 역, 『강대국의 흥망』, 한국경제신문사, 1997, p. 485.

미국은 전쟁 기간 중 대공황을 극복하면서 전 세계의 40%에 달하는 장비를 단독으로 생산해 내는 경제대국이자 1,200만여 명의 병력을 동원하는 군사강국으로 성장하였다.[188)]

미국의 전비조달

미국이 1940년 7월 1일로부터 1946년 6월 30일까지의 기간 중 지출한 연방정부의 예산은 3,970억 달러였으며, 3,300억 달러는 국방과 직접 관련되는 비용으로 사용되었다. 이 금액은 세금을 통해 1,763억 달러가 조성되었고, 채권을 판매하여 2,207억 달러가 조성되었다.[189)]

먼저 조세에 관한 것으로, 2차 대전 당시 연방정부의 중요한 조세수입원으로는 개인소득세, 법인소득세, 소비세 등이 있었다. 개인소득세는 단일 항목으로서는 연방정부에 가장 큰 수입원이었다. 전쟁이 발발하여 군비증강 프로그램이 시행되면서 거의 완전고용이 달성되자 개인소득세 징수액 역시 증가되었다. 개인소득세가 잘 걷힌다는 것은 그만큼 개인의 소득수준이 향상됐다는 것을 의미한다. 전쟁 후반기로 가면서 미국인들은 군비증강 프로그램에 따라 대부분 고용된 상태였기 때문에, 소득수준이 향상돼 세금징수액 역시 확대되었다.

1939년으로부터 1945년까지 조세 면제는 결혼한 사람들에게는 2,500달러에서 1천 달러로, 미혼의 사람들은 1천 달러에서 500달러로 하향 조정되었다. 개인소득세율 역시 인상되면서 면제 대상은 축소되었

---

188) 존 키건, 앞의 책, pp. 324~325.

189) Backman, *op. cit.*, pp. 251~253. 또 다른 다음의 자료도 참고하기 바란다. 미국이 1941년으로부터 1945년까지 지출한 전비는 3,170억 달러로 그중 2,810억 달러는 직접적으로 전쟁과 관련되며, 이는 1940 회계연도의 96억 달러로부터 1945 회계연도에 거의 1천억 달러에 달할 정도로 지출이 대폭 확대되었다. 이러한 지출 가운데 약 45%는 세금으로, 나머지는 전시채권을 팔아 충당하였다. 재무성은 채권을 판매하여 1,857억 달러를 조성하였다.

다. 이렇게 되면서 소득세 납부 대상자가 1,300만여 명에서 2,800만여 명으로 대폭 증가되었다. 1940년도부터 1945년도까지의 개인소득세 징수현황은 〈표 3-44〉에서 보는 바와 같다.

〈표 3-44〉 1940~1946년 연도별 개인소득세 징수[190]

단위: 억 달러

회계연도	1940	1941	1942	1943	1944	1945	1946
징수액	10	14	32	65	198	191	183

출처: Backman, *op. cit.*, p. 267.

법인소득세 항목으로는 법인소득세와 초과이익세를 징수하였는데, 이는 평시에는 큰 의미가 없었으나 전시가 되면서 대폭 확대돼 중요한 전비조달원의 하나가 되었다. 법인소득세 최고 세율도 31%에서 40%로 인상됐으며, 초과이익세의 최고 이율은 전후 10%를 환불해 주는 조건으로 90%로 결정되었다.[191] 이뿐만이 아니라 '승리세(Victory Tax)'도 기본 세율에 더하여 5%를 부과하면서 연간 소득이 624달러를 넘으면 부과하였다. 이 세금의 부과 대상은 1,300만여 명에 달하였는데, 그들은 이 세금 항목이 없었다면 사실은 세금을 내지 않아도 될 사람들이었다.[192]

〈표 3-45〉 1940~1946년 연도별 법인세 징수

단위: 억 달러

연도	1940	1941	1942	1943	1944	1945	1946
법인소득세	11	21	47	97	148	160	126
초과이익세	-	2	17	51	95	111	79

출처: Backman, *op. cit.*, p. 265.

190) Backman, *op. cit.*, p. 267.

191) Hormats, *op. cit.*, p. 157.

192) *Ibid.*

초과이익세를 인상하자 『뉴욕 타임스』는 "미국 역사상 가장 많은 금액을 광범위한 과세를 기본으로 편성한 예산인데, 이렇게 막대한 군비예산을 사용하면 파멸적인 인플레이션을 피할 수 있을 것인지 문제가 될 것이다"라고 경고하였다.

소비세 역시 정부 수입을 증가시켜 주었는데, 이러한 소비세 부과대상은 담배로부터 주류, 음료수, 휘발유 등은 물론 사치품과 화장품, 가죽제품과 전기기구 등에 이르기까지 다양하였다. 특히 사치품에는 20% 이상 고율의 소비세가 부과되기도 하였다.[193] 예를 들면 당시로서는 사치품이었던 300달러의 냉장고를 구입할 경우, 소비자는 소비세 50%를 추가로 지불하면서 450달러에 구입해야만 하였다.

〈표 3-46〉 1940~1946년 물품세 징수

단위: 억 달러

회계연도	1940	1941	1942	1943	1944	1945	1946
계	18.2	23.4	30.8	37.4	44.1	58.7	65.96
주류세	6.24	8.19	10.48	14.23	16.18	23.09	25.25
담배세	6.08	6.97	7.80	9.23	9.88	9.32	11.65
기타세	1.49	2.07	4.04	7.32	10.76	14.30	14.90
소매상 물품세	-	-	0.8	1.65	2.25	4.24	4.92
제조사 물품세	4.47	6.17	7.68	5.04	5.02	7.82	9.22

출처: Backman, *op. cit.*, p. 269.

1942년 9월 7일 루즈벨트는 전 국민을 상대로 하는 노변담화에서 "지금 인플레이션을 해결하지 않으면 우리는 전쟁에서 이기기 힘들어진다. 만일 악성 인플레이션이 시작되면 우리 경제는 큰 타격을 받게 될 것이다. 가격과 임금이 연쇄적으로 올라서 전체 생산구조가 위험에 처한

193) *ibid.*, pp. 268~269.

다. 이렇게 되면 국민들이 내는 전쟁비용은 우리가 예상하는 금액을 초과하게 될 것이다. 우리가 전쟁에 이기기 위해서는 더 많은 경제적 희생을 감수해야 한다"라고 하였다.[194)]

전쟁이 발발하기 이전인 1939년에 미국은 약 400만여 명의 납세자가 있었다. 그러나 전쟁 기간 중 끊임없는 조세제도의 개편을 통해 전쟁이 끝나 갈 무렵인 1945년에는 무려 4,500만여 명으로 확대되면서 전체 근로인구의 60%가 납세자가 되었다. 정부의 조세수입은 전쟁 이전 국민총생산액의 약 6.8%에서 종전 무렵에는 20%까지 확대되었고, 같은 기간 중 조세수입도 22억 달러에서 351억 달러로 급증하였다. 대규모로 납세자가 증가하기는 하였지만, 상위 1%에 해당하는 부유층이 전체 개인소득의 32%를 부담하였다. 전쟁기간 중 조세수입은 총 1,763억 달러에 달하며 이를 통해 전쟁비용의 45%를 조달하였다.[195)]

조세징수를 촉진하기 위해 다양한 활동이 전개되었다. 유명한 작곡가인 어빙 벌린(Irving Berlin)은 〈나는 오늘 세금을 납부하였네(I Paid My Income Tax Today)〉라는 곡을 작사하였고, 만화가인 월트 디즈니(Walt Disney)는 도널드 덕(Donald Duck)을 내세워 〈새로운 정신(The New Spirit)〉이라는 만화영화를 제작하였는데, 이 작품에서는 "세금을 내는 것이 의무이자 특권(Your privilege, not just your duty)"이라는 것을 강조하였다.[196)]

다음은 전시채권을 발행한 것으로, 미국은 전쟁 기간 중 일곱 차례에 걸쳐 전시채권을 발행하였다. 8차 채권(Victory Loan)은 종전이후인 1945년 10월 29일부터 12월 8일까지 판매되었다. 이렇게 8차에 걸쳐 전시채권을 판매하였으며, 미국인 8,500만여 명이 참가하여 총 2,207억 달러를 조달하였다.

---

194) Hormats, *op. cit.*, p. 156.

195) *Ibid.*, p. 163.

196) *Ibid.*

〈그림 3-37〉 5달러 아기채권(Baby Bonds)

미국은 1차 대전 시에도 전시채권을 판매하여 전쟁비용을 조달하였지만, 당시에는 적기를 놓치면서 참전 초기의 자금조달이나 인플레이션 억제 수단으로서 효과를 제대로 보지 못하였던 적이 있는데, 이러한 교훈은 2차 대전 당시는 반면교사가 되었다. 2차 대전을 전후로 하여 채권 발행을 두 가지로 하였는데, 그 첫 번째는 개인투자자를 위한 것으로 시리즈 A로부터 E까지 다섯 종류로, 이는 소액채권으로서 중·저소득 계층을 대상으로 저축 수단으로 발행한 이른바 아기채권(Baby Bonds)[197]이다.

전쟁 발발 이전 발행된 채권은 Series A 채권인 저축채권(Saving Bonds)이다. 이 채권은 1935년 2월에 의회를 통과하였고, 의회는 당시로서는 막대한 금액인 48억 달러를 승인하였다. 대통령이 2월 4일에 여기에 서명하여 3월 1일 처음 발행되었다. 이 채권은 당시 대공황으로 경제적으로 어려운 시기에 미 정부가 발행한 채권으로 25달러(할인가 18.75달러)로부터 1,000달러까지 여러 종류가 발행되었으며, 이율은 2.9%에 10년 상환 조건으로 발행되었다. 이렇게 발행된 채권은 아기채권으로 불렸으며, 1941년까지 6년간에 Series B, Series C, Series D 채권까지 네 차례에

197) 미국 정부가 1935년부터 1941년까지 75달러로부터 1천 달러까지 세금을 면제하여 발행한 채권으로, 액면가의 75%로 10년 상환 기간으로 판매되었다.

〈그림 3-38〉 우표채권과 홍보용 포스터

걸쳐 1,750만여 장이 판매되었다. 그중의 57% 이상은 100달러, 500달러, 1,000달러 채권이었으며, 판매액은 40억 달러에 달하였다.[198)]

처음 Series A 채권을 발행할 당시 주요한 목표는 첫 번째, 미국인으로 하여금 검소한 습관을 갖도록 하며, 두 번째는 미국인에게 정부발행 공채에 관해 교육을 시키는 한편, 세 번째는 미국인으로 하여금 경제적인 문제뿐만 아니라 복지문제까지 서로 긴밀하게 묶기 위한 것이었다.[199)]

이렇게 Series A 채권으로부터 Series D 채권이 발행되는 시기에 독일군이 1939년 9월 1일 폴란드를 침공하면서, 미국도 서서히 전쟁의 가능성에 대비하여 선발징병법을 제정하고 병력을 모집하였으며 군수시설을 확장하면서 지출이 급증하였다.

이에 따라 루즈벨트 대통령은 1941년 4월 30일, 새로운 방위저축채권(Defence Saving Bonds)인 Series E 채권을 발행할 것이라고 발표하면서 국민 모두가 이러한 정부의 노력에 호응하여 채권구입에 참여하기 위한 '국민모두가 하나가 되는 위대한 파트너십(One great partnership)'에 참여하여

198) Laurence M. Olney, *The War Bonds Story*, U. S. Savings Bonds Division, 1971, pp. 1~2; Department of Treasury, *A History of the United States Savings Bonds Program: 50th Anniversary Edition,* Department of Treasury, 1991, pp. 9~12.

199) *Ibid*., p. 1.

〈그림 3-39〉 Series E 채권 구입을 호소하는 루즈벨트 대통령(1941. 5. 1.)

줄 것을 호소하였다. 루즈벨트는 또한 우체국저축우표(Postal Savings Stamps)도 발행할 것이라고 발표하였다. 그에 의하면 10, 25, 50센트 및 1달러와 5달러짜리 우표를 우체국에서 판매할 것이라고 하면서 이렇게 구입된 우표가 25달러가 되면 25달러짜리 채권과 교환하여 줄 수 있도록 할 것이라고 하였다.

다음 날인 5월 1일 대통령이 먼저 재무장관이 가져온 채권을 구입하였다. 정부는 채권발행 업무를 전담할 기구를 재무성에 편성하였고, 은행이 판매 업무를 맡기로 하였다. 이렇게 방위채권을 판매하는 데 대하여 여론조사의 결과를 보면 국민의 97%가 방위채권 및 우표 판매에 대하여 알고 있다고 대답하였다. 1941년 12월 7일 일본이 진주만을 기습하여 태평양 전쟁이 발발하면서 방위채권은 전시채권(War Bonds)으로 그 명칭을 바꿨다.

Series E 채권은 이전에 발행된 다른 채권과 같이 액면가의 75%에

2.9%의 이율로 10년 상환을 기한으로 하여 발행하였다. 이 채권은 25, 50, 100, 500, 1,000달러 등 다섯 가지로 발행되었다. 정부는 Series E 채권의 발행과 더불어 Series F 및 G 채권도 발행하기 시작하였다. Series F 채권은 액면가 100, 500, 1,000, 5,000 및 10,000달러로 발행되었으며 액면가의 74%에 2.53%의 이율에 12년 상환기간으로 판매되었다. Series G 채권은 액면가 100, 500, 1,000, 5,000, 10,000달러로 발행되었으며 2.5%의 이율에 12년 상환기간으로 판매되었다. 이 두 채권은 연방준비제도 이사회나 재무성에서만 판매하였다.[200]

학교에서는 저축채권을 판매하기 위하여 'School-At War'이라는 프로그램을 시행하였다. 이 프로그램을 통해 우표채권을 판매하였다. 채권발행 업무를 전담한 기관에서는 3천만 권의 우표 앨범을 제작하여 전국의 학교와 우체국 등에 배포하였다. 후일 모든 학교에는 "Our America"라는 광고판을 보냈다. 어린 학생들은 학교에서 군사훈련을 받았으며, 5센트와 10센트짜리 동전을 모아서 우표를 구입하였고 이를 다시 채권으로 바꿨다. 대부분 어린 학생들과 신문팔이 소년들이 여기에 참여하였으며, 이렇게 학교에서 판 공채와 우표 값으로 1만 7천여 개의 낙하산과 2천여 대의 비행기, 4만여 대 이상의 지프를 미군에 공급하였다.

재무성의 협조 아래 채권판매 홍보위원회에서는 아메리카 홍보협의회와 협의하여 채권판매 프로그램을 만들었다. 여기에는 신문과 방송 등이 모두 활용됐다. 각 주에서도 채권을 판매하기 위한 행정조직들이 만들어져 업무를 시작하였다. 할리우드 스타들이 참여하는 채권판매 프로그램이 만들어졌으며 이러한 프로그램은 전국에서 시행됐다. 1941년 11월에는 'Minute Man For Victory' 시리즈가 제작되어 배포되었다. NBC 방송국에서는 전국에서 유명한 평론가들이 모여 채권과 우표를 판

---

200) *Ibid.*, pp. 1~2.

매하기 위한 원탁회의도 개최하였다. 보이스카우트는 백만 장의 포스터를 여기저기 분배하였고, 전국의 고등학교에서 사용하기 위한 'Quiz Kids'라는 프로그램이 제작되었다.

전국의 100만여 상점에서도 방위저축우표를 판매하였다. 주요 도시에는 많은 사람들이 시내에서 가두행진을 하면서 채권구입 활동을 전개하였다. 전국의 호텔협회에서는 300만여 장의 포스터를 6천 곳의 호텔에 배포하였다. 육군과 해군 및 해병대, 해양경비대도 채권판매를 위하여 협조를 하였다. 전국의 출판협회에서도 채권판매가 애국적인 행동임을 강조하면서 채권 판매 활동에 협조하였다. 전국의 은행협회에서는 크리스마스 기념으로 채권 판매를 위한 전단을 만들었으며, 25만여 명의 은행원들을 동원하여 채권 및 우표들 판매할 수 있도록 지원하였다. 버팔로 시에서는 비행기 두 대를 구입할 수 있는 비용을 마련할 수 있도록 상인들이 80만 달러의 채권을 구입하였다. 전쟁성의 재무 담당 부서에서는 150만여 명의 군인과 40만여 명의 군무원들에게 채권을 판매하기 위한 계획을 수립하였다. NBC 방송에서는 라디오 콘서트를 개최하여 채권을 판매하였으며 보이스카우트에서는 150만여 명의 대원들을 이용하여 채권과 우표 판매활동을 전개하였다. 뉴욕의 중앙역 벽면에는 75×120피트 크기의 포스터를 붙여서 채권 구입을 독려하였다. 전국의 작가동맹에서도 채권의 판매를 돕기 위하여 자문단을 설치하였으며, 이와 같은 다양한 활동으로 1941년 5월 1일부터 그해 12월 31일까지 Series E로부터 F, G 채권을 판매하여 25억 3,721만 달러를 확보하였다.[201]

진주만 기습 당시 정부의 지출은 640억 달러에 달하였으나 1942년 4월 말에는 무려 1,540억 달러로 확대되었다. 이를 두고 루즈벨트 대

201) *Ibid*., p. 31

통령은 "과거 어느 나라 어느 때 사용하였던 비용보다 많이 사용하였으며, 역사상 유례가 없었다"라고 하였다.[202] 실제로 일일 전쟁비용이 4월에는 1억 달러에 달하였고 1943년 말에는 2억 달러에 이를 정도로 확대되고 있었다. 개인의 소득이나 이익, 각종 사용료 등으로부터 1940년에는 770억 달러를 징수하였으나 1942년에는 이것이 1,150억 달러에 이를 정도로 확대되었다. 유명 가수인 캐럴(Carole Lombard)은 정부의 요청에 의해 채권판매 활동에 참여한 이래 여러 도시를 순회하면서 판매 활동을 전개하였다. 이 활동은 대성공을 거두어 2억 달러의 채권을 판매하였다[203](그러나 불행하게도 캐럴은 채권판매 활동을 하던 중 비행기 추락 사고로 사망하였다). 1942년 4월 12일, 인디애나 주에서는 'Bond Sunday'를 제정하여 3,910개소의 투표지에서 12시부터 오후 10시까지 채권판매 활동을 전개하기도 하였다.

1942년 5월부터 7월까지 정부는 채권을 각 주에 할당하였다. 많은 주에서는 연방정부에 판매목표를 물으면서 "채권판매를 통해서 각 주에 기대하는 것이 무엇인지, 각 주가 제대로 일을 하고 있는지" 등을 질문하였다. 1942년 4월 25일에는 전국 3,070개소의 지역에서 채권할당량이 공개되었고, 이 할당량은 각 신문의 1면에 게재되었다. 이와 더불어 각 신문에 사설이나 만평도 게재되었다. 가톨릭의 성직자와 교회 및 유대인 교회, 개신교의 지도자들도 전국적으로 채권판매와 관련되는 '국가를 위한 십일조(The National Tithe)' 운동에 참여하였다. 1942년 5월 21일에는 재무장관의 부인이 워싱턴의 라디오 방송에서 '전시채권 판매를 위한 여성들의 역할'에 관한 원탁회의에 참석하였다.

1942년 8월 31일 유명 연예인들로 구성된 'Stars over America'가 조직되었다. 이들은 일곱 개 팀으로 구성하여 353개 도시 등 전국을 방문

---

202) *Ibid*. pp. 37~38.

203) *Ibid*., pp. 39~40.

하여 대중 집회나 채권판매 디너쇼 등 다양한 채권판매활동을 전개하였다. 이 활동은 대성공을 거두었다. 수천수만의 사람들이 긴 줄을 서서 채권을 구입하였고, 방송이나 신문에서는 이들의 활동을 특별히 보도하였다. 웨스트버지니아의 헌팅턴에서는 유명 연예인인 가슨(Greer Garson)이 참석한 채권판매 집회에 1만 2천여 명이 참석하여 채권을 구입하였고, 뉴욕의 월스트리트에서는 50만 달러를 모금하기도 하였다. 연예인들의 채권판매 운동의 클라이맥스는 1942년 9월 30일 채권판매 운동에 참여하였던 모든 연예인들이 뉴욕의 매디슨 스퀘어 가든에 모여 채권을 판매하기 위한 활동을 전개한 것인데, 이 활동은 전국적으로 수백만의 청중에게 방송되었다.[204)]

1942년 전시채권판매 위원회는 지속적으로 채권을 판매하기 위한 운동을 전개하였다. 이를 보면, '채권판매 가입 캠페인(pledge Campaign)'이나, 'Minute Women at War Week', 'First War Bonds Drive' 등이 다양하게 계획되어서 실시되었다.

〈표 3-47〉 전시채권 판매를 위한 'Star over America' 연예인 홍보팀(1942. 8.~1942. 9.)

구분	Members
그룹 #1	Joan Leslie, Walter Pidgeon, Adolph Menjou, Ralph Bellamy etc
그룹 #2	Ronald Colman, Lynn Bari, Bette Davis, Nigel Bruce etc
그룹 #3	Edward Arnold, France Dee, Very Zorina, Andy Devine etc
그룹 #4	James Cagney, Hugh Herbert, Illona Massey etc
그룹 #5	Greer Garson, John Payne, Jane Wyman, Veronica Lake
그룹 #6	Walter Abel, William Gargan, Hedy Lamarr, James Cagney etc
그룹 #7	Virginia Gilmore, Connie Benette, Charlee Laughton, Ann Rutherford

출처: Olney, *op. cit.*, p. 45.

---

204) *Ibid.*, p. 46.

전국 코미디언 협의회에서는 채권을 판매하는 데 참여하기 위한 활동을 전개하였으며, 펜실베이니아 어느 마을에서는 모든 상점에서 고객들에게 10달러 채권을 판매하기로 약속하였다. 뉴욕의 마을에서는 폭격기를 사 주기 위한 채권구입 운동을 전개하였고, 신문이나 방송에서는 채권판매에 대한 기사를 전국적으로 자주 게재하였다, 연중 지속적으로 전국적이거나 지역적으로 다양한 조직들이 참여하여 채권을 구입하거나 판매하기 위한 국민적 또는 국가적 활동을 전개하였다. 그런가 하면 전국에 산재하는 방위산업체나 철도회사 등 많은 직장에서는 회사에 따라 매월 급여의 일정 부분을 채권을 구입하는 데 사용하기로 결정하였다. 이러한 수많은 노력에 의해 1942년 총 91억 5,695만 달러의 채권을 판매하였다.

재정 분야의 작가인 포터(Sylvia Porter)는 『뉴욕 포스트』(*New York Post*)지의 칼럼에서 채권에 대한 '질문과 대답'이라는 프로그램을 통해 채권에 대한 이해를 촉진하는 채권판매 계획을 지원하였다. 정부는 국민들이 채권을 구입할 때 채권구입 내역을 기록해 두어서 만약에 채권을 분실하더라도 문제를 쉽게 해결할 수 있도록 하였다. 채권은 현금과 같은 증서로 저축을 의미하는데, 만약에 채권구입자의 이름이 기록되지 않거나 분실된 채권들이 시장에서 거래되며 아무에게나 전해질 수 있으면 재산상의 손실이 발생된다. 따라서 채권을 구입한 자는 반드시 채권을 구입하였다는 기록을 남겨 놓아야 하는 것이다.

한편에서는 모든 국민들이 채권을 구입할 수 있도록 범국민적 차원에서 채권판매 촉진(War Bond Drive) 운동을 시행하였다. 제1차 채권판매 촉진(First War Bond Drive) 운동은 1942년 11월 30일부터 12월 23일까지 90억 달러를 판매할 목적으로 "계속 날 수 있도록 하자(Keep 'Em Flying)"라는 슬로건을 내걸고 개인과 은행에서 129억 4,700만 달러를 구입하였다. 국민이 채권을 구입할 수 있도록 전국적으로 다양한 활동을 전개하였다.

재무장관 모겐소는 제2차 채권판매 촉진(Second War Bond Drive) 운동을 위해 1943년 2월, 그해 4월에 130억 달러 규모로 채권을 발행할 것이라고 하였다. 이 130억 달러는 개인에게 25억 달러, 다른 투자가들에게 105억 달러를 판매할 계획이었다. 채권판매를 위해 내건 슬로건은 "그들은 그들의 목숨을 내놓았습니다, 여러분은 돈을 빌려주세요(They Give Their Lives, You Lend Your Money)"였다. 채권판매 기구는 물론 각 주와 지방에서 적극적으로 채권을 판매하기 위한 활동을 하였다. 이 채권은 계획을 상회하여 185억 5,500만 달러가 판매되었으며, 구입고객은 모두 1,526만 5천여 명이고, 그 가운데 개인구입고객은 329만여 명에 달하였다. 이 25달러 E 채권은 227만여 명이 구입하였고, 50달러 채권은 460만여 명이 구입하였다. 재무장관은 이러한 채권판매 실적에 대하여 1943년 5월 25일 "전시채권 판매의 역사에 있어서 최고의 날"이라고 하는 팸플릿을 발행하였다.

3차 채권판매 촉진(Third War Bond Drive) 운동은 1943년에 6월에 시작되었다. 1943년 2월에 들어서면서 일본군이 과달카날에서 철수하여 미국이 수세적인 전투에서 공세적 전투로 전환하기 시작하면서 차례로 솔로몬 군도의 섬들이 미군의 장악하에 들어갔다. 유럽에서도 처칠과 루즈벨트의 카사블랑카 회의 이후 북아프리카에서 연합국들이 작전을 확대하여 나가기 시작하였다. 이러한 상황의 전개가 더 많은 전쟁비용을 요구하면서 3차 전시채권 발행이 필요하게 된 것이다.

채권을 판매하기 위하여 내건 슬로건은 "전시채권과 함께–공격을 지원(Back The Attack–With War Bonds)"이었다. 1943년 6월 30일 미국의 채무는 이미 1,353억 8,030만 달러에 달하고 있었으며, 이는 전년도인 1942년 6월보다 무려 63억 달러 증가한 금액이었다. 채권을 판매하기 위하여 채권판매 부서에서는 보다 구체적이고 공세적인 홍보계획을 수립하

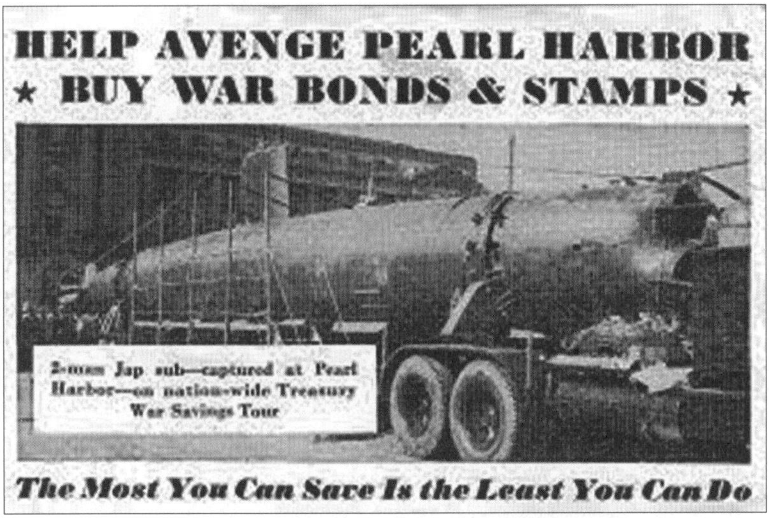

※ 진주만을 복수할 수 있도록 도와주세요. 전시채권과 우표를 구입하여 도와주시기 바랍니다.

〈그림 3-40〉 채권 판매촉진을 위해 사용된 2인승 일본군 잠수정 홍보자료

고 시행하였다. 이에 따라 각 주에서도 유사하게 홍보대책을 수립하였다. 당시 채권판매 조직들이 해야 할 가장 중요한 일은 채권을 구입할 잠재적 고객들을 최대한 끌어들여 채권을 구입할 수 있도록 하는 것이었다. 이를 위하여 16가지 종류의 포스터가 만들어졌고 48페이지에 달하는 채권판매 홍보 책자가 제작되었으며 라디오 방송용 책자도 제작되었다. 학생용으로 19페이지에 달하는 팸플릿과 8페이지에 달하는 소매자용 홍보자료도 준비되었다.

콜롬비아 특별지구에서는 1941년 12월 8일 하와이의 호하우 바닷가에서 포획된 길이 81피트, 직경 6피트, 무게 17톤에 달하는 일본군의 자살공격용 2인승 잠수함도 채권판매 촉진을 위해 홍보자료로 활용하였다.

모겐소 재무장관은 당시 미국을 방문하고 있었던 처칠에게 100달러 채권을 판매하는 캠페인을 벌이기도 하였다. 제3차 채권판매 운동은

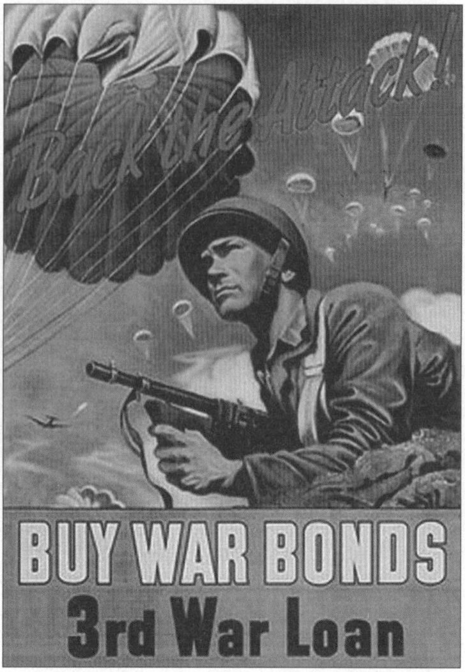

〈그림 3-41〉 3차 채권 판매촉진기간 중 홍보 포스터

1943년 10월에 종료되었다. 채권판매 총액은 150억 달러를 계획하였으나 이를 상회하여 189억 4,400만 달러를 판매하였다. 개인이 28%를 구입하였으며, E 채권의 판매는 25달러 및 50달러 소액용이 81%에 달하는 고무적인 결과도 있었다.

3차 채권판매 운동 이후 국민들에 대한 설문조사가 있었다. 그 결과를 보면, 국민들 10명 가운데 9명이 채권판매를 알고 있었고, 2차 채권판매 운동 시보다 두 배 더 많은 사람들이 참여하였으며, 여기에 참여한 판매상점 수도 증가하였고, 도시 사람들보다는 전원생활을 하는 사람들이 많이 구입하였으며, 각 지역에 채권을 할당하여 판매하는 것은 효과적이라고 응답하였다.

비둘기를 이용하는 채권판매 집회도 있었다. 군중이 많이 모인 곳에서 비둘기를 갖고 있는 군인이 대중을 향하여 말했다. "전시채권 판매에 처음 서명하는 사람에게는 지금 버지니아에서 유럽전선으로 출발하는 병사에게 메시지를 전할 특권을 부여하겠습니다. 우리는 여러분이 메모를 작성하여 비둘기를 이용, 유럽으로 출발하는 그 병사들이 그 메시지를 받아 보게 하도록 하겠습니다. 그러나 지금 당장 채권을 구입하지 않아도 됩니다. 여기에 서명하고 뒤에 구입하면 됩니다. 누가 처음으로 채권을 구입하겠습니까?" 많은 군중 가운데 중년의 부인이 처음으로 나와서 메모를 작성하였고 군인은 그 메모를 비둘기 다리에 부착한 뒤 날려 보냈으며, 그 비둘기는 버지니아를 향하여 날아갔다.

4차 채권판매 촉진(Fourth War Bond Drive) 기간은 1944년 1월 14일 시작하여 2월 15일에 끝났다. 판매 목표는 140억 달러로 하였으며 그중 55억 달러는 개인 투자자들을 통해 달성하고자 하였다. 당시 채권발행의 슬로건은 "우리 모두 공격을 지원합시다(Let's all back the Attack)"였다. 채권판매를 촉진하기 위하여 유리에 붙이는 홍보물을 만들었으며, 여기에는 "우리는 여분의 제4차 전시채권을 구입하였습니다"라는 글귀가 들어갔다. 채권의 크기는 3차 채권판매 운동에 비하여 줄어들었다. 이는 채권발행의 비용과 동시에 종이를 절약하기 위한 조치였다.

4차 채권판매 촉진 운동은 1944년 1월 17일 재무장관과 아시아-태평양지역 전투사령관인 니미츠 제독, 유럽전선의 아이젠하워 사령관의 라디오 방송으로 채권판매를 알리면서 시작되었다. 판매 목표는 140억 달러였으나 고객들에게 167억 3천만 달러를 판매하였고, 이 가운데 개인들에게는 모든 유형을 포함하여 53억 9천만 달러를 판매하였다. 이 가운데는 또한 4,756만여 달러의 25달러짜리 E 채권 등 총 68.1%의 다른 E 채권도 판매되었다.

5차 채권판매 촉진(Fifth War Bond Drive) 운동은 1944년 6월 12일부터

7월 8일까지 시행되었다. 당시 판매목표는 160억 달러로, 개인들에게는 60억 달러를 판매하고 30억 달러는 E 채권으로 발행할 계획이었다. 이번에 내건 슬로건은 기존의 "공격을 지원합시다. … 전보다 더 많은 채권을 구입해 주세요" 외에도 "전투에 참여합시다"와 같은 슬로건이 사용됐다. 당시 홍보에는 "나는 오늘 전사하였습니다 – 당신은 무엇을 하였습니까?", "그의 애국심은 피로 쓰였습니다", "채권을 구입할 수 있도록 생각하여 주세요. … 당신이 결심을 하는 동안 젊은이들은 전사하고 있습니다" 등 자극적인 문구들이 사용되었다. 160억 달러 판매를 목표로 시작된 제5차 채권판매는 206억 3,900만 달러를 판매하였으며, 개인에게는 60억 달러를 목표로 하여 63억 5,100만 달러를 판매하였고, E 채권은 30억 달러 판매목표로 30억 360만 달러를 판매하였다.

6차 채권판매 촉진(Sixth War Bond Drive) 운동은 140억 달러를 목표로 하였으며, 그중 개인들에게는 50억 달러를, 그 외의 투자가들에게는 90억 달러를 판매할 계획으로 시작하였다. 그러나 6차 판매는 무려 1944년에 세 차례에 걸쳐 채권을 판매하는 것이었기 때문에 많은 어려움이 있었다. 6차 채권판매 운동은 1944년 11월 20일에 시작하여 12월 16일에 끝났다. 이 무렵 미군은 필리핀의 레이테 상륙작전을 하면서 계속 작전을 일본 본토로 향하고 있었던 시기이다. 전쟁을 승리로 전개하는 동안 재무성에서는 더 많은 비행기와 전함이 필요하고 더 많은 병력과 물자를 수송하기 위한 비용들이 증가되고 있음을 알리면서 비용조달의 중요성을 설파하였다. 예를 들면 B-29는 한 대에 60만 달러, P-47은 5만 달러가 소요되고 불도저가 부착된 M-4 탱크는 67,417달러가 소요된다고 하였다. 6차 채권판매 기간의 목표 140억 달러에 비하여 216억 2,100만 달러를 판매하였으며, 그 가운데 개인은 50억 달러 목표에 비하여 58억 8,200만 달러를 구입하였다. E 채권에 대한 판매목표는 없었으나 28억 6,800만 달러가 판매되었다.

〈그림 3-42〉 7차 채권 판매 홍보용 포스터

7차 채권판매 촉진(Seventh War Bond Drive) 운동은 1945년 5월에 시작됐다. 1945년 들어 전장상황은 서서히 연합군의 승리로 다가서고 있었다. 그해 연초에 일본군은 본토로 계속 후퇴하였고, 유럽에서도 독일군은 항복을 앞두고 있었다. 전장상황이 유리하게 전개되고 있었지만, 미 재무장관은 1945년에도 두 번 채권을 발행할 계획을 수립하였다. 이렇게 하여 제7차 채권판매 운동은 1945년 5월 14일부터 6월 30일까지 140억 달러 규모로 발행되었다.

기간 중 육군에서는 공군기들의 에어쇼와 지상군의 쇼, 포획된 장비들의 전시회, 전쟁터로부터 귀환한 참전용사들의 참여 등으로 인해 가장 획기적인 실적으로 채권을 판매하였다. 판매목표인 140억 달러에 비하여 고객들에게 263억 1,300만 달러를 판매하였으며, 이 가운데 개인에게는 70억 달러를 목표로 하여 86억 8100만 달러를 판매하였고, E 채권은 40억 달러를 목표로 하여 39억 7,600만 달러를 판매하였다.

전쟁은 연합군의 승리로 끝났지만 마지막 채권 발행의 필요성에 의하여 마침내 1945년 10월 29일부터 12월 8일까지 승리채권(Victory Bonds)이 발행되었다. 이 채권의 판매는 110억 달러를 목표로 하여 211억 4,400만 달러를 판매하였고, 이 가운데 개인에게는 40억 달러를 목표로 하여 67억 7,600만 달러를 판매하였고, 20억 달러 판매를 목표로 하였던 시리즈 E 채권은 22억 달러를 판매하였다. 승리채권 발행 당시의 슬로건은 "군인들은 전쟁을 승리로 끝냈습니다. 이제는 우리의 일을 끝냅시다(They Finished Their Job-Let's Finish Ours!)"였다.

〈표 3-48〉 2차 대전 기간 중 미국의 채권 판매(비은행권)

구분	기간 (SLOGAN)	목표($)	판매액($)
계		1,060억	1,467억 2,700만
1차	1942. 11. 30.~12. 23. (Keep 'Em Flying)	90억	129억 4,700만 (은행 50억 8,700만)
2차	1943. 4. 12.~5. 1. (They Give Their Lives, You Lend Your Money)	130억	185억 5,500만 (은행 50억 5,700만)
3차	1943. 9. 9.~10. 1. (Back The Attack—With War Bonds)	150억	189억 4,400만
4차	1944. 1. 18.~2. 15. (Sacrifice, Everyone To Buy Extra Bonds)	140억	167억 3,000만
5차	1944. 6. 12.~7. 8. (Back The Attack—Buy More Than Before)	160억	206억 3,900만
6차	1944. 11. 20.~12. 16.	140억	216억 2,100만
7차	1945. 5. 14.~6. 30.	140억	263억 1,300만
승리채권	1945. 10. 29.~12. 8. (They Finished Their Job—Let's Finish Ours!)	110억	211억 4,400만

출처: Olney, *op. cit.*, pp. 47~100 요약.

〈그림 3-43〉 1945년 타계한 루즈벨트 대통령을 기념하여 발행한 채권

미국은 전쟁이 발발한 이후 여덟 차례에 걸쳐 전시채권판매 촉진 운동 기간을 설정하여 1,467억 2,700만 달러를 조달하였다. 그 이외에도 1941년으로부터 1945년까지 판매된 Series E, F, G 채권을 통하여 544억 460만 달러를 조달하였다. 여기에는 8,500만여 명이 참여하였으며, 1인당 소득이 2천 달러일 때 평균적으로 2천 달러를 구입하였다. 미국이 전쟁 기간 중 발행하여 판매한 Series E, F, G 채권은 별지 #3(제2차 세계대전 시 미국의 연도별·월별 Series E, F, G 채권 판매)을 참조하기 바란다.

또한 미국의 승리를 앞두고 1945년 4월 12일 뇌출혈로 타계한 루즈벨트 대통령의 업적을 기념하기 위하여 액면가 200달러 E 채권(Roosevelt Memorial Bond)을 발행하여 150달러에 판매하였다.

그러나 국민들에게는 전쟁이 끝났음에도 불구하고 왜 채권을 계속 발행하고 판매해야 하는지에 대한 설명이 필요하였다. 이를 위하여 재무성은 참전군인들에 대한 보상과 전상자에 대한 치료 및 정착지원 비용, 전쟁 당시 체결된 각종 계약의 취소 및 종결에 따른 비용 지불, 전쟁 기간 중 발생한 인플레이션으로 인한 비용의 증가, 유럽 지역과 아시아-태평양 지역에서 전투하였던 병력이 전투가 끝남에 따라 본국으로 수송 및 동원해제됨에 따른 비용, 유럽 및 아시아 등 점령지에서의 미군 주둔 및

※ 전쟁이 종료되면 동원해제 및 병력복귀에 따라 많은 비용이 소요된다.

〈그림 3-44〉 종전 이후 미 본토로 복귀 중인 병력과 이들을 수용할 숙소

유지에 따른 비용 등을 제시하였다.

전쟁 기간 중 전시재정위원회(War Finance Committee)는 전시채권의 판매를 담당하였고, 전시홍보위원회(War Advertising Council)는 국민들이 자발적으로 채권을 구입하도록 홍보하는 업무를 담당하였다. 그들은 미국의 자유와 민주주의 이름으로, 안전한 투자처로서 전시채권을 구입하도록 지속적으로 홍보하였다. 그들은 방송과 신문을 통해 시민들에게 감성적으로 접근하여 채권구입을 호소하였으며, 시민들도 전시채권을 구입하는 것이 애국하는 길이자 전쟁에 참여하는 것이라고 생각해서 기꺼이 구입하였다.[205] 영화관에서, 호텔에서, 클럽에서도 전시채권 판매를 위한 활동에 참여하였다.

정부는 모든 국민들이 채권을 구입할 수 있도록 하기 위해 10센트짜리 전쟁우표를 우체국에서 살 수 있도록 하였고, 학생들은 학교에서 우표를 살 수 있도록 하였다. 이렇게 해서 우표를 25달러 사면 25달러짜리 전시채권으로 교환해 주었다. 근로자들은 근로자 월급을 이용하여 급

205) "U. S. War Bonds", http://www.u-s-history.com/pages/h1682.html(검색일: 2016. 5. 15.)

〈그림 3-45〉 2차 대전 당시 미국의 전시채권 판매촉진 홍보 포스터

여에서 정기적으로 25달러짜리 채권을 구입할 수 있도록 하였고, 이를 통해 인플레이션을 억제하는 효과를 거두었다. 한편 액면가가 높은 전시채권은 부유층이 구입할 수 있도록 하였다.

루즈벨트 대통령이나 재무장관 모겐소(Henry Morgenthau)는 전시채권의 구입이 애국심을 고양시키고 국민들의 참전 의지를 고양시키는 등의 효과가 있다고 생각하였다. 모겐소는 전시채권의 구입을 "그들에게 미국을 위하여 일할 수 있는 기회를 주는 것"이라고 하였다.

전쟁 기간 중 유명한 영화배우들이 전시채권을 구입하도록 전국의 도시를 순회하면서 홍보에 나섰는가 하면, 대규모의 캠페인도 벌였다. 청소년 단체인 걸스카우트나 보이스카우트도 전시채권이나 우표 판매

〈그림 3-46〉 유명 배우들의 전시채권 판매촉진 홍보 활동

활동에 나섰다. 전시채권 구입을 독려하는 노래도 만들어져 방송되었다. CBS는 16시간에 걸쳐 마라톤 방송을 하면서 4천만 달러의 채권을 판매하였으며, 뉴욕에서는 New York 양키팀을 비롯한 스포츠 팀이 경기를 하면서 입장료를 받는 대신에 5,600만 달러에 상당한 전시채권을 판매하여 정부를 지원하였다.[206]

정부는 채권의 판매를 촉진하기 위하여 다양한 활동을 하였다. 광고회사는 정부로부터 채권판매 홍보를 위임받아 전국적으로 홍보를 하였으며, 다양한 종류의 집회가 개최되어 채권의 판매촉진을 위한 홍보 활동을 전개하였다. 유명한 가수들은 노래를 만들어 전시채권의 판매촉진 운동을 전개하였는데, 〈미국을 축복하소서(God Bless America)〉라는 노

206) http://www.u-s-history.com/pages/h1682.html. U.S. War Bonds(검색일: 2016 .5. 15.)

래로 유명한 스미스(Kate Smith, 1907~1986)는 CBS 방송에서 한 번의 노래로 4천만 달러를 모금하여 전달하기도 하였다.[207] 그녀는 전쟁 기간 중 총 6억 달러의 채권을 판매하였다.

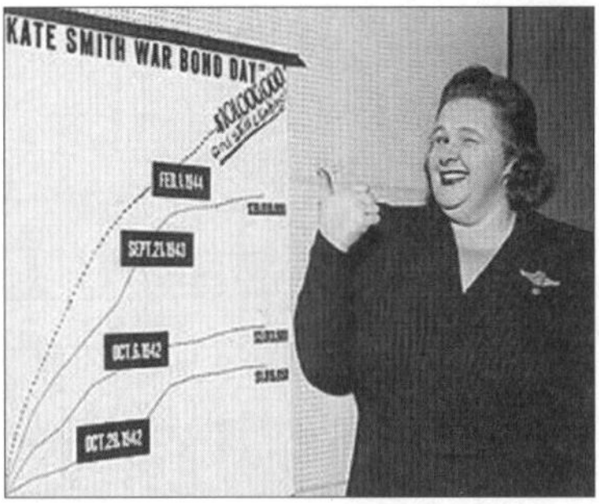

〈그림 3-47〉
〈미국을 축복하소서〉라는 노래로 유명한 스미스

영화가 만들어져 상영되었고, 유명 할리우드 스타인 가슨(Greer Garson), 데이비스(Bette Davis), 헤이워스(Rita Hayworth) 같은 배우들은 300여 개 이상의 도시들을 일곱 차례에 걸쳐 순회하면서 채권판매 홍보 활동을 전개하였다. 유명한 여배우는 2만 5천 달러짜리 채권을 구입한 사람에게는 무조건 키스를 해 주었는가 하면, 어떤 유명인사의 물건이 공매에 부쳐져 100만 달러로 판매돼 그 금액은 국고로 귀속되기도 하였고, 또한 337명의 배우들이 참여하는 번개 판매활동을 하여 8억 4천만 달러의 채권을 판매하였다.[208]

또한 포스터를 제작하여 전국의 도처에 부착하였는데 그 겉표지에는 "그는 비용을 계산하지 않습니다. … 당신은?", "당신은 오늘 당신의 조국을 위하여 무엇을 하였습니까?", "군인들은 그들의 목숨을 걸었습니다. 당신은 전시채권을 사세요" 등의 전시채권 구입을 촉구하는 다양한 문구를 포함하였다.

루즈벨트 대통령도 대국민 연설을 통해 꼭 필요한 것이 아니면 한 푼이라도 절약하여 전시채권의 구입을 통해 미군의 전투력을 강화해 주는 데 동참해 줄 것을 호소하기도 하였다. 이러한 전시채권의 판매활동에 8,500만여 명의 미국인들이 참여하였다.

---

207) http://www.liberationofnewoxford.com/jeep-bond-drive.html(검색일: 2016. 5. 13.)

208) http://www.u-s-history.com/page/h1862.html(검색일: 2016. 5. 12.)

이처럼 전쟁비용을 조달하기 위하여 조세제도를 개편하고 전시채권을 발행하였으며 발행된 채권을 판매하기 위하여 다양한 활동을 하였음에도 불구하고, 수입보다 지출이 더 증가되면서 연방정부의 재정상황에서는 적자가 계속 증가되었다. 〈표 3-49〉는 이러한 상황을 보여 준다.

〈표 3-50〉을 보면 유럽 지역에서 2차 대전이 발발하여 진행되던 시기인 1939년 9월부터 1941년 12월까지는 미국이 직접적으로 전쟁을 하지 않았던 시기로, 이 기간 중에는 비교적 국방비가 적게 사용됐음을 볼 수 있다. 그러나 1941년 12월 7일 일본군이 진주만을 기습하면서 아시아-태평양 전쟁이 시작된 이래 연방정부의 국방비 지출이 급격히 증가하였음을 볼 수 있다.

〈표 3-49〉 미 연방정부의 1935년~1942년 재정상황

회계연도	수입(천만 달러)	지출(천만 달러)	수지(천만 달러)	비고
1935	3,729.9	6,520.9	-2,791.0	
1936	4,086.9	8,493.4	-4,424.5	
1937	4,978.6	7,756.0	-2,777.4	
1938	5,613.2	6,791.3	-1,176.8	
1939	4,996.3	8,858.4	-3,862.1	독일군 폴란드 침공
1940	5,144.0	9,062.0	-3,918.0	독일군 프랑스 침공
1941	7,102.9	13,262.2	-6,159.2	일본군 진주만 기습
1942	12,555.4	34,045.6	-11,490.4	

출처: Historical Statics of the United States, *Colonial Times to 1957*, United States, Government Printing Office, Washington, D. C. 1960, p. 711.

국방비가 가장 많이 사용된 시기인 1943년 이후는 미군이 아시아-태평양 지역에서 반격작전을 시작하면서 일본군 격멸을 시작하는 시기였고, 유럽 전선에서는 아프리카 전역에서의 전투를 마치고, 유럽 전역

에서 반격작전으로 전환하던 시기였다. 이후 독일과 일본이 항복하던 시기까지 국방비가 최대로 소요됐음을 알 수 있다. 이렇게 지출된 비용 가운데 군사 부분과 비군사 부분을 구분해 보면, 일본군이 진주만을 기습하기 이전까지는 비군사 부분이 당연히 많았지만, 진주만 기습 이후로 군사 부분 예산이 폭증하였다. 국방비 지출은 1940년 국민총생산액의 1.7%에서 1941년에는 5.6%로 상승하였으며 지속적으로 증가하여 마침내 1945년에는 37%까지 올라갔다.[209)]

〈표 3-50〉 1939년~1945년의 연방정부예산과 국방비 비율[210)]

연도	연방정부예산(백만 $)	국방비(백만 $)	비율(%)
1939	8,858	1,075	12.1
1940	9,062	1,498	16.5
1941	13,262	6,036	45.5
1942	34,046	23,937	70.3
1943	79,407	63,159	79.5
1944	95,059	76,696	80.7
1945	98,416	82,216	83.5

출처: Historical Statics of the United States, *op. cit.*, p. 719.

이렇게 군사 부분의 지출이 급증한 이유는 막대한 장비와 탄약을 생산하거나 방대한 규모의 병력을 동원하였으며, 생산된 장비와 탄약을 미군이 태평양과 유럽 전선에서 사용하는 것은 물론, 무기대여법에 근거하여 연합국에게 대량으로 지원하였기 때문이다.

209) Zelizer, *op. cit.*, p. 59.

210) 다른 자료도 참고할 것(시드니 렌즈, 앞의 책, p. 236.)

구분	1938	1939	1940	1941	1942	1943	1944	1945
정부 지출(억 $)	67.9	88.5	90.6	132.6	340.4	790.4	950.5	984.1
국방비(억 $)	10.3	10.7	14.9	60.3	239.3	631.5	766.8	812.1
비율(%)	15.1	12.1	16.5	45.5	70.3	79.9	80.6	82.5

전쟁이 장기화되고 장비와 물자의 생산이 대폭적으로 늘어나면서 거의 완전고용 수준에 이르렀다. 완전고용에 달할 정도로 산업생산은 확대되었지만, 문제는 많은 돈이 풀리면서 인플레이션의 위험성 역시 커지는 데 있었다. 대통령은 물론 재무장관도 이러한 물가 상승을 우려하기 시작하였고, 그 대안으로 배급제가 검토되고 시행되기 시작하였다.

이는 국민 모두에게 희생과 고통의 분담을 강조하기 위한 것으로, 국민소득의 많고 적음이나 지위의 고하를 막론하고 기준에 따른 동일량의 배급을 받도록 한 것이다. 이 과정에서 과일과 채소의 배급량이 줄어들자 각 농무장관이 제안하여 가정에서는 '승리의 텃밭 가꾸기 운동(Victory Gardens)'이 장려되었다.[211] 이 운동이 전개되면서 개인의 정원은 물론, 공공기관의 많은 장소에서 채소를 재배하기 위하여 농지가 개발되었다.[212] 당시 미국의 농산물 생산량이 전 세계 인구의 반을 먹여 살릴 수 있었을 정도로 많았음에도 불구하고, 전국의 공원이나 학교, 가정의 정원 등 2,050만여 곳에 채소밭을 만들어 채소를 생산해서 부족한 채소를 보충함은 물론 국민들에게 승리를 할 수 있다는 것을 강조하기도 하였다.

물자가 풍부한 미국이지만 자유 시장에 맡겨 전시 수요를 충족시키기에는 물자가 부족하였기 때문에 배급제가 시행됐으며, 특히 가솔린은 중요한 대상이었다. 자동차는 용도에 따라 우선순위가 부여됐으며 그에 따라 배급량이 할당되었다. 사용 최우선권은 경찰과 성직자 등에게 부여됐으며 필요에 따라 가솔린 배급량이 공급되었다. 농사를 짓는 농장주들에게는 정부의 승인에 따라 상대적으로 많은 양의 가솔린이 공급됐으며

211) Hormats, *op. cit.*, p. 155.

212) 1943년 루즈벨트 대통령 부인이 백악관 앞마당을 텃밭으로 만들면서 이를 본떠서 전국적으로 승리의 염원을 담아 운동이 전개되었다. 채소와 과일 등을 재배하여 야채 부족 사태를 극복하는 동시에 국민들의 승리에 대한 사기를 앙양할 목적으로도 시행되었다. 한창때에는 이를 통해 미국에서 소비되는 채소의 40%를 생산하였다. 이 운동은 영국과 캐나다 등으로 확산되었다.

〈그림 3-48〉 '텃밭 가꾸기'를 장려하는 포스터

직장 통근자에게는 거리에 따라 배급량이 주어졌다. 이로 인해 여러 명이 함께 통근하는 풍습도 생겨났다.

총력전쟁에서 승리는 국가가 전적으로 동원할 수 있는 자원의 규모에 의해 결정된다. 그러한 사례는 2차 대전 당시 피와 땀과 눈물을 요구하였던 영국의 사례에서 찾아볼 수 있다. 총력전 양상에서 전시경제는 전쟁에서의 승리에 결정적인 영향을 준다. 전시에 무기와 탄약을 생산하면서 국민의 의식주 즉 삶을 해결하지 못하는 경제력은 쉽사리 패배할 수 있다. 군은 물론 무기와 탄약을 생산하는 노동자들도 먹을 식량과 입을 의복이 있어야 하며, 주거할 집과, 직장과 집을 오갈 수송수단이 필요하고, 산업시설을 움직이기 위해서는 석탄과 석유 등의 에너지도 필요하다. 전시동원의 정도, 즉 전쟁수행을 위해 직접적으로 기여해야 하는 자원의 동원은 전쟁의 승패와 직결되는 것이다.

미국은 진주만 기습 1년 전, 대략 1940년대 말부터 무기생산국이라는, 연합국으로서는 강력한 역할을 시작하였다. 루즈벨트는 노변담화에서 "우리들은 민주주의 국가의 강력한 병기고가 되어야 한다"라고 말하면서 무기대여법을 제정하였고, 이를 통해 전투기와 전함, 각종 야포, 탄약 등은 물론 식량 등의 물자를 연합국에 지원하였다.

이러한 대통령의 말이 곧바로 전시생산으로 전환되지는 못하였다. 전시 생산으로 전환하기 위한 시설의 준비는 물론 기술자들의 준비도 필요하였다. 무기를 생산할 기업에게는 무기 생산을 위한 각종의 자재를 준비하는 데도 기간이 필요하였다. 기업에게는 적당한 이익을 제공할 수 있는 정책도 필요하였다. 이러한 현상 때문에 육군 장관은 "자본주의 국가에서 전쟁을 하거나 전쟁을 준비하려면 그 과정에서 기업이 돈을 벌도록 만들어 주어야 한다"라고 주장하였다.

그러한 과정에서 여러 엉터리 제품들이 만들어지면서 문제가 되었다. 선박이 용접이 엉터리로 되었거나 작동이 되지 않는 총, 불발 어뢰 등의 불량 장비도 있었다. 이렇듯 불필요한 곳에서 세금이 낭비되는 것을 방지하기 위한 특별위원회의 활동이 시작되면서, 불량품이 제거됨은 물론이고 나아가 150억 달러라는 많은 예산이 절약되었다.[213)]

갑자기 수요가 폭증하는 장비와 탄약을 생산하기 위해서는 국가적으로 이를 통제할 기구의 필요성이 대두되었다. 이를 위해 조직을 만들고

---

213) 한국일보타임-라이프, 『미국의 전시생활(World War Ⅱ)』, 한국종합물산, 1985, p. 78.

이를 지휘할 강력한 지도자의 필요성도 제기되면서 설치된 기구가 바로 전시생산국(War Production Board)이다.

〈그림 3-49〉 전시생산국 표지

전시생산국에서는 무기와 탄약을 만드는 데 필요한 각종 금속재료의 사용 우선순위와, 평시의 공장을 전시 생산에 맞도록 전환하거나 확장할 것을 명령할 수 있는 권한을 가지며, 전쟁과 관련이 적은 물품들은 생산을 줄이거나 금지하는 권한을 행사할 수 있도록 하였다. 이를 위해 전시생산국의 지시는 다른 정부기관의 지시보다 우선하도록 하였다. 또한 전시생산국을 지도할 인물로 강력한 리더십을 갖춘 넬슨(Donald M. Nelson)이 임명되면서 불과 몇 주 지나지 않아, 전쟁과 관련이 없다고 생각되는 냉장고, 자동차, 맥주 깡통, 치약 튜브, 옷걸이 등 300여 개 품목의 생산 금지 및 축소를 지시하였다.[214] 이러한 전시생산국은 무기대여법에 의거 미국이 막대한 장비와 탄약 등을 생산하여, 미군이 사용하는 것은 물론 연합군에 지원을 하는 데 있어 중요한 역할을 하였다.

전쟁을 하면서 고무의 사용량이 급증하기 시작하였다. 그러나 당시 일본군이 말레이 반도와 네덜란드령 동인도 제도 등을 점령하면서 미국의 천연고무 수입량의 90%가 단절되었다. 비축량은 1년분이 안 되는 가운데 수요가 폭증하기 시작하였다. 그래서 정부는 우선적으로 중고타이어를 재생하여 다시 사용하고자 전국적으로 중고타이어 수집운동을 시작하였다.

1942년 6월 루즈벨트 대통령은 "낡은 고무 타이어, 고무 우의, 고무 호스, 고무장화, 고무신 등 고무로 만든 낡은 제품을 정부에 돌려 달라"

---

214) 한국일보타임, 앞의 책, pp. 79~80.

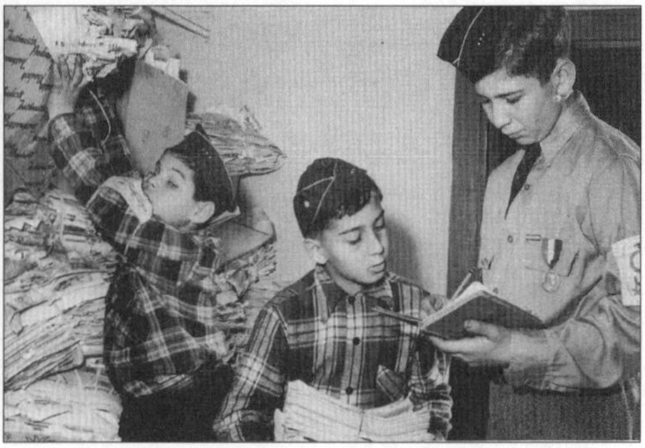

〈그림 3-50〉 폐자원 수거활동

고 호소하였다. 이렇게 해서 4주 만에 42만여 톤의 폐품 고무가 수집되었다. 또한 석유를 이용하여 합성고무를 만들기 위해 석유 배급제를 실시하였으며, 합성고무 공장을 50여 개소 설치해서 1944년 한 해만 해도 80만여 톤의 합성고무를 생산하였다. 정부가 나서서 무기와 탄약을 만드는 데 필요한 금속재료를 수거하기 시작하면서 냄비류와 자동차 번호판 등 500만여 톤을 수집하였다.[215] 어린이들은 집으로 돌아와서 폐품 수집운동을 벌여 동네를 돌아다니면서 고철과 알루미늄, 헌 타이어 등을 수집하였으며, 시카고에서만 해도 5개월 동안 1만 8천여 톤을 수거하였다.[216] 12~17세의 미성년자들도 1943년 중반까지 무려 300만여 명이 군수산업에 동원되었다. 록히드 항공에서는 리벳공이나 전기공, 판금작업자 등으로 1,500여 명을 고용하기도 하였다.

전시생산량을 확대하면서 노동력이 부족하게 되자 전국적으로 여성은 물론 흑인, 10대의 소년 및 소녀, 은퇴한 고령자, 지체장애자, 복역수 등도 군수품을 생산하기 위하여 동원되었다. 비행기와 함선의 공간이 좁은 부분에서 작업을 해야 하는 곳에서는 키가 작은 사람들이 작업을

215) 위의 책, p. 85.

216) 위의 책, p. 120.

하였다. 작업 중 극심한 소음(騷音)으로 청력이 손상되기 쉬운 곳에서는 선천적으로 청력을 잃어버린 사람들이 작업을 하였다.

〈그림 3-51〉
천 파운드의 금속을 수거한 학생에게 준 메달

전국의 공장에서 많은 노동력이 투입되면서 동시에 많은 노동자들의 결근이 문제가 되자 이번에는 출근율을 높이기 위해 보너스 제도와 복권 제도를 실시하기도 하였다. 여성들의 노동심리를 자극하기 위해 "이 전쟁에서 이기기 위해 나는 무엇을 할 것인가?", "케이크를 만들 수 있다면 포탄의 장전도 가능하다" 등 다양한 문구의 글귀가 사용되기도 하였다. 이렇게 해서 1943년만 하더라도 미국의 전 노동력의 1/3이 여성으로 채워져 있었다.[217]

가격관리국(OPA)이 전국에 5,500여 개소 설치되었으며 여기에서는 6만여 명이 물자 배급 업무와 가격통제 업무를 수행하였다. 이러한 가운데서도 물자의 사재기나, 암시장이 형성되고 물자가 거래되면서 폭리를 취하는 사람이 나오기도 하였다. 정부는 식량배급제를 실시하면서 개인별로 지급할 수 있는 식량의 양을 정해 놓고 이를 점수화해서 월별 식량을 구입할 수 있는 양을 책정해 놓았다.

전쟁이 계속되면서 전시생산국은 당시 사치품이라고 생각하였던 자가용 차와 냉장고와 세탁기 등 가정용 가전제품의 생산을 금지하였다. 설탕과 육류, 커피 등의 생필품에도 배급제가 시행되자 사재기 현상이 발생하여, 뉴저지에서는 어떤 사람이 무려 577년이나 사용할 수 있는 많은 양의 설탕류를 사 놓았다가 파는 일도 있었다. 천연고무의 부족

217) 앞의 책, p. 90.

으로 고무 타이어도 구입할 수 없게 되자 나무 타이어가 만들어져 사용되기도 하였다. 난방용 유류의 배급이 부족해지면서 나무를 베어서 난방용으로 사용할 수 있도록 하기 위해 일정 지역을 벌채구역으로 할당하는 일도 있었고, 쇠고기 배급량이 줄어들자 배급품목이 아닌 말고기나 들소 및 영양 고기 같은 육류가 유통되기도 하였다.

그렇다면 미국의 세기는 언제 시작되었는가? 미국은 1900년대 들어서면서 이미 경제적으로는 세계 제1위로 부상할 정도로 강력해지고 있었다. 그러나 군사적으로는 당시의 강대국에 비해서 아직 미약하였다. 그러나 비록 늦기는 하였지만 1차 대전에 참전하면서 군사적으로 강력해지고, 2차 대전을 거치면서 절정에 이르렀다. 그러나 이러한 미국의 힘도 2014년에 끝났다고 린드(Michael Lind)는 주장하고 있다.[218)]

물론, 미국의 세기가 시작된 것은 2차 대전 참전을 결정한 루즈벨트 대통령 시기 당시로 시점을 잡는 것이 정확할 것이라는 주장도 있다.[219)] 아무튼 1차 대전에 200만여 명의 병력을 유럽으로 파견하였던 미국은 전쟁이 끝나자 이 병력을 철수시켰고 다시 고립주의로 회귀하였다. 그 이후 2차 대전이 끝나면서 유럽이나 아시아 지역에서 공산주의가 팽배하는 시기에 트루먼(Harry S. Truman) 대통령이 미군의 상시 해외주둔을 결정하였고, 그 이후 정치·경제·군사 등 다방면에서 국제적인 영향력을 행사하고 있다.

소결론

2차 대전은 독일과 일본 등 추축국이 기습적인 선제공격으로 시작하여 초반기에는 주도권을 유지하면서 유리하게 전쟁을 전개하였다. 그

---

218) 조지프 S. 나이 Jr.., 이기종 옮김, 『미국의 세기는 끝났는가?』, 상지사 P&B, 2015, p. 12.

219) 위의 책, p. 13.

렇지만 중반기 이후부터는 전쟁지속능력이 우세한 연합군이 주도권을 확보하면서 전쟁을 유리하게 전개하였다. 연합국은 우세한 전쟁지속능력을 이용하여 대규모의 병력을 동원함은 물론 전투장비와 탄약의 생산확대를 위하여 군수산업시설을 확장하거나 신설하는 등 대량생산체제를 확립하였다.

1939년 9월 전쟁이 발발하자 영국은 세금을 올리는 등 자체적인 조치를 하였지만, 1940년 말에는 보유하는 달러가 소진되는 등 파산 직전에 몰리고 있었다. 그런 가운데 미국의 지원을 요청하는 등으로 어려움을 극복하면서 전쟁을 수행하였다. 다양한 노력으로 전쟁에서 승리하기는 하였지만 그 결과 막대한 채무가 발생하였고 한동안 국가적으로 어려움을 겪어야만 하였다.

미국은 1940년 이후부터 1941년 12월 7일 일본군의 진주만 기습을 거치면서 전쟁에 참여한 이후 1946년까지 기간 중 총 3,370억 달러를 전쟁비용으로 지출하였다. 이는 미 정부가 수립된 이후 당시까지 150여년간 지출한 비용의 거의 두 배에 달하며, 1차 대전에서 지출한 비용의 10여 배를 넘는다. 이러한 비용의 지출과 무기대여법을 통해 자국은 물론 연합국에도 방대한 양의 무기와 식량 등의 물자를 제공하면서 승리의 여건을 제공하였다.

4. 6·25전쟁 시 한국

전쟁 개요

2차 대전 시 소련의 대일본전 참전은 1945년 2월 4일 미국, 영국, 소련의 3개국 수뇌가 모인 얄타 회담에서 결정되었으며, 이후 5월 7일 독일이 항복한 뒤 포츠담 회담(1945. 7. 17.)에서 다시 확인하였다. 미국은

〈그림 3-52〉 평양에 나타난 가짜 김일성과 박헌영

8월 6일에는 히로시마(廣島)에, 3일 뒤에는 나가사키(長崎)에도 원자폭탄을 투하하였다.

일본에 원자폭탄이 투하된 뒤 일본이 심각한 피해로 항복을 고민하고 있을 무렵, 소련은 이 틈을 놓치지 않고 8월 8일 일본에 선전포고를 하면서 동시에 만주로 진격하였다. 8월 13일 소련군의 태평양 함대가 함경도 나진과 청진에 주둔하던 일본군을 폭격하였고, 지상군은 두만강을 넘어 북한으로 진격하였다. 북한으로 진격한 소련군은 치스차코프(Ivan M. Chistiakov) 대장이 지휘하는 극동군 소속의 제25군(5개 사단, 12만여 명)과 해군 등 15만여 명이었다.[220)]

8월 15일, 일본의 항복 선언으로 2차 대전이 끝나면서 한반도에 주둔하고 있었던 일본군의 무장해제가 시작되었다. 당시 한반도에는 일본군 제17방면군 소속 11개 사단과 예하 해·공군 등 37만여 명이 주둔하고 있었으며, 북한에는 제34군 예하에 4개 보병사단 등 11만여 명의 병력이 있었다.[221)]

---

220) 육군대학, 『한국전쟁사(상)』, 육군인쇄창, 2004, p. 7; 국방부 군사편찬연구소, 『러시아의 한반도 군사관계사: 영토확장, 청일전쟁, 러일전쟁을 중심으로』, 국방부 군사편찬연구소, 2002, pp. 315~316.

221) 국방부 군사편찬연구소, 『한미군사관계사 1871~2002』, 신오성기획인쇄사, 2003, pp.

소련군은 일본군을 무장해제하는 것과 더불어 8월 28일에는 38도선 이북을 완전히 점령하여 평양에 주둔하였던 제25군사령부가 군정을 시작하였으며, 지방에는 인민위원회를 설치하여 북한 지역을 통치해 나가기 시작하였다.[222] 10월 10일에는 가짜 김일성과 60여 명의 한인들이 소련 군함을 타고 원산으로 들어왔다. 4일 후 평양에서 개최된 군중대회에서 당시 소련군 대위였던 김일성이 전면으로 등장하였다. 이렇게 평양에 등장한 가짜 김일성은 12월에 이르러 소련의 배후 조종을 받는 북조선 공산당 책임비서에 임명되면서 소련이 군정을 시작한 지 4개월여 만에 38도선 이북에서 1인 독재체제로 권력을 굳히기 시작하였다.

1946년 북조선 인민위원회가 조직되고 각 도와 시군에도 인민위원회가 설치되면서 공산화는 가속화되었다. 한편, 1946년 유엔총회는 한반도를 유엔의 신탁통치 아래 둘 것을 결의하였다. 이 발표가 나오자 처음에는 이를 맹렬히 반대하던 공산주의자들이 하루 만에 신탁통치를 지지하기 시작하였다. 한반도 문제를 해결하기 위해 개최되었던 모스크바 3상회의(1945. 12.)와 서울의 미 · 소 공동위원회의(1946. 1. 15.)는 아무런 성과 없이 끝났다.[223]

김일성은 한반도 적화를 위해서 군대 보유가 시급한 일이라고 생각하였다. 따라서 김일성은 소련군을 등에 업고 북한 지역에서 자생하고 있었던 각종 조직을 해산시키면서 정규군 창설을 위한 전 단계로 1945년 10월 21일 진남포에서 2천여 명 규모로 보안대를 창설한 이후 각 도에도 보안대가 추가로 창설되어 치안 임무를 담당하였다. 보안대는 후일에 정규군을 창설하는 모체 부대 중의 하나가 되었다. 아울러 1946년 1

168~171.

222) 위의 책, p. 73.

223) Alan J. Levine, *Stalin's Last War: Korea and the Approach to World War III*, McFarland & Company, Inc., 2005, pp. 31~32.

〈그림 3-53〉 철도로 소련으로부터 북한으로 수송 중인 전차

월에는 한만 국경과 38도선, 철도 경비 등을 담당하기 위한 철도보안대가 평양에서 창설되었다. 철도보안대는 병력의 규모와 기구가 확장되면서 1946년 7월 13일 '북조선 철도경비대'로 증편되었으며, 보안간부훈련소를 흡수하여 철도경비사령부로 확대되면서 신병 양성에 주력하기 시작하였다.

부대를 확장하기 위하여 부대의 기간이 되는 간부 양성에도 전력을 기울였다. 1946년 2월 23일 평양학원을 설치하여 공산정권을 수립하는데 필요한 간부, 특히 정규군의 핵심이 될 간부들을 양성하기 시작하였다. 또한 1946년 7월 8일 '북조선 중앙보안간부학교'를 설치하여 보병을 비롯한 포병, 공병 등 여러 병종의 초급간부를 양성하였다.

1946년 8월 15일 해방 1주년이 되는 날, 정규군을 창설하기 위한 '보안간부 훈련대대부'가 창설되어 당시 북한의 최고 실권자들인 최용건이나 김일 등이 주요 직책을 맡았으며, 사령부 예하에 대대본부와 참모부, 평양학원, 북조선 중앙보안간부학교, 보안훈련소와 3개 대대를 두었고, 북한의 주요 지역에 13개 중대를 편성하여 체계적으로 훈련을 시작하였다.

1947년 5월 17일, 보안간부 훈련대대부는 '북조선 인민집단군 사령부'라는 정규군 명칭을 사용하기 시작하였으며, 이듬해인 1948년 2월 8일 '조선인민군' 창설을 선언하면서 북한이 정규군 부대를 보유하고 있음을 공포하였다. 조선인민군 창설과 관련하여 김일성은 "남조선 정부 타도와 조국 통일을 위하여 인민들의 투쟁에 희망을 줌과 동시에 원쑤들의 침공을 미연에 방지하며, 그들에게 커다란 타격을 주는 거대한 힘", "도발에 대응하고 통일을 하기 위한 인민정권의 무력기관"이라 하여 군의 창설 목적에 처음부터 남한의 적화라는 특정한 의도가 있었음을 밝혔다.[224] 당시는 아직 북한이 '조선민주주의인민공화국' 창건(1948. 9. 9.)을 발표하기 전으로, 국가가 생기기 전에 군대부터 만든 것이다.

1949년 3월 3일 김일성은 모스크바를 방문하였다. 여기서 김일성은 스탈린에게 한반도 통일을 위하여 무력을 사용할 것임을 밝혔지만, 스탈린은 당시 국제적인 환경과 북한군이 한국군에 비해 절대적인 우위를 확보하고 있지 못함을 이유로 반대한 것으로 알려지고 있다.[225] 그러나 소련은 북한에게 경제적·군사적 지원을 하기로 협정을 체결하였다. 이에 따라 소련은 북한에게 항공기, 전차, 야포, 각종 화기와 탄약 등을 제공하였다.

아울러 북한에 주둔하였던 소련군 제25군이 철수하면서 북한군은 많은 양의 무기와 일본군으로부터 몰수한 무기들도 인수하였다. 당시 소련의 자료에 의하면 1940년대 말로부터 1950년대 초에 걸쳐 소련이 북한에 지원한 무기는 마오쩌둥(毛澤東)에게 지원한 양보다 더 많은 것으로

---

224) 국방부 군사편찬연구소, 『6·25전쟁사 1: 전쟁의 배경과 원인』, 인쇄정보산업협동조합, 2004, p. 266.

225) 위의 책, p. 540.

〈그림 3-54〉 모스크바(1949)와 베이징(1950)을 방문한 김일성

알려지고 있다.[226]

한편 1949년 4월 김일성의 특사인 김일이 중국을 비밀리에 방문하여 마오쩌둥을 만나서 인민해방군에 소속된 조선인 출신의 조선의용군을 북한에 인계하기로 합의하였다. 이 합의를 계기로 6만 3천여 명의 병력이 1949년 7월부터 다음 해 5월까지 입북하여 북한군에 편성되었다.[227] 또한 북한은 1949년 북한군 확장과 국민총동원을 위하여 전 국민들을 대상으로 강제 징집제도를 시작하였고, 학생들에게는 군사훈련을 시작하였으며, 17~50세의 주민들에게도 기본적인 군사훈련을 시작하였다. 전쟁 전 북한의 주요 전투력은 〈표 3-51〉과 같다.

〈표 3-51〉 전쟁 전 북한군의 주요 전투력[228]

구분	병력	전차	항공기	함정	자주포	곡사포	박격포
규모/수량	198,380명	242대	211대	30척	176문	552문	1,728문
비고	10개 사단	T-34	전투·폭격기		SU-76	76·122 M	61·82·120 M

출처: 국방부군사편찬연구소, 『6·25 전쟁사』 1, pp. 590~591

226) 세르게이 곤자로프, 존 루이스 지음, 성균관대학교 한국현대사 연구반 옮김, 『흔들리는 동맹: 스탈린과 마오쩌뚱, 그리고 한국전쟁』, 일조각, 2011, p. 252

227) 국방부 군사편찬연구소, 앞의 책, pp. 204~205.

228) 위의 책, pp. 590~591.

傀儡軍突然南侵을企圖
東亞日報
38線全域에非常事態
精銳國軍敵을邀擊中
國軍防衛態勢萬全
敵의神經戰에動搖말라
京鄕新聞
傀儡軍全面南侵企圖
全線서不法越境
國軍猛烈히邀擊中

〈그림 3-55〉 북한군 선제타격계획과 남침을 보도한 신문

김일성은 1950년 4월 남침 공격을 앞두고 다시 모스크바를 방문하여 스탈린에게 "미국은 참전하지 않을 것이며, 전쟁은 3일 만에 끝날 것이고, 남조선에서는 20만의 남로당원이 봉기할 것이다" 등을 이유로 들어 남침 승인을 요청하였으며, 스탈린은 중국의 동의하에 조건부 남침에 동의하였다.[229] 소련의 조건부 남침 공격을 승인받은 김일성은 5월 13일 중국을 방문하여 스탈린이 제시한 조건부 남침에 대한 마오쩌둥의 동의를 받고 평양으로 복귀하였다.

이후 소련 군사고문단의 조력으로 선제타격계획을 완성하였고, 이 계획은 스티코프를 통해 스탈린에게 보고되어 승인을 받았으며, 남침 시기는 6월 25일로 결정되었다.[230] 그리고 6월 25일 새벽 4시, 전 전선에 걸쳐 기습적인 남침이 시작되어 3년 1개월간의 전쟁 끝에 1953년 7월 27일 휴전으로 끝났다.[231]

---

229) Levine, *op. cit.*, p. 39; 세르게이, 앞의 책, p. 267.

230) 국방부 군사편찬연구소, 『6·25전쟁사 1: 전쟁의 배경과 원인』, pp. 596~599.

231) 미국의 조지워싱턴 대학의 손턴(Richard C. Thornton) 교수는 6·25전쟁이 김일성의 한반도 적화 야욕에서 일어난 것처럼 보이지만 사실은 김일성을 이용한 스탈린의 대전략에 의한 것이라고 주장하였다. 즉 전쟁을 일으켜 미군이 개입하면 중공군을 끌어들여 중국과 미국이 서로 적이 되면서 중국이 소련에 의존하게 만든다는 것이다. 이렇게 되려면 북한군이 한반도 전체를 점령하게 놔둬서는 안 된다는 것이다(Richard C. Thronton, *Odd Man Out: Truman, Stalin, MAO, and the Origins of the Korean War*, Washington D. C.: Brassy's, 1999, pp. 2~4.).

한국의 전비조달

1948년 8월 15일 정부수립 이후 2년여 기간이 채 지나기도 전에 전쟁이 발발하였다. 당시 이승만 정부는 남로당이 일으킨 여순반란 등을 완전히 진압하기도 벅찬 가운데 전쟁이 일어나면서 이를 극복해야만 하였다. 당시 남북의 경제를 비교하여 보면 인구는 남한이 두 배로 많았지만 그 외에는 북한에 비하여 상대적으로 약하였다.

〈표 3-52〉 1950년 당시 남북한 경제상황 개관[232]

구분	한국	북한	비고
지리	·한반도 면적의 45%(9.8만㎢) ·석탄 외 자원 부족	·한반도 면적의 55%(12.2만㎢) ·각종 자원 풍부	
인구	·2,019만	·975만	1949년
경제	·농업인구 70%(식량생산 345만 톤) ·경공업 위주 일부 발전 -연료: 12% -광업: 22% -기계: 28% -화학: 30% ·발전량: 7.5만kw(4.7%) ※무역총액: 1.4억 달러 ※국민총생산액: 7.2억 달러	·식량자급 가능(식량생산 124만 톤) ·중공업 위주 발전 -연료: 88% -광업: 78% -기계: 72% -화학: 70% ·발전량: 156만kw(95.3%) ※무역총액: 5.1억 달러 ※국민총생산액: 3.9억 달러	1949년
국제 지원	·미국 지원: 5.8억 달러 (소비재 구입위주 사용)	·소련 지원: 5.5억 달러 (중공업·군수용으로 사용)	1945~1950년

출처: 이원복, 『한국전쟁의 실상과 월남전』, 국가공훈사 편찬회, 2008. p. 46; 남정옥, 『6·25전쟁: 이것만은 알아야 한다』, 삼우사, p. 466.

〈표 3-52〉에서 보여 주듯 남한은 농업국가로 석탄 외에는 지하자원이 부족하였으며 전력은 북한으로부터 송전되고 있었다. 미국의 지원은

232) 1949년 당시의 또 다른 자료에서 한국은 인구 2,018.9만 명에 국민총생산액 7억 달러, 1인당 소득 35달러라는 수치를 보여 주고 있다. 당시 일본은 인구 8,263만 명에 국민총생산액 82.6억 달러, 1인당 소득 100달러였으며, 미국은 인구 1.49억 명에 국민총생산액 2168.8억 달러, 1인당 소득 1,453달러였다. 당시 70개 국가 중에서 1인당 소득이 한국보다 적은 나라는 2개국(중국 27달러, 인도네시아 25달러)에 불과하였다(Backman, *op. cit.*, pp. 24~25)

대부분 소비재를 구입하는 데 사용하고 있었다. 반면에 북한은 지하자원이 풍부하여 중공업이 상대적으로 발전되었고, 전쟁 준비 기간 중 소련으로부터의 지원은 대부분 장비나 탄약을 받아서 군을 무장시켜 전쟁을 준비하는 데 사용되었다.

한국의 경제 상황

일제는 중일전쟁과 태평양전쟁을 도발하면서 한반도를 전쟁수행을 위한 병참기지로 만들었고 이를 위해 군수시설의 일부를 일본으로부터 이전하여 설치하였다. 1942년 조선총독부가 조사한 남북한 공업생산 통계는 남북의 공업이 어떻게 발전되어 있는지를 보여 주는데, 이 조사에 의하면 공업 생산액 가운데 중공업 생산액은 북한이 79%이고 남한은 21%인 반면에, 경공업 생산액은 남한이 69%이고 북한이 31%였다.[233)]

북한은 철광석이나 금, 석탄 등 지하자원이 풍부하고 수풍발전소와 부전발전소가 위치하는 등 전력공급이 비교적 원활하여 흥남의 질소비료공장과 같은 중화학공업이나 금속공업 등이 발전되어 있었지만, 남한은 지하자원도 부족하고 전력 사정도 좋지 않아 피복이나 방직 같은 경공업 위주로 발전되어 있었다.

남한은 농업 위주 사회로 산업기반이 없는 가운데 일본이 철수하면서 자본과 기술도 동시에 빠져나가 공장들이 가동을 멈춘 상태에서 혼란이 지속되고 있었다. 전력은 북한으로부터 공급받고 있었으나 북한이 1948년 5월 14일부로 송전을 중단함으로써 전력난이 심해졌다. 이런 가운데 조선공산당의 사주 아래 좌익 세력들이 1946년 '조선 정판사 위폐사건'을 일으켜 위조지폐를 마구 찍어 내면서, 통화량이 갑자기 증가

---

233) 국방부 군사연구소,『한국전쟁지원사』, 삼보인쇄공사, 1997, p. 55; 합동참모본부,『한국전사』, 교학사, 1984, pp. 322~323 참조.

하여 물가가 폭등하는 등으로 경제를 파탄에 몰아넣었다. 이런 상황에서 태평양 전쟁 시기에 징용으로 일본에 끌려갔던 사람들이 복귀하고, 북한으로부터 월남한 인원까지 더해진 400만여 명을 먹여 살리기에는 남한의 산업기반이 너무나 취약하였다.

이처럼 특별한 산업도 없는 가운데 1948년 10월에 여순반란 사건이 발생하면서 이에 따른 비용 때문에, 정부수립 당시인 1948년도부터 막대한 예산을 차입에 의존하면서 재정에 부담을 주었다. 1949년도에도 북한의 군사적 도발의 지속과 국내에서의 소요 등으로 인해 국방 및 치안질서 유지를 위해 많은 비용이 소요되었다. 이런 상황에서 부족한 예산을 마련하기 위하여 막대한 비용을 다시 차입금에 의존하는 악순환이 반복되었다.

그러던 중 전쟁이 발발하였고, 초기 단계에 정부는 그 기능을 상실하였다. 얼마 되지 않은 산업생산시설이 파괴되면서 군 수요를 충족하는 데 있어 많은 어려움이 발생하였다. 전쟁을 수행하는 데 필요한 전비를 조달할 수 있는 재정능력이나 경제력은 극히 미약하였으며 가용한 외화도 턱없이 부족하였다.

그럼에도 전쟁 기간 중 악조건을 극복하면서 세금을 징수하였고, 유엔의 결의로 유엔군이 급파되자 이들을 지원할 예산을 편성해야만 하였다. 그러나 이러한 재정비용을 감당할 수 있는 능력이 없어 한국은행에 의존하여 은행권을 발행하면서 인플레이션이 발생하였다. 적자재정을 편성하여 전비를 조달하고 파괴된 공장을 복구하고 어렵게 원자재를 획득하여 물자를 생산, 군에 보급하면서 점차적으로 생산량을 증가시키기 시작하여 총력전을 수행하는 데 도움을 주었다. 당연히 정부는 물론 국민들도 어려움을 겪을 수밖에 없었다.

경제 관련 법령

6·25전쟁 시 한국의 전비조달은 한국 정부에 의한 조달과 미국을 위시한 국제사회의 지원에 의한 방법으로 구분할 수 있다. 먼저 한국 정부가 전쟁비용을 조달하기 위한 조치이다. 당시 한국정부는 이를 위해 세금을 거둔다든가 채권을 발행한다든가 등을 할 수 있을 정도로 경제적 여건이나 정부 기능을 제대로 발휘하기에는 쉽지 않은 상황이었다. 그럼에도 불구하고 관련 법에 따라 나름대로 세금을 징수하기 위하여 노력하였으며, 새로운 법령을 제정하는 노력도 기울였다.

당시 국세의 징수를 규정한 국제징수법(1949년 12월 제정), 각종 소득에 대하여 세 징수를 규정한 소득세법(1949년 7월 제정), 법인세법(1949년 11월 제정), 판매 및 보험, 은행, 인쇄, 출판 등 31개의 영업에 관한 세를 규정한 영업세법(1949년 월 제정), 상속에 관한 세를 규정한 상속법(1950년 3월 제정), 증여세법(1950년 4월 제정), 주류에 관한 세를 규정한 주세법(1949년 10월 제정), 보석류 및 가죽제품 등 장식품과 청량음료 등 식료품, 기계공구 등에 관한 세를 규정한 물품세법(1950년 12월 제정), 요리점 및 음식점, 다방 등 유흥음식업종에 대한 세를 규정한 유흥음식세법(1949년 10월 제정), 각종 공연장이나 경기장 등에 입장할 시 세금을 규정한 입장세법(1949년 10월 제정), 기차 및 승합자동차, 여객선에 탑승하는 사람 등에 대한 세를 규정한 통행세법(1951년 4월 제정), 재산권의 창설 및 이전, 변경, 삭감 등을 증명하는 증서 및 장부와 재산권에 관한 승인 등을 증명하는 증서를 작성하는 자에 대하여 세금을 부과하는 인지세법(1950년 3월 제정), 주류 제조와 음식점 영업, 제과점 등 각종 면허를 취득함에 있어 세를 규정한 면허세법(1950년 3월 제정), 재산권 및 기타 권리의 취득 및 이전, 변경 또는 삭감에 관한 사항을 공적 기록부에 등기 또는 등록하는 경우에 세를 규정한 등록세법(1950년 12월 제정), 수입물품에 대한 관세 사항을 규정한 관세법(1949년 11월 제정) 등이 있었다. 그리고 전쟁이 발발하자 국가경제의 불안정을 해소하기 위하여 토지수익에 대한 조세를 주로 물품으로 납부함으로써 통화팽창요인 방지와 양곡정책에 기여하고자 제정된 임시토지수득세법(1951년 9월 제정) 등이 있다.

또한 금융에 관한 사항을 규정한 은행법과 한국은행법, 한국산업은행법 등이 있었으며, 전쟁 기간 중 재정경제상의 위험에 대하여 공공의 안녕질서를 유지하고자 통화에 관한 특별조치로 대통령 긴급명령 제13호(1953. 2. 15.)를 발령하여 당시 화폐단위를 원에서 환으로 바꾸는 조치를 단행한 바 있다. 대통령 긴급명령 발령에 이어 정부는 긴급금융조치법(1953. 2. 27.)을 금융에 관한 특별조치를 할 목적으로 제정하였다.

〈표 3-53〉 1950년 예산순계표

단위: 천 원

구분		세입	세출	과부족
총계		3,168,390	3,168,390	-
일반 회계	계	584,040	1,023,460	-439,420
	임시부	428,490	481,200	-52,710
	경상부	155,550	542,260	-386,710
특별 회계	계	2,584,390	2,144,930	+439,420
	임시관재청	116,350	17,930	+98,420
	방송국	2,790	2,790	-
	전매사업	462,880	214,470	+248,410
	귀속농지	53,450	16,190	+37,260
	교통사업	281,730	281,730	-
	체신사업	47,060	55,490	-8,430
	보험 및 연금	2,300	3,260	-960
	외자관리청	1,086,660	1,035,750	+50,920
	양곡관리	515,110	478,310	+36,800
	후생복표	16,000	16,000	-
	국채금	-	23,000	-23,000

출처: 한국은행조사부, 『4288년 경제연감』, 한국은행, 1955, p.I=17.

한국조폐공사법(1951년 9월 제정)에서는 한국조폐공사가 화폐, 은행권, 국채, 복표(복권), 수입인지, 기타 증권을 제조할 수 있도록 하였으며, 이를 위해 한국조폐공사를 서울에 두도록 하였다. 또한 국채발행에 관한 사항을 규정한 국채법(1949년 12월 제정), 한국은행이 국채에 관한 사무를 규정한 한국은행국채사무규정(1950년 1월 제정), 전쟁 기간 중 긴요 산업을 부흥하는데 필요한 자금을 조달하기 위하여 산업부흥국채를 발행할 수 있도록 규정한 산업부흥국채법(1952년 9월 제정), 시중에 유통되는 자금을 흡수하기 위하여 필요한 경우 애국복권(Patriot Bonds)을 발행할 수 있도록 규정한 애국복권발행법(1951년 5월 제정)이 있었다(그 외에 전쟁기간 중 기타의 법령은 한국은행조사부에서 발간한 『4288년 경제연감』을 참조하기 바람). 이러한 법령을 기반으로 전쟁 기간 중 그 비용을 조달하고 경제를 안정화하기 위한 조치를 하였다. 먼저 1950년 전쟁이 발발하는 당해 연도에 국회를 통과하여 편성된 예산을 보면 〈표 3-53〉과 같다.

당시 일반회계 총세출 예산은 1,055,850천 원으로 이는 일반회계 순세출 예산 1,023,460천 원과 타회계 전입 32,390천 원으로 구성되어 있었으며, 주요 부처별 세출 내역을 보면 다음의 〈표 3-54〉와 같다.

〈표 3-54〉 1950년 일반회계 주요 부처별 세출예산 내역

단위: 천 원

구분	계	기획처	내무부	국방부	재무부	문교부	농림부	기타 각부
금 액	1,055,850	151,870	163,980	250,985	95,883	102,967	187,500	102,665
비율(%)	100	14.4	15.5	23.7	9.1	9.8	17.7	9.8

출처: 한국은행조사부, 『4288년 경제연감』, 한국은행, 1955, p.I=17.

1950년도 일반회계 중 총예산 수입을 구분하면 다음과 같다.

〈표 3-55〉 1950년도 일반회계 총예산 수입

단위: 천 원

구분	계	조세	인지세	관유재산 수입	관유물 판매	특별회계 전입	농지대가 상환금	잡수입
금액	1,055,852	374,385	11,964	21,594	2,765	471,810	151,858	21,475
비율(%)	100	35.46	1.13	2.05	0.26	44.68	14.38	2.04

출처: 한국은행조사부, 『4288년 경제연감』, 한국은행, 1955, p.I=18.

이 가운데 직접세는 153,800천 원으로 41%를, 간접세는 157,700천 원으로 42%를, 관세는 62,885천 원으로 17%를 차지하였다. 위의 〈표 3-55〉에서 보는 바와 같이 세입의 주를 이뤄야 하는 조세는 35.46%에 불과하고 특별회계 전입이 471,810천 원으로 44.68%를 차지한다. 이는 그만큼 당시의 세수입 원천이 없었다는 이야기이기도 하다. 이와 같이 편성된 예산은 그해 5월부터 집행되면서 전쟁이 발발하기 이전까지는 16,620천 원의 수입이 초과될 정도로 잘 진행되고 있었다.

전쟁비용의 조달

1950년 6월 25일 전쟁이 발발하였다. 따라서 정부는 기존에 편성되어 집행 중에 있었던 예산을 포기하고 전란을 수습하기 위한 새로운 예산인 '사변수습비상경비예산'을 1개월 단위로 4회에 걸쳐 편성하였다. 이렇게 전비를 마련하기 위하여 예산을 편성하였으나 세금을 징수할 수 있는 기능은 물론, 징수원천의 어려움 등으로 대부분의 전비를 한국은행의 차입금으로 해결할 수밖에 없었다.

〈표 3-56〉의 예산편성이 보여 주듯 예산의 상당 부분은 국방비로 사용되었고, 그 외에 치안질서 확립을 위하여 내무부, 난민구호 등을 위하여 사회부가 많은 금액을 사용하였다. 이는 지금 국가비상대비업무에 종사하거나 전시예산을 편성하는 업무와 관련되는 공무원들이 전시예산을 편성함에 있어 참고할 사항이다.

〈표 3-56〉 사변수습비상 경비예산(1950년)

단위: 천 원

구분	계	1차	2차	3차	4차
계	344,160	28,000	43,370	99,330	173,360
공보처	1,010	310	100	230	370
내무부	23,260	1,340	3,710	10,980	7,230
국방부	251,130	20,880	32,090	71,990	126,170
사회부	32,930	760	6,370	11,780	14,020
보건부	10,010	40	90	390	9,490
교통부	1,240	1,240	-	-	1,240
체신부	2,520	370	610	460	1,080
예비비	22,060	3,060	500	3,500	15,000

출처: 한국은행조사부, 『4288년 경제연감』, 한국은행, 1955, pp.I=18~I=19.

1950년 9월 15일 인천상륙작전에서 성공하면서 낙동강 전선에서도 일제히 북진을 하여 9월 28일 서울을 탈환하였고, 이어서 10월 1일에는 38도선을 넘어 북진하였다. 정부도 이에 따라 서울로 복귀하면서 5차 추가경정예산을 편성하여 군사작전의 지원은 물론, 전란 수습을 할 수 있도록 하였다. 이때 편성된 일반회계 및 특별회계의 세입 및 세출예산을 보면 다음과 같다.

〈표 3-57〉 제5차 추가경정예산순계표(요약)

단위: 천 원

구분	총계			일반회계			특별회계		
	세입	세출	과부족	세입	세출	과부족	세입	세출	과부족
금액	4,720,700	5,527,790	-807,090	1,046,080	2,383,870	-1,337,790	3,674,610	3,143,910	530,700

출처: 한국은행조사부, 『4288년 경제연감』, 한국은행, 1955, p.I=19.

이렇게 편성된 예산을 집행하여 전란을 수습하고자 노력하던 중, 그 해 10월 말에 중공군이 개입하면서 전선 상황이 다시 악화되었다. 1951

년 1월 들어 수도 서울이 다시금 피탈되자 6번째 추가경정예산을 편성하지 않을 수 없는 상황이 발생하였다. 이에 정부는 다시금 군사비를 중점으로 6회째 추가경정예산을 편성하였는데, 주로 사용된 곳은 병력증강비와 국민방위군 설치에 따른 비용 등이었다. 이렇게 여섯 번에 걸쳐 추가경정예산을 편성하면서 전쟁을 지원하고 전란을 수습하기 위해 노력을 기울였다.

그러나 당시 정부가 세입원을 확인하여 세입을 결정하고 세금을 부과하기는 사실상 어려운 일이었다. 이를 타개하기 위해 제7차 추가경정예산을 편성하였다. 그렇지만 여전히 국토의 대부분 지역이 전쟁터가 되는 상황에서 전비를 마련할 수 있는 방법은 극히 제한적이었기에 한국은행의 차입금으로 대부분 충당할 수밖에 없었다. 이는 곧 한국은행이 지폐를 발행하는 것을 의미하는 것으로, 결국 통화팽창을 초래하였다.

〈표 3-58〉 7차 추가경정예산순계표(요약)

단위: 천 원

구분	총계			일반회계			특별회계		
	세입	세출	과부족	세입	세출	과부족	세입	세출	과부족
금액	4,012,120	6,124,690	-2,112,570	· 799,780	2,915,270	-2,115,490	3,212,340	3,209,420	2,920

출처: 한국은행조사부, 『4288년 경제연감』, 한국은행, 1955, p.I=19.

1950년 7월 들어 유엔군의 지원이 본격화되면서 7월 26일 한국 정부와 미국 정부 사이에 체결된 '대한민국 정부와 미합중국 정부 간의 국제연합 가맹국 연합군 총사령관 휘하 부대에 의한 경비지출에 관한 협정'에 의거, 유엔군의 한국 내 군사작전과 관련하여 필요로 하는 모든 비용을 한국 화폐인 원화로 한국 정부가 지불하기로 하였다(이를 '유엔 대여금(貸與金)'이라 한다). 당시 전란으로 특별한 재정 수입이 없는 상황에서 이를 위하여 정부는 한국은행의 차입에 의존할 수밖에 없었다. 이것은 엄청난

통화팽창과 더불어 인플레이션을 촉발하는 원인을 제공하였다.[234]

이와 같이 전쟁 기간 중 추가예산을 편성하여 집행하는 과정에서 전장상황의 변화로 인하여 다시 편성하기를 여러 차례 반복하였다. 이와 같은 굴곡을 거쳐 1950년 세입 결산을 보면 다음과 같다.

〈표 3-59〉 1950년도 세입 및 세출결산순계표

단위: 천 원

구분	총계			일반회계			특별회계		
	세입	세출	과부족	세입	세출	과부족	세입	세출	과부족
금액	2,549,172	4,512,092	-1,962,920	615,025	2,351,634	-1,736,609	1,935,147	2,160,458	226,311

출처: 한국은행조사부, 『4288년 경제연감』, 한국은행, 1955, p.I=20.

위의 도표가 보여 주듯 1950년의 세입 및 세출 상황을 보면 20억 원의 적자가 발생하였음을 볼 수 있다. 이 적자는 유엔군 대여금과 함께 인플레이션을 유발하는 커다란 요인이 되었다. 이러한 상황으로 인하여 인플레이션을 우려한 정부는 세입의 확보를 위하여 조세의 개편과 더불어 국채 및 복권의 발행, 재정의 균형을 맞추기 위한 노력을 생각하기 시작하였다.

1951년도 초기에는 1·4후퇴로 수도 서울이 다시 피탈되기는 하였지만, 아군이 반격을 하면서 전선 상황은 중부 지역에서 교착전으로 전환되어 개전 초기에 비하여 어느 정도 안정되어 가고 있었다. 이 기간에도 군사비는 여전히 팽창하면서 세출예산의 50% 이상을 차지하였고, 여

234) 1950년 7월 25일 한국 정부와 미국 정부 간 체결된 협정 제1항에는 "한국 정부는 연합군 총사령관 지위하에 있는 군대의 한국 및 한국 수역에서의 작전 및 활동에서 야기되는 경비지출을 위하여 그가 요구하는 금액, 종류, 시일, 장소에 따라 한국 통화로서 신용을 제공하기로 하였다. 유엔군 대여금은 1950년에는 6억 원에 불과하였으나 1951년에는 37억 원으로 확대되었고, 이후 계속 증가하여 1954년 6월까지 4년간 총 222억 원을 지불하였다.

기에 군경원호비 등을 합하면 60%를 넘었다. 전쟁 초기 비용을 한은차입금으로 조달하였던 것에 비하여 1951년도에는 차입금을 중지하고 조세 및 전매익금이나 국채의 발행 등을 통해 조달하기 시작하였다. 특히 1950년 12월에 임시조세증징법을 제정하여 소득세와 지세, 영업세, 주세, 물품세, 유흥음식세 등 거의 모든 세금에 대하여 최고 100%의 전시세를 부과하고 소비세 역시 많은 세금을 부과하였다.

당시 도시 지역은 소득원이 거의 파괴되었기 때문에 비교적 농민들이 세금을 낼 수 있는 상황이었다. 따라서 정부는 농민층에게 농지세 과표기준을 변경하였고, 양도소득세를 부활하였으며, 법인세는 감면대상을 대폭 축소하면서 누진세율로 개정하였다. 물품세 과세대상도 확대하였다.

그러나 이러한 조치는 사실상 전쟁의 장기화를 염두에 두지 않은 임시조치였다. 중공군이 개입하고 전쟁이 장기화되면서 경제적 혼란마저 가중되자 정부는 1951년 9월 임시토지수득세를 실시하였다. 임시토지수득세는 전비를 조달하기 위하여 군량미와 공무원 봉급미를 현물로 조달하면서 인플레이션을 억제하고자 만든 것으로, 이를 통해 종래 농민에게 부과하였던 지세와 소득세, 교육세 등 각종 세금을 폐지하면서 이 제도로 통일하였다.

임시토지수득세에 따라 당시 10~20석을 수확하는 소농의 경우는 20%, 즉 2~4석을 수득세로 내야만 하였다.[235] 이는 결코 낮은 수준이 아니었다. 임시토지수득세제도가 실시된 이후 1951~1952년도의 총조세수입의 38.1%와 29.0%, 26%를 이 제도를 통해 획득하였다. 이러한 조치에 힘입어 전란 중임에도 불구하고 1950년도 세입 총액의 20% 미만이던 조세수입이 1951년도에는 60.5%, 1952년도에는 44.2%로 증가

235) 자세한 사항은 한국은행조사부의 『4288년 경제연감』의 I=341 페이지, 임시토지수득세법 제2장(제1종 토지수득세)을 참조할 것

하였다. 전매익금도 증가하였으며, 1951년부터 전시국채를 발행하여 금융기관과 국민들에게 강제로 판매하여 전비를 조달하기도 하였다. 당시의 세입구조를 보면 다음과 같다.

〈표 3-60〉 6·25전쟁 당시의 세입구조

단위: 백만 원

구분	1950		1951		1952		1953	
	금액	비율(%)	금액	비율(%)	금액	비율(%)	금액	비율(%)
계	248.5	100	652.5	100	2,211.8	100	6,628.8	100
조세	43.4	17.4	395.3	60.5	977.8	44.2	2,096.3	31.3
전매익금[237)	15.5	6.2	87.8	13.5	292.5	13.2	400.0	6.0
국채	-	-	40.0	6.1	120.3	5.4	203.0	3.0
산업부흥채[238)	-	-	-	-	-	-	500.0	7.5
차입금	152.5	61.4	-	-	-	-	2,020.0	30.1
원조수입	13.2	5.3	-	-	307.0	13.9	795.9	11.9
기타수입	23.9	9.7	129.4	19.9	514.2	23.3	667.6	10.2

출처: 경제기획원, 『예산개요』, 경제기획원, 1962; 재무부 사세국, 『세무통계연보』, 재무부, 1962.

위의 도표를 보면 조세와 전매익금이 1951년 들어 급증하고 있고 국채를 발행하여 소화를 강력히 추진하였으며, 1950년도에 60%를 넘었던 차입금은 1951~1952년도에는 하나도 없음을 볼 수 있다. 전쟁 기간 중 조세를 통해 전비를 조달한 사항은 〈표 3-61〉과 같다.

〈표 3-61〉을 보면 토지수득세를 제외한 다른 조세들은 이미 1949년도부터 관련 법이 제정되면서 시행되고 있었음을 알 수 있다. 토지수득세만이 전쟁 기간 중 전비를 조달하기 위하여 설치된 조세제도로, 이를 통해 무려 조세수입의 1/4을 조달하였다. 토지수득세는 현물로 징수

236) 담배를 팔아서 발생한 이익금

237) 긴요 산업의 부흥자금을 조달하기 위하여 정부가 산업부흥채를 발행하였음

하도록 규정하였으며, 군량미의 조달과 공무원 월급을 보충하는 데 사용하였다.

전쟁 기간 중 조세제도는 어떻게 하면 더 많은 세금을 거두어 전비를 충당할 수 있을 것인가에 방점이 있었다. 그 과정에서 세무관리에 의한 자의적인 과세권한 행사로 인하여 조세 불공평이 발생하였다. 정실과 부정이 자행되면서 조세부담이 과중하여 국민들의 생활이 어려워져 탈세와 세금 납부가 지연되거나 체납되는 현상도 많이 발생하였다.

〈표 3-61〉 6·25전쟁 시기 조세를 통한 전비조달(결산 기준)

단위: 백만 원

구분	1949		1950		1951		1952		1953	
	금액	비율(%)	금액	비율(%)	금액	비율(%)	금액	비율(%)	금액	비율(%)
계	14.5	100	43.4	100	395.0	100	977.0	100	2,096.0	100
소득세	3.6	24.8	4.9	11.3	56.2	14.2	113.0	11.6	292.0	13.9
법인세	0.4	2.8	3.7	8.5	19.7	5.0	34.3	3.5	83.8	4.0
영업세	0.8	5.5	4.5	10.3	49.2	12.4	128.0	13.1	307.0	14.7
지세	0.9	6.2	16.3	37.5	14.0	3.5	0.4	0.0	-	-
주세	2.8	19.3	3.2	7.4	42.8	10.8	95.2	9.7	173.0	8.3
물품세	1.6	11.0	3.0	6.9	40.4	10.2	76.6	7.8	190.0	9.1
직물세	0.3	2.1	2.3	15.3	12.5	3.2	25.3	2.6	59.6	2.8
유흥음식세	0.5	5.5	0.7	1.6	16.0	4.0	14.0	1.4	39.8	1.9
관세	1.6	10.3	3.4	7.8	45.1	11.4	147.0	15.0	351.0	16.7
토지수득세	-	-	-	-	84.4	21.4	294.0	30.1	469.0	22.4
기타	1.8	12.5	1.4	3.4	15.0	3.9	50.3	5.2	180.0	6.2

출처: 재무부, 『한국경제사 30년사』, 전경련, 1978, p. 255.

다음은 화폐발행을 통한 전비의 조달로, 아래의 도표는 전쟁 전후 기간 중 발행된 화폐의 규모이다. 도표를 보면 전쟁 기간 중 발행액이 급증하였음을 볼 수 있다. 특히 전선 상황이 안정적이었을 때에는 화폐발행이 둔화되었지만, 상황이 급박하였을 때에는 화폐발행 역시 급격히 증가하였음을 볼 수 있다. 또한 종전 이후, 1953년 후반기와 1954년도에는 전후 복구를 위하여 많은 비용이 소요되면서 발행액이 증가하였음을 볼 수 있다. 화폐 종류별 발권액은 별지 #4(6·25전쟁 시기 화폐발행)를 참조한다.

〈표 3-62〉 6·25전쟁 전후 화폐발행액 추이

단위: 백만 원

1949		1950		1951		1952		1953		1954
6월	12월	6월	12월	6월	12월	6월	12월	7월	12월	6월
409	434	558 (전쟁 당시)	2,292	4,174	5,579	6,695	10,144	13,426 (휴전 당시)	23,132	31,660

출처: 한국은행조사부, 『4288년 경제연감』, 한국은행, 1955, p.I=35.

전쟁 기간 중 16개국에서 유엔군을 파견하여 한국을 지원하였다. 유엔군이 파견되면서 그들에 대한 지원이 필요하였다. 이에 1950년 7월 26일, 대한민국 정부와 미합중국의 유엔 대표 사이에 유엔군의 한국 및 한국 수역에서 작전 및 활동을 지원하기 위해 한국 통화로 지불하기로 하는 '대한민국 정부와 미합중국 정부 간의 국제연합 가맹국 연합군 총사령관 휘하 부대에 의한 경비지출에 관한 협정'을 체결하였다. 동 협정에 의해 한국 정부는 유엔군 사령관이 지휘하는 부대가 한국 및 한국 수역에서 작전 및 활동을 하면서 발생하는 경비에 대하여 유엔에서 요구하는 금액과 종류, 시일, 장소에 따라 대한민국 정부는 통화와 신용을 공여하도록 합의하였다(이를 '유엔 대여금'이라 한다).

그런데 문제는 당시 한국정부가 이를 지불할 재정적인 능력이나 경제력이 없었기 때문에 한국은행의 발권력에 의해 지폐를 발행하여 지불할 수밖에 없었다는 것이다. 당연히 통화량이 팽창하면서 인플레이션이 급격히 발생하였다. 이렇게 유엔 대여금으로 지불된 금액은 1950년에는 5억 4,800만 원, 1951년에는 36억 2,300만 원이었으며 종전 이후 1954년 6월까지 4년여 기간 동안 222억 원에 달하는 금액이 지불되었다. 이 대여금은 당시 통화증발요인의 70% 이상을 차지할 정도로 그 규모가 컸다.

〈표 3-63〉 6·25전쟁 시 유엔군 대여금

단위: 백만 원

구분	계	1950	1951	1952	1953	1954
금액	22,226	548	3,623	5,553	8,024	4,478

출처: 한국은행조사부, 『4288년 경제연감』, 한국은행, 1955, p. I=35.

〈표 3-64〉 6·25전쟁 시 화폐발행과 물가지수

단위: 백만 원

구분		은행권 화폐발행고		서울 도매물가지수	서울 소매물가지수	비고
		평균발행고	지수			
1947		202	100	100	100	
1948		319	158	163	154	
1949		465	230	223	195	
1950		881	436	-	565	
1951	3월	3,282	1,626	-	-	
	12월	5,419	2,683	2,599	2,653	부산물가지수
1952	6월	6,501	3,218	5,137	4,968	〃
	12월	9,732	4,818	5,257	5,541	〃
1953	6월	12,341	6,109	6,147	6,824	〃
	12월	22,084	10,933	6,466	9,092	

출처: 한국은행조사부, 『4288년 경제연감』, 한국은행, 1955, p. I=36.

4년여의 전쟁 기간(1950. 6. 25.~1954. 6.) 동안 한국은행권 발행원인을 보면, 정부의 재정자금 386억 1,800만 원, 유엔대여금 222억 2,600만 원, 한국은행 신용 24억 1,000만 원 그리고 기타 12억 8,800만 원 등이 있었다. 이와 같은 화폐의 발행은 필연적으로 인플레이션을 야기하여 전시 국민들의 생활을 어렵게 만들었다. 〈표 3-64〉의 한국은행 자료는 이러한 실상을 그대로 보여 준다.

〈표 3-64〉는 다음을 의미한다. 즉 전쟁이 발발하기 이전에는 화폐발행고 지수가 물가지수보다 높았는데 이때는 대체적으로 경제안정기였다. 전쟁이 발발하면서 물가지수가 화폐발행고 지수에 비하여 높은 것을 볼 수 있는데 이는 경제적으로 매우 혼란한 시기였다.

한편 전쟁 기간 중 국군이 사용하였던 군 장비와 탄약 등 전투 관련 예산은 미국의 지원으로 구입되었으며, 정부는 기간 중 다음과 같은 사업을 통해 전란의 복구와 국민생활의 안정을 위해 예산을 사용하였다.

〈표 3-65〉 6·25전쟁 시기의 세출구조

단위: 백만 원

구분	1950		1951		1952		1953	
	금액	비율(%)	금액	비율(%)	금액	비율(%)	금액	비율(%)
계	243.0	100	617.9	100	2,150.8	100	5,269.4	100
일반행정	27.5	11.4	75.7	12.3	337.0	15.7	334.6	6.4
치안	16.2	6.7	63.4	10.3	124.7	5.8	510.4	9.7
국방	132.4	54.5	329.9	53.4	946.3	44.0	3,260.5	61.9
교육사회	29.2	11.6	35.2	5.8	111.2	5.2	138.1	2.6
교육	11.8	4.8	15.8	2.6	47.0	2.2	138.1	2.6
산업경제	18.5	7.5	55.0	9.9	48.5	2.2	156.4	8.7
산업경제대책	6.0	2.4	50.0	9.1	16.1	0.7	274.2	5.2
지방재정	6.2	2.6	39.6	6.4	137.0	6.4	246.5	4.7
기타	13.8	5.8	19.1	3.1	446.1	20.6	127.0	2.5
국채	2.3	1.0	9.9	1.6	357.2	16.4	28.7	0.6

출처: 이재은, "1950년대 한국재정의 구조적 특징", 『한국동서경제연구』, 제15집 제2권, 2005, p. 219에서 재인용.

1950년 전쟁 초기에는 전쟁을 수행하느라 정신이 없어 정부가 어떤 사업도 생각할 수 없었지만, 전선이 조금씩 안정되어 가는 1951년 들어서 정부는 전쟁피해를 부분적으로 복구하는 한편, 전재민 구호 및 구조사업과 주택개선 등의 사업을 통해 국민생활의 안정을 추진하기 시작하였다. 전쟁 기간 중 일반회계 부처별 세출예산 내역은 별지 #5(6·25전쟁 기간 중 일반회계 부처별 세출예산 내역), 정부의 주요 사업에 관한 내용은 별지 #6(6·25전쟁 기간 중 정부의 주요 사업비)을 참조한다.

전쟁 기간 중 입은 총피해액은 412억 원에 달하였다. 가옥은 거의 파괴되었고, 교육기관이나 산업시설 할 것 없이 제대로 남은 부분이 없었다. 산업활동도 바닥에 있었고, 국민들의 대부분은 실업자였다고 해도 과언이 아니다. 정부는 이러한 상황을 극복하기 위하여 예산을 중점적으로 투입하여 중점사업을 진행하고자 하였다. 전쟁 초반기에 비하여 후반기로 갈수록 정부의 주요 사업을 보면 전란을 수습하기 위하여 전재민 등의 구호 및 도로 및 항만 등 기반시설을 복구함과 더불어, 빠른 시간에 농업이나 축산업, 잠업, 어업 등 산업을 회복하는 데 기여하기 위하여 각종 장려금을 지불하도록 계획하였다.

한편, 전쟁이 발발하자 유엔은 대한민국의 평화와 안전을 위하여 군대는 물론 물자의 지원을 회원국들에게 요청하였다. 그 결과 유엔군이 파견되었을 뿐만 아니라 한국에 대한 구호 및 재건을 위하여 많은 지원을 받았다. 이를 위하여 미국은 경제협조처(ECA)와 유엔의 전문기구인 한국민간구제단(CRICK), 주한유엔군민간원조사령부(UNCACK), 유엔한국재건단(UNKRA) 등을 통해 지원을 요청하였으며, 전쟁 중 미국과 유엔으로부터 받은 구호 원조 총액은 4억 7,190만 달러에 달하였다.[238]

---

238) 박동찬, 『통계로 본 6·25전쟁』, 국방부 군사편찬연구소, 2014, p. 402. 당시 개별 국가에서 기구별로 지원한 금액 등은 pp. 408~417을 참조할 것.

소결론[239)]

1950년 6월 25일 북한군이 남침을 시작하였을 당시, 정부의 국가비상대비 계획이 없는 가운데 정부 기능을 대부분 조기에 상실하면서 전비조달은 물론 국민생활 안정을 위한 계획을 제대로 시행할 수 없었다. 얼마 되지 않는 산업시설도 폭격으로 파괴되고 많은 사람들이 피난을 가면서 농사마저 지을 수 없게 되어 의식주 등 국민생활은 심각한 어려움에 봉착하였다. 정부를 대전에 이어 부산으로 옮기면서 겨우 기능을 서서히 찾기 시작하여 일곱 차례의 전란수습예산을 편성하고 난국을 수습하고자 노력하였다. 그러나 재원을 감당할 수 없는 상황에서 전비를 지출하기 위해 한국은행 차입금으로 편성할 수밖에 없었고 이로 말미암아 인플레이션이 극심하였다. 1951년 들어 전선이 조금씩 안정되어 가면서 정부는 세금을 거두기 시작하였고, 새로운 조세증징법과 임시토지수득세 같은 제도를 만들어 전비를 조달하였다.

1950년 7월에 미국을 위시하여 국제연합군이 파견됨으로써 이들을 지원하는 데 필요한 유엔대여금을 편성하도록 협정을 체결하였으나, 재정여건이 열악한 가운데 이를 위하여 많은 비용을 한은의 차입금으로 지출함으로써 후일 인플레이션이 발생하여 많은 어려움을 주기도 하였다.

한편, 국제연합(UN)과 국제기구, 국제 비정부기구(NGO) 등에서 제공하는 현금과 물자를 받아서 국민생활의 안정에 기여하면서 북진에 따라 조금씩 산업시설을 복구하는 등으로 생산을 확대하기는 하였으나, 시설의 파괴와 원자재의 부족, 생산인력의 부족 등으로 국민생활의 안정에 기여할 수 있는 제품 생산에 어려움이 많았다. 전선이 어느 정도 안정되어 가면서 정부는 전란수습을 위한 예산을 편성하여 전란을 조기에 수습

---

239) 김인태, "한반도에서 발생 가능한 비군사분야 전쟁 실상 및 대비방향," 『국방정책연구』 제28권 제2호(2012년 여름), 한국국방연구원, 2012, pp. 146~155; 박계호, 앞의 책, pp. 617~632 요약.

하고자 노력을 하였다.

현재도 한반도에서 전쟁이 발발하면 미 증원군이 시차별로 대규모로 전개될 계획이고 이를 위해서는 많은 비용의 지원이 필요할 것이다. 미 증원군 지원 시 요청에 대비하기 위한 면밀한 계획이 필요하다.

5. 교훈

영국은 1·2차 대전 시 개전 초기부터 항상 연합국의 핵심으로 독일과 전쟁을 하였다. 1차 대전 시에는 개전 초기 프랑스에 영국 원정군을 파견하였고, 2차 대전 기간 중에는 독일 공군으로부터 폭격을 받거나 로켓공격을 받으면서 많은 피해를 입기도 하였다. 1차 대전 이전에는 세계의 도처에 많은 투자를 할 정도로 부를 가졌던 영국이 전쟁 기간 중 막대한 전비를 사용하면서 채무국으로 전락하였다. 1차 대전의 피해가 완전히 회복되기도 전에 2차 대전이 발발하고, 다시 전쟁에 휘말려 들어가면서 재정적으로 어려운 가운데 전쟁을 할 수밖에 없었다. 영국은 양차의 전쟁 기간 중 세금제도를 개편하고 채권을 발행하는 등으로 전비를 조달하였지만, 막대한 전비를 감당함에 있어 어려움이 발생하면서 미국은 물론 영연방 국가로부터도 지원을 받았다.

미국은 1·2차 대전 시 본토에서 단 한 번도 전쟁을 하지 않았다. 그러나 다른 어느 나라보다 많은 전비를 사용하였으며, 이러한 전비는 연합국이 전쟁에서 승리하는 데 있어 중요한 역할을 하였다. 미국은 두 번의 대전에서 유사한 방식으로 전비를 조달하였다. 먼저 세금을 하향 조정하여 부과대상을 확대하였고, 누진세율을 대폭 증대함으로써 세금 징수액을 확충하였다. 법인에게도 기존의 세율 외에 이익 발생에 따라 초과이익세를 부과하였다. 재산 규모와 상속 금액에 따라 세율을 달리 적용하였으며, 모든 물품에도 많든 적든 물품세를 부과하였다. 사치세를 신설하기도 하였다. 또한 막대한 규모의 전시채권을 발행하여 전비를 조달하였다. 이를 위해 법령을 제정하고 수차례 개정하여 전비를 조달하였다. 또한 발행된 채권을 판매하기 위해 유명 배우들이 전국을 순회하면서 판매활동에 동참하였는가 하면, 방송사들이 하루 종일 판매 홍보 활동을 하였다. 걸스카우트와 보이스카우트 대원들도 직접 나서서 판매하였으며, 운동경기에서는 유명 팀이 경기를 하는 동안 입장료 대신에 채권을 구입하고 이를 전비로 제공하기도 하였다. 다양한 방법으로 채권을 판매하였던 것이다. 이처럼 여러 방법으로 막대한 전비를 조달하였지만, 그럼에도 조달된 비용보다 더 많은 지출이 발생하면서 국가 운영에 있어 커다란 짐이 되었다.

우리나라는 미국과 같은 재정력이나 경제력이 없다. 더군다나 북한과 직접 맞닿아 있으면서 항상 북한의 도발과 위협에 시달리는가 하면, 최근의 천안함 폭침이나 연평도 포격과 같은 직접적 도발을 겪기도 하였다. 이러한 북한의 국지적 도발에 대해 위기관리에 실패하면 전면전으로 확대될 가능성이 존재하는 것이 한반도의 안보상황이다. 무엇 하나 미국과 비교할 수 없는 환경이라고밖에 할 수 없는 것이다. 따라서 전시에 대비하기 위한 계획이 유효화되는 시기에 신속히 효율적으로 전비를 조달하기 위한 계획을 평시부터 수립하고 있어야 할 것이다.

2부

4장 북한의 군사전략과 한반도 전쟁양상 전망

5장 한반도 전쟁양상과 전비 소요분야

6장 전비조달 및 홍보

7장 전비의 최소화

4장

북한의 군사전략과 한반도 전쟁양상 전망

총 한 자루, 전함 한 척, 비행기 한 대, 로켓포 한 발 등을 만들기 위해 사용되는 돈은 바로 헐벗고 추위에 떠는 사람들에게 가야 할 돈으로 만들어진 것이다.

– Dwight Eisenhower –

1. 북한군의 군사전략과 위협요소

북한의 궁극적 목표는 남한을 적화하는 것이다. 이를 위해 북한은 상비군 128만 명(그중 특작부대 20만)과 예비전력 770만 명으로 구성된 17개의 군단급 부대와 82개의 사단급 부대, 74개의 기동여단급 부대[240]와 〈표 4-1〉에 제시된 주요 전투장비도 보유하고 있다.

〈표 4-1〉 북한군 주요전투장비

구분	전차	야포	방사포 등	함정	잠수함	전투기
수량	4,300여 문	8,600여 문	5,500여 문	740여 척	70여 척	810여 대

출처: 국방부, 『2016 국방백서』, 국방부, 2016, p. 236.

240) 국방부, 『2016 국방백서』, 국방부, 2016, p. 235.

북한은 현재 50kg에 달하는 플루토늄을 보유하고 있을 것으로 추정되고 있고, 고농축(HEU) 프로그램도 상당한 수준으로 진전되고 있는 것으로 평가되고 있다. 여기에 2,500~5,000톤에 이르는 각종 화학무기를 보유하고 탄저균·천연두·페스트 같은 다양한 종류의 생물학 작용제도 자체 배양하고 생산할 수 있는 능력을 보유하고 있을 것으로 추정된다.[241] 다섯 차례에 걸쳐 핵실험도 하였으며 여러 개의 핵폭탄을 보유하고 있을 것으로 추정되고 있다. 또한 핵무기를 소형화하여 미사일에 탑재 후 발사를 할 수 있는 능력을 보유하기 위해 다양하게 노력함과 더불어, 잠수함에서 발사하는 미사일(SLBM) 시험 사진을 공개하기도 하였다. 전방위적으로 대량살상무기(Weapons of Mass Destruction, WMD)의 개발에 전력을 기울이고 있는 것이다.

북한은 이러한 재래식 군사력과 대량살상무기를 이용하여 전후방 배합전, 기습전, 속전속결전 등을 시도할 것으로 예상된다. 이때 예상되는 전장실상은 우리의 상상을 초월하는 상황이 되면서 6·25전쟁 당시와는 비교할 수 없을 정도의 피해가 발생할 것이라는 것이다.[242]

〈그림 4-1〉 북한의 잠수함 발사 미사일과 장거리 미사일 발사 실험

241) 위의 책, pp. 27~28.

242) 한반도에서 예상되는 전쟁 상황은 비상기획위원회, 『전장실상에 부합한 비상대비훈련 사건 계획 작성 매뉴얼』, 비상기획위원회, 2007, pp. 6~8; 김정익, 『한국의 미래 전쟁양상과 한국군의 합동작전개념』, 한국국방연구원, 2010, pp. 95~105 참조.

여러 가지 북한의 군사적 능력과 위협을 고려해 볼 때, 어떤 이유로든 전쟁이 발발한다면 전혀 예측하지 못한 피해가 발생할 것이며, 그에 따른 전비는 상상을 초월하는 정도의 규모로 소요될 것이다.

이 외에도 사이버전의 위협을 생각할 수 있다. 김정은은 이미 "사이버전은 핵 및 미사일과 함께 인민군대의 무자비한 타격 능력을 담보하는 만능의 보검"이라고 말한 바 있다. 북한은 사이버전 인력을 확보하기 위하여 김일성종합대학, 미림대학 등에서 전국에서 선발된 수재들을 모아서 인력을 양성하고 있다. 이렇게 양성된 인력들이 사이버 전담 부대와 해킹 조직으로 가서 다양한 운용으로 대남 사이버 전쟁을 수행하고 있다. 사이버 공간에서 북한의 테러는 청와대와 각종 언론 및 방송사, 금융기관, 지하철 공사 등에 대한 Ddos 공격 등의 형태로 나타나고 있다.

2. 한반도 전쟁양상 전망[243]

전쟁이 임박한 단계

북한은 지상 전력의 70%을 평양-원산선 이남에 배치해 놓고 있으며, 이는 해군 및 공군력도 마찬가지이다. 이것은 남침을 위한 부대 배치의 변경 없이 기습적으로 남한을 침공할 수 있음을 의미한다. 많은 군사시설들은 지하에 감춰져 있어서 이를 탐지하기도 쉽지 않다.

김정은이 남침을 결정하는 순간 북한의 소규모 특수작전 부대가 지상이나 해상, 제3국 등으로 은밀히 침투하여 전력, 교통, 통신, 수도 등 국가기반시설에 대한 테러와 은밀한 공격 등을 시도하고, 전문 해커들이

243) 이윤규, 『한반도의 전장 환경의 변화와 우리 군의 대비방향』, 한국군사학회, 2012, pp. 63~66; 비상기획위원회, 『전장실상에 부합한 비상대비훈련 사건 계획 작성 매뉴얼』, 비상기획위원회, 2007, pp. 6~8.

인터넷 등 국가정보통신망을 공격하여 무력화를 시도할 것으로 예상된다. 정부에서는 당시의 상황에 따라 충무사태와 동원령을 선포하면서 전시체제로 전환하는 등 대비태세를 유지할 것이다.

이때 예상되는 전장실상은 동원·징집 거부, 피난민으로 인한 군작전로 사용 제한 등 군사작전 지원 방해라든가 사이버 테러로 인한 정부 기능의 마비가 일어나고, 주요 시설 테러, 반전시위 발생, 금융시장 혼란 등으로 정부 기능의 유지가 제한될 것이며, 악성 유언비어 확산과 불순세력의 사회혼란 조장 및 주요 다중시설에 대한 테러, 사재기와 매점매석 행위의 급증 등으로 국민생활이 불안정해질 것으로 예상된다.

개전 및 방어 단계

북한군은 군사전략상 대량의 화력 사용과 함께 특수부대를 전후방 지역으로 침투시키면서 기습적으로 공격할 것이다. 개전 및 방어 단계는 한반도에서 전쟁이 발발할 시 가장 어렵고 혼란스런 단계가 될 것이다. 이 단계에서 적은 적 장사정포를 대량으로 수도권에 집중 포격하고 동시에 지상 및 해상과 공중에서도 기습공격이 시작되는 한편, 특작부대가 전후방 지역에 대량으로 침투할 것이다. 후방 지역 중요 국가 및 군사시설에 미사일과 화학탄도 투발될 것으로 예상된다.

이때 예상되는 전장실상은 동원 및 징집 거부, 피난민으로 인한 군작전로 사용 제한 등 군사작전지원 곤란과 사이버 테러로 인한 국가 기능의 마비가 일어나고 금융시장의 혼란, 국가 주요 시설에 대한 테러, 반전시위, 방송과 통신체계 마비 등으로 인해 정부 기능 유지가 제한되며, 특수부대에 의한 국가 중요 시설 파괴, 대도시 피폭으로 인한 단전과 단수, 금융기관 대량 인출, 대량의 피난민 및 전재민 발생, 식량과 생필품 공급의 제한 등 국민생활에 있어 최고도의 혼란이 발생할 것이다.

북한 지역으로의 반격 및 북한군 격멸 단계

적은 공격에서 방어로 전환하기 전에 독전을 감행하여 최후의 결전을 시도하는 한편으로 후방 지역의 부대들은 축차적 방어지대를 편성하고 아군 후방 지역에 투입된 특수부대는 한·미군의 반격 능력을 무력화하기 위해 주요 시설과 증원로 등에 공격을 지속할 것으로 예상된다.

이 단계에서 예상되는 전장실상은 다음과 같다. 수도권 등 접촉 지역에서는 적의 철수와 아 공격준비부대의 이동, 소산 및 이동한 주민의 복귀 등으로 인해 극도의 혼란이 발생할 것이고, 국가기반시설 피해에 대한 복구가 추진되면서 많은 물자와 인력이 소요되며, 아울러 아군 부대가 반격을 함에 따라 군수 및 동원 소요는 증가될 것이다.

전쟁종식 및 전후처리 단계

이 단계에서 예상되는 전쟁 상황은 다음과 같다. 적의 주력부대가 격멸되고 잔류한 패잔병을 중심으로 하는 부대는 북한 지역의 높은 산악지역을 중심으로 지역별 거점을 형성하여 최후까지 유격전 등을 수행할 것이며, 한편 군은 안정화 작전으로 북한 지역에 정부통치를 위한 지원을 할 것이다.

한반도 전 영토에서 피해복구가 본격적으로 진행됨에 따라 복구소요가 급증되고, 북한 지역의 저항세력과 남한 지역에 기생하는 북한을 따르거나 우호적인 세력은 정부의 북한 지역에 대한 통치를 다양한 방법으로 방해하면서, 치안질서 유지의 어려움에 직면할 것이다. 또한 도로 및 수도, 병원, 산업시설 등의 피해복구 및 북한 지역 난민의 생활안정을 위해 동원 및 지원 소요가 급증하고 국제사회의 지원 및 개입 등으로 외교활동 소요가 급증할 것이다.

3. 국가비상대비계획

전쟁사에서 나타난 교훈을 보면 군사작전 지원을 위해 막대한 인적 또는 물적 자원이 동원되었다. 이를 위해 대규모의 인적 자원을 징집 또는 모집하고 막대한 예산을 투입해서 장비와 탄약을 만들기 위한 군수산업을 추진하였다.

정부기능 유지를 위하여 새로운 법령을 제정하거나 전쟁수행을 위해 필요한 정부기구를 창설 또는 확대하였으며, 국민생활 안정을 위한 대책 강구로 양곡 및 생필품 등의 철저한 배급제라든가 국토의 가용한 공간을 이용한 농작물 생산계획을 추진하였다.

전쟁에서의 승리는 "군사작전의 지원과 정부기능의 유지 및 국민생활의 안정"이 잘 어우러졌을 시 가능하였음을 전쟁사에서 나타난 여러 사례가 증명하고 있듯이 '전투의 승리'가 (반드시) '전쟁의 승리'로 연계되기 위해서는 크고 작은 전투에서의 승리는 물론 국가비상대비업무가 이를 보장해야 한다.

국가비상대비업무는 전시에 대비하기 위한 정부의 비군사 분야의 업무로 첫째, 국가비상사태 발생 시 정부의 기능을 유지하고 둘째, 인적 및 물적 자원의 동원을 통하여 군사작전을 지원하며 셋째, 국민생활의 안정을 도모함으로써 국가총력전을 수행하기 위한 정부의 업무이다. 그 목표는 '유사시 총력전 체제로 신속히 전환하여 국가의 이용 가능한 자원을 동원하여 군사작전을 효율적으로 지원하고, 국민과 정부가 필요로 하는 자원을 적절히 배분하여 국민생활의 안정을 도모하며, 전시 경제력과 정부기능을 지속적으로 유지함으로써 국민이 전쟁 수행의 주체로서 확고한 응전태세를 갖추게 하는 데 있다.

이러한 국가비상대비계획의 주요 내용은 다음과 같다. 군사작전지원을 위한 자원동원 계획은 부대가 전시에 확장하는 데 필요한 병력과 물자 등의 동원계획을 포함하고, 정부기능유지계획은 정부기구의 전시 행정체제로의 전환계획과 정부기관 소산계획, 주민 및 차량 등의 안전통제계획을 포함하고 있다. 국민생활안정계획은 전시 양곡과 생필품, 연료 등의 배급계획과 단전 시 비상전력 공급, 단수 시 급수 등의 계획, 전재민과 피난민 발생 시 구호 및 구조 등의 계획을 포함한다. 전비조달계획은 군사작전을 지원하고 전쟁 중 정부기능을 유지하며 국민생활의 안정은 물론 전재민과 난민의 구호 등에 있어서도 매우 중요하다.

4. 계획 작성 시 전비조달 관련 참고할 사항

첫 번째, 군사작전 지원을 위한 적시적이고 효율적인 동원 시스템이 필요하다. 인력 및 물자, 업체 등 자원 동원 보장대책 강구와 잠재능력의 개발 및 전쟁지속능력 확대대책 강구, 전쟁양상에 부합하는 새로운 자원 개발, 동원 및 전쟁지원을 위한 신속한 산업동원 능력의 확대 등을 위한 전쟁비용이 포함되어야 한다.

두 번째, 신속한 전시체제로의 전환 및 정부기능 유지 대책 강구가 필요하다. 신속한 전시체제 전환, 전시 증편 및 창설기구의 조기 임무 수행체제 확립과 주요 시설 보호 및 파괴 시 대비 긴급복구 대책 유지, 전시 산업활동 보장대책의 강구와 전시 국제사회 지원 및 협조를 위한 다각적인 외교 활동, 충무시설 등의 보호대책 등을 위한 전쟁비용이 포함되어야 한다.

세 번째, 국민생활 안정을 위한 다각도의 대책이 강구될 수 있도록 계획에 반영되어야 한다. 전재민과 피난민 등의 구호 및 구조 등 보호대책과 국민들의 의식주 등 국민생활 안정대책 유지(특히 식량), 단전 및 단수 등 국민생활을 불편하게 만들 수 있는 상황 발생 시 신속한 복구, 대량 사상자 및 부상자 발생에 따른 의료 및 약품 지원 대책 강구 등을 위한 전쟁비용이 포함되어야 한다.

네 번째, 종전 이후에는 동원해제 및 복원에 따른 비용과 정부기능의 복귀, 국민생활의 복귀 외에 북한 지역 수복 이후 피해 및 기반시설의 복구, 북한 주민에 대한 구호 및 구조, 북한군 무장해제 및 장비 무력화 등을 위한 비용도 포함해야 한다.

5장

한반도 전쟁양상과 전비 소요분야

1. 남북한의 경제력 비교

현대전에서는 만약 전면적인 전쟁이 발발한다면 국가총력전 양상으로 진행되는 것이 보편적인 현상이다. 역사가들은 총력전 양상이 미국의 남북전쟁에서 최초로 나타나서 1차 대전을 거치면서 본격화되었고, 2차 대전에서 절정을 이뤘다고 하였다. 6·25전쟁 당시의 남북한이나 중동전에서의 이스라엘 또한 전쟁 발발 당시 총력전을 하였다.

물론 한반도에서 어떤 군사적 대결이 발생하지 않도록 다양한 억제 방책을 강구해야 할 것이다. 그러나 그럼에도 불구하고 어떤 경우로든 억제에 실패하여 전쟁이 발발한다면, 다시금 총력전 양상으로 진행될 것이다. 국가의 전력이 전쟁에서의 승리를 위해 투입될 것이라는 것이다. 그렇다면 총력전이란 무엇인가? 학자들에 따라 다양한 논의가 있지만 저자는 그 개념을 '국가가 전쟁목표를 달성하기 위하여 정치와 외교, 재정 및 경제력, 과학기술 및 사회문화, 군사력과 예비전력 등으로 국가지도자를 중심으로 총력을 기울여 전쟁을 수행함으로써 승리를 보장하기 위한 통합된 활동'[244]으로 정의하였다. 전쟁이 발발한다면 승리하기 위해

244) 박계호, 앞의 책, p. 657.

국가의 온 힘이 투입된다는 이야기이다.

이 가운데 전쟁비용과 관련되는 재정 및 경제력은 '전쟁이 발발하면 총력전 수행을 뒷받침할 수 있도록 국가가 동원할 수 있는 재정능력이나 경제적인 힘 또는 역량과 부의 원천'[245]을 말한다. 고가의 장비와 탄약이 대량으로 사용되는 현대전의 전장에서 국가의 재정 및 경제력은 인적·물적 동원 역량과 더불어 전쟁을 지속할 수 있는 핵심적인 유형적 요소이다. 남북전쟁이나 1·2차 대전사 등에서 나타난 결과를 보면, 전쟁에서의 승리는 지도자의 전쟁지도와 국민들의 승리에 대한 의지 못지않게 인적·물적 동원능력과 더불어 재정 및 경제력이 우세한 국가로 귀결되었음을 볼 수 있다. 남북전쟁 당시는 동원역량이나 재정 및 경제력이 우세한 북군이 승리하였고, 1차 대전 당시는 독일과 오스트리아-헝가리 제국 등 동맹국보다 미국과 영국, 프랑스 등 동원역량과 재정 및 경제력이 우세한 협상국이 승리하였다. 2차 대전 당시에도 독일과 일본, 이탈리아 등 추축국보다 동원역량과 재정 및 경제력이 우세한 미국, 영국 등 연합국이 승리하였다.

이렇게 동원역량과 재정 및 경제력이 전쟁의 결과에 중요한 영향을 미치는 변수인 것은 사실이지만, 그렇다고 반드시 승리를 보장하지는 않는다. 역사를 통해서 보면 국가의 동원역량이나 부가 우세하였던 송나라는 몽골족의 공격으로 망하였고, 명나라는 여진족 금나라의 공격으로 망하였던 사례가 있다. 그 외에도 유사한 사례는 많이 있다.

따라서 전쟁이 발발하거나 그럴 우려가 있을 경우에는 동원역량뿐 아니라, 우세한 재정 및 경제력을 빠르게 전쟁을 지원할 수 있는 능력으로 전환하여 지원할 수 있는 국가의 재정 시스템이 중요하다. 이것은 국가비상사태 발생 시 의사결정시스템의 신속한 작동과 의사결정에 따라

---

245) 위의 책, p. 658.

신속한 전시체제로의 전환 및 비상사태 극복을 위한 재정의 신속한 집행, 장기화될 시에 대비한 대응 등을 포함한다. 한반도에서 만의 하나라도 전쟁이 발발한다면 우리의 동원역량이나 재정 및 경제력이 북한에 비하여 절대적으로 우세하기 때문에 반드시 승리할 것이라는 자만을 버려야만 한다는 것을 의미한다.

북한의 재정 및 경제력이 우리나라에 비교해서 절대적으로 열세에 있는 것은 사실이다. 그러나 북한은 병영국가이다. 상비군사력의 70% 이상은 평양-원산 이남에 배치돼 있어 재배치 없이 공격할 수 있는 상태에 있음을 『국방백서』는 밝히고 있다. 770만여 명의 예비전력도 짧은 시간에 동원할 수 있고 그들이 사용할 장비도 상비군에 준하는 상태에 있다. 여기에 다섯 차례의 핵실험을 통한 핵무기를 개발하고 있고, 잠수함 발사 미사일(SLBM, Submarine Launched Ballistic Missile)은 물론 2,500~5,000톤에 달하는 다량의 화학·생물학 무기를 보유하고 있기도 하다.

이러한 북한에 비하여 우리나라 상비전력의 규모는 상대적으로 작고, 예비전력의 동원준비태세는 미흡하다. 전쟁이 발발한다면 우세한 재정 및 경제력을 우리가 생각하는 것만큼 신속하게 전쟁을 지원할 수 있는 능력으로 전환할 수 있을지, 법적으로 준비돼 있는지, 얼마나 전비가 소요될지, 그렇게 하기 위한 연구와 전시대비계획은 제대로 되어 있는지도 의문이 많은 것이 현실이다.

한편 전시에 미 증원군이 단계별로 증원될 예정이다. 이에 따라 인력과 물자 등 미 증원군에 대한 지원소요가 동원계획에 포함돼 있다. 그런데 미 증원군 소요는 인력과 물자밖에 없을까? 이에 포함되지 않은 것으로 한국이 지원해야 할 경비를 포함하는 재정적인 지원도 많이 있을 것이다. 미국이 누적된 재정적자를 줄이기 위해 국방비 등에 있어서도 많은 삭감압력(Sequester)을 받고 있다는 것을 고려한다면, 미군이 병력과 물자 등을 지원할지라도 우리도 많은 비용의 지출을 염두에 두지 않으면

안 된다. 이미 6·25전쟁 당시 입증된 바 있다.

2. 전비 예상 분야

국방 및 군사 분야

현재 국군은 60만여 명의 상비군과 300만여 명의 예비군을 편성 및 유지하고 있고 이를 위하여 2016년의 약 39조 원의 국방비를 편성하였다. 세부 사용계획은 다음의 〈표 5-1〉에서 보는 바와 같다.

〈표 5-1〉 2016년 국방비 구조

구분	총액	전력운용비(국방부 소관)	방위력 개선비(방위사업청 소관)
금액(%)	38조 7,995억(100)	27조 1,597억(70)	11조 6,398억(30)
비고		병력운영비 16조 4,067억 전력유지비 10조 7,530억	

출처: 국방부 홈페이지 보도자료, http://www.mnd.go.kr(검색일: 2016. 2. 25)

이 비용은 60만여 명의 상비군을 운영 및 유지하기 위한 비용으로 급식 및 급여로부터 전력증강, 전투훈련, 방위력 개선 등의 비용은 물론 300만여 명의 예비전력을 운영 및 유지, 훈련시키기 위한 비용도 포함하고 있다. 전시 상황이 되면 이 예산을 이용하여 전쟁을 수행하기 위해서는 턱없이 부족하게 된다. 우선 동원예비군이 동원계획에 따라 동원되면서 병력규모가 대폭 증가하게 되고, 이를 운영 및 유지하기 위한 비용에 이들에 대한 전투수당의 지급 등으로 전비소요는 대폭 확대된다. 이는 전투를 위해 사용될 고가의 장비와 탄약이 대량으로 빈번하게 사용되면서 천문학적으로 확대되고, 물자 동원에 따른 비용까지 그 비용은 대폭 증가된다.

그러나 우리 군은 현재 주요 탄약의 전투예비량 보유 수준이 낮은 것으로 알려지고 있다. 얼마 전 어느 일간지에 한국군이 유사시에 대비하여 전투예비탄약이 태부족이라면서 미국은 한국이 정밀유도무기를 포함하여 30일치로 확대하기를 요구하고 있다는 기사가 게재되었던 적이 있다. 이 기사에 따르면 개전 초 한·미군은 서울과 수도권을 겨냥하는 북한군의 장사정포 진지를 포함해 노동미사일 이동식 발사차량, 핵과 미사일 기지 등을 타격할 800~1,000여 개의 핵심 표적을 최단 시간에 제거할 작전계획을 갖고 있는데, 국군이 보유한 정밀무기는 개전 후 3~4일이면 바닥이 날 정도이고 다른 예비탄약도 15일에 불과할 정도로 비축량이 적다는 것이다.

〈표 5-2〉 주요 전투예비탄약 보유량

구분	보유량	기준치
K-9 자주포용 155mm 신형고폭탄	7~8일	30일
다연장 로켓(MLRS)	최대 15일	〃
대잠어뢰 홍상어	3~4일	〃
AM-120, AIM-9X 공대공 유도탄	최대 일주일	〃
GBU-31(2천 파운드급 합동정밀직격탄)	7~9일	〃
GBU-39(250파운드급 소형정밀관통탄)	15일	〃
KGGB(한국형 중거리 공대지 유도폭탄)	최대 일주일	〃
120mm 함포탄	일주일	〃

출처: "유사시 예비탄약 태부족, 미 '한국 30일치 확대를'", 『동아일보』 2014. 12. 5.

이런 문제를 해결하기 위해서는 2020년까지 20조 원이라는 천문학적인 돈이 필요하지만, 군이 계획하고 있는 예산은 10조 원에 불과하다고 하고 있다. 북한의 위협이 고조되는 상황에서 한국군의 전쟁예비탄약 부족은 더 이상 간과할 수 없는 문제로, 이를 위해 최소 30일치, 최대 60일치의 전투예비탄약이 필요한 것으로 보고 있다. 당연히 탄약을 준비하기 위한 비용이 대폭 소요될 수밖에 없을 것이다.

미 증원군이 시차별 전개목록(TPFDL, Time-phased Force Deployment List)에 따라 한반도에 증원되면서 이에 따른 비용도 지원해야 한다. 이러한 비용은 전쟁이 얼마나 지속될 것인지, 전쟁의 강도는 어떻게 될지 등에 따라 좌우될 것이다. 6·25전쟁 당시 그 어려운 가운데서도 정부는 한국에 도착하는 국제연합군이 필요로 하는 비용을 준비하기 위하여 유엔 대여금을 편성하였던 사례가 있다.

또한 전쟁이 어떤 형태로든 끝나게 되면 동원을 해제(Demobilization)하면서 동시에 인원과 물자를 복원(復元, Recovery)하여야 한다. 예를 들어 북한 지역에 수십만여 명의 동원병력과 수십만 대의 차량, 각종 건설기계 등 동원자원이 전개된 상태에서 북한이 항복하고 어느 시기에 동원이 해제되면 이들을 원래의 상태로, 즉 남한 지역으로 복귀시켜야 한다. 이 과정에서 이를 위한 비용 역시 막대하게 소요될 것이다. 종전 이후에는 북한군 무장해제 및 장비 등의 무력화 과정에서 소요될 비용도 고려해야 한다.

국민생활안정 분야

전쟁 기간 중에도 기본적으로 국민들의 의식주는 유지되어야 한다. 그러나 전쟁이란 상황으로 인해 주거시설이 파괴되면서 수많은 국민들이 길거리로 나가거나 임시 텐트 또는 학교 같은 수용시설에 수용될 수도 있다. 6·25전쟁 당시의 사진을 보면 잘 알 수 있다. 최근에는 시리아의 내전 상황이 이를 잘 보여 준다. 또한 우리나라는 국토에서 생산하는 식량으로 전 국민을 먹여 살릴 수 없으며, 식량자급률은 25~26%에 불과할 정도로 낮은 수준이다. 전쟁이란 상황은 사재기, 매점매석 같은 불법적 상황을 야기하여 안 그래도 부족한 식량수급 상황을 악화할 것이다.

한편 우리나라는 매년 원유 도입을 위해서 수백억 달러, 가스 도입을 위해서도 수백억 달러를 사용한다. 전시라는 상황으로 인해서 많은 유류가 군사작전을 위한 용도로 전환되면서 한겨울에도 난방용 석유나 가스 공급이 제대로 되지 않아 국민들의 생활은 어려워질 것이다. 이러한 사항들은 1차 대전이나 2차 대전 시 모든 국가에서 나타난 일반적인 현상이기도 하다.

수만~수십만의 난민이나 부상자가 발생하면서 이들을 구호 및 구조하기 위한 지원소요도 급증할 것이다. 아파트가 많은 우리나라에서 발전시설이 피격되면 제대로 전기가 공급되지 않아 급수, 화장실이나 엘리베이터 사용 등 수많은 곳에서 불편이 생길 것이다.

종전 이후에는 참전하였던 군인을 포함하여 전사자에 대한 보상과 부상자에 대한 치료 및 보상, 연금 등의 지급도 국민생활 안정 차원에서 전후 비용에 포함돼야 한다. 이러한 비용은 국민생활 안정 차원에서 반드시 필요하다. 미국의 경우는 전비에 포함된 예산 가운데 이와 같은 예산이 별도의 항목으로 편성돼 있다. 또한 북한 지역의 난민에 대한 구호 및 구조비용도 고려해야 한다.

정부기능유지 분야

전쟁 기간 중 정부기능을 유지하기 위한 인건비와 사업비, 필요시 추가 인력을 고용하기 위한 비용 등이 대폭 소요된다. 정부시설과 각종 공공시설이 파괴되면서 이를 복구하기 위한 비용도 폭증할 것이다. 그 외에도 북한발로 야기될 비용이 있다. 우선 수많은 북한의 전쟁난민들을 구호 및 구조하기 위한 비용이다. 전쟁 기간 중 파괴된 북한의 가옥과 학교, 병원, 도로, 공장, 교량 등 각종 주거 및 기반시설과 산업시설의 복구비용도 우리가 감당할 수밖에 없을 것이다. 북한군이 항복한다면 이를 수용하고 무장해제하기 위한 비용도 계상해야 한다. 종전 이후에는 정부기능을 전쟁 이전의 상태로 돌리기 위한 막대한 비용도 소요될 것이다.

또한 북한 지역에서 정부체제를 수립하고 사회기반시설을 복구하는 데 소요될 비용도 고려해야 한다.

한반도에서 만약 전쟁이 다시 발발하다면 어느 정도의 전비가 소요될 것인가? 이를 연구한 자료가 거의 없기 때문에 추측하기는 쉽지 않다. 그러나 일반인이 생각하는 것에 비해 상상을 초월하는 전비가 소요될 것으로 보인다. 수백만의 인명손실과 더불어 산업시설의 파괴는 물론 조 단위의 달러 소요가 있을 것이다.[246] 미국의 예를 보면, 이라크 및 아프간 전쟁에서 사용한 전비에 대해서는 갑론을박이 있다. 예를 들면, 미 의회의 예산국은 2011년 보고서에서 총비용을 1조 4,150억 달러로 밝혔으나 대학에서의 연구로는 총 4조 달러 정도가 소요된 것으로 판단된다는 보고서가 발표되었으며, 이것은 미국의 국가부채 14조 달러의 1/3에 달하는 규모라고 하고 있다. 또 다른 보고서에서는 향후 2조 달러가 전쟁에 참여하였던 15만여 명의 장병들에 대한 의료비용 등으로 더 소요될 것이라고 주장되면서, 정부는 지난 비용 4조 달러와 추가 소요될 비용 2조 달러에 대해 관리들이 말하기를 원치 않고 있다고 주장하고 있다. 그만큼 미국에서 이라크 및 아프간 전쟁의 비용은 미국의 재정적인 부담이 되고 있는 상황이다.[247]

전비가 필요한 곳으로는 첫 번째, 가장 많은 비용이 소요될 곳으로 판단되는 국방 및 군사 분야가 있다. 전쟁을 수행하는 데 필요한 전투 병력의 유지와 장비 및 탄약의 사용 및 해외도입 등의 비용과 인적·물적 자원의 동원에 따른 비용 등이다. 한 발에 수억~수십억 원을 상회하는 유도무기들이 빈번하게 사용될 것이고, 수백억~수천억 원을 넘는 전투기와 함정들이 빈번하게 투입될 전장에서 소요될 비용은 상상을 초월할 것이다. 이는 미국이 이라크와 아프간에서 전쟁을 수행하면서 사용한 전

246) http://www.cnn.com/world(2003. 1. 21.)

247) Joel Brinkley, "War Costs greater than thought", *The Korea Herald*, 2011. 9. 4.

비를 보면 미루어 짐작할 수 있다. 주목할 것은 미국이 이라크나 아프간에서 사용한 전비가 주로 전투에 참전한 병력의 유지와 전투장비 및 탄약, 물자의 사용에 따른 비용이라는 것이다. 여기에는 국민들의 생활을 안정시키기 위한 비용이나 난민 구호 및 구조에 따른 비용은 포함되지 않은 것이다.

두 번째는 국민을 먹여 살리기 위한 비용으로, 식량자급률(연 25~26%)이 현저히 낮은 상황에서 식량을 도입하는 데 필요한 비용이 소요될 것이다. 전쟁사에 나타난 사례를 보면 최소한 식량의 공급은 전쟁에 있어서 승패를 가르는 주요한 요소였다. 이를 고려해서 특히 관심을 가져야 할 부분이다.

다음은 석유와 가스 등 연료로 전쟁을 유지하고 산업에 필요한 자원을 도입함에 따른 비용이다.

한편으로 적의 공격으로 피해가 발생한 방위산업체를 포함한 주요 산업시설, 도로 및 교량 등 각종 국가기반시설들을 복구하는 데도 비용이 소요될 것이다. 급증하는 난민들을 위해 구호 및 구조시설을 설치하고 이를 지원하기 위한 비용도 소요될 것이다. 이처럼 수많은 곳에서 전비소요가 눈덩이처럼 발생할 것이다.

따라서 필요한 전비의 우선순위와 금액 등을 판단하기 위해, 재정을 주관하는 정부 부처에서는 국가비상대비계획 작성 지침에 전시 소요될 예산에 대한 항목과 기준 등 지침을 포함하는 가이드라인을 설정해야 한다. 또한 이를 토대로 소요될 금액을 판단하기 위해 을지연습기간을 이용하든 별도의 기간을 이용하든 유관기관 간의 합동토의가 필요하다.

3. 현 실태

현행 세제 관련 법령 및 제도

국세기본법(법률 12162호, 2014. 1. 1.)은 국세에 관한 기본적이고 공통적인 사항과 위법 또는 부당한 국세처분에 대한 불복 절차를 규정함으로써 국세에 관한 법률관계를 명확하게 하고, 과세(課稅)를 공정하게 하며, 국민의 납세 의무의 원활한 이행에 이바지함을 목적으로 하는 법률이다. 동 법률에서는 소득세, 법인세, 상속세, 증여세, 종합부동산세, 부가가치세, 개별소비세, 교통 및 에너지세, 환경세, 주세, 인지세, 증권거래세, 교육세, 농어촌특별세를 국세의 범주에 포함하고 있다. 국세는 중앙정부가 국방과 사회간접기반시설의 설치 등에 필요한 재원을 마련하는 데 사용된다. 국세는 관세와 내국세로 구분된다. 국세청 자료에 의하면 2014년의 경우, 국세로 일반회계 190조 6,128억 원과 특별회계 5조 1,143억 원 등 195조 7,271억 원을 징수하였다. 여기에 관세청 소관 8조 7,422억 원 등까지 합하여 205조 5,198억 원을 징수하였다.[248] 지방세(법률 13636호, 2015. 12. 29.)는 지방세법에 근거하며, 지방자치단체가 해당 지역의 교통이나 복리후생 등에 필요한 재원을 조달할 목적으로 징수한다.

〈표 5-3〉 우리나라의 조세제도

구분	국세	지방세
항목	소득세, 법인세, 상속세와 증여세, 종합부동산세, 부가가치세, 개별소비세, 교통·에너지·환경세, 주세, 인지세, 증권거래세, 교육세, 농어촌특별세	취득세, 등록·면허세, 레저세, 담배소비세, 지방소비세, 주민세, 지방소득세,
근거	국세법 2조(정의)	지방세법

248) 국세청 홈페이지, http://www.nts.go.kr(검색일: 2016. 2. 1.)

우리나라에서 정부의 세입과 세출에 대한 업무는 기획재정부 장관이 담당한다. 기획재정부 장관이 나라의 살림을 책임지고 있는 것이다. 조세에 관한 업무는 그 산하 외청인 국세청이, 관세 업무는 관세청이 담당한다.

국가재정법(법률 제12698호, 2014. 5. 28.)은 국가의 예산·기금·결산·성과관리 및 국가채무 등 재정에 관한 사항을 정함으로써 효율적이고 성과지향적이며 투명한 재정운용과 건전재정의 기틀을 확립하는 것을 목적으로 하는 법이다.

동법 제13조(회계·기금 간 여유재원의 전입·전출)에서는 정부는 국가재정의 효율적 운용을 위하여 필요한 경우에는 다른 법률의 규정에도 불구하고 회계 및 기금의 목적 수행에 지장을 초래하지 아니하는 범위 안에서 회계와 기금 간 또는 회계 및 기금 상호 간에 여유재원을 전입 또는 전출하여 통합적으로 활용할 수 있다고 규정하고 있으며, 우체국보험 특별회계, 국민연금 기금, 공무원연금 기금, 사립학교 교직원연금 기금, 군인연금 기금, 고용보험 기금, 산업재해 보상보험 및 예방 기금, 임금채권보장기금, 방사성폐기 관리 기금, 그 밖에 차입금이나 '부담금관리기본법' 제2조의 규정에 따른 부담금 등을 주요 재원으로 하는 특별회계, 기금 중 대통령령이 정하는 특별회계, 기금 등의 특별회계 및 기금을 제외하도록 규정하고 있다.

국가재정법의 제89조(추가경정예산안의 편성)에서 정부는 첫째로 전쟁이나 대규모 자연재해가 발생한 경우, 둘째로 경기침체와 대량실업 및 남북관계의 변화, 경제협력과 같은 대내외 여건에 중대한 변화가 발생하였거나 발생할 우려가 있는 경우, 셋째로 법령에 따라 국가가 지급하여야 하는 지출이 발생하거나 증가하는 경우 등 각 호의 어느 하나에 해당하게 되어 이미 확정된 예산에 변경을 가할 필요가 있는 경우에 추가경정예산안을 편성할 수 있도록 규정하고 있다. 이 추가경정예산안은 국회에서 확정되기 전에 정부가 이를 미리 배정하거나 집행할 수 없도록 규정하고 있다.

동법에서는 전쟁이 발발할 경우, 이미 확정된 예산을 변경, 추가경정예산을 편성하여 국회의 확정을 거쳐 집행할 수 있도록 규정하고 있다. 전비조달과 관련하여 이 법의 문제점으로 생각하는 것은 우체국보험 특별회계, 국민연금 기금, 공무원연금 기금, 사립학교 교직원연금 기금, 군인연금 기금, 고용보험 기금, 산업재해 보상보험 및 예방 기금, 임금채권보장 기금, 방사성폐기 관리 기금 등을 필요시 전쟁비용으로 사용할 수 있는지 아니면 없는지, 전쟁이 발발하여 급박한 상황임에도 불구하고 추가경정예산을 편성하였는데 정부가 국회의 동의가 없으면 사용할 수 없도록 규정한 것이 과연 타당한 것인지 하는 것이다.

전쟁이라는 급박한 상황을 감안하여 각종 연기금 가운데 그 성격을 감안하여 정부가 판단하여 원상복구를 전제로 전비로 사용할 수 있도록 법령 등을 바꾸어야 할 것으로 생각된다. 정부가 판단한 추가경정예산도 상황의 급박성을 감안, 우선적으로 사용하도록 하되 사후 국회가 보고를 받거나 승인 절차를 밟도록 해야 할 것이다.

예산회계에 관한 특례법(법률 제8852호, 2008. 2. 29.)은 예산 및 결산에 관한 특별 절차를 규정함으로써 국가안전보장업무의 효율적 수행을 기하게 함을 목적으로 하는 법률로, 국가의 안전보장을 위한 활동에 소요되는 예비비의 사용과 결산은 '국가재정법'의 규정에도 불구하고 총액으로 하며, 이는 기획재정부 소관으로 하며, 이 법 시행에 관하여 필요한 사항은 대통령령으로 정한다고 규정하고 있다.

예산회계에 관한 특례법 시행령(대통령령 제20720호, 2008. 2. 29.)에서 예산회계에 관한 특례법 제2조에 규정된 "국가의 안전보장을 위한 활동에 소요되는 예비비"라 함은 국가의 안전에 관련되는 중요한 국내외 정보의 수집처리 및 국가 안위에 관한 중대한 반국가적 범죄의 수사를 위한 활동에 소요되는 경비와, 중대한 기밀에 속하는 군의 시설 및 장비의 보강과 이에 수반되는 경비로서, 국회의 의결에 의하여 결정된 것을 말한다. 따라서 전쟁비용과는 관련 없다고 생각된다.

우리나라는 국가안보 상황에 있어서 전쟁이 발발하면 그제서야 어떤 계획을 검토하거나 방침을 수립해서 보고하고 국회의 의결을 거쳐 시행할 정도로 여유가 있는 나라가 아니다. 평시 전시에 예상되는 상황을 감안하여 사전에 계획을 검토하고 시행할 준비를 해 놓아야 한다는 것이다. 법률도 마찬가지이다. 그런데 전쟁이 발발할 우려가 있거나 발생할 경우, 즉시 시행할 수 있도록 규정된 법령을 어디에서도 찾아보기가 쉽지 않다.

전비조달 관련 계획

국가비상대비계획에서는 한반도에서 발생 가능한 다양한 상황을 가정하여, 군사작전 지원은 물론 정부기능의 유지와 국민생활의 안정까지 고려해서 전쟁비용을 조달하기 위한 계획을 포함하여 계획을 작성해 놓아야 한다.

특히 전쟁비용 조달에 관한 책임을 갖고 있는 정부 부처에서는 이에 대한 구체적인 계획을 수립해야 한다. 담당 부처에서는 소관 업무를 고려하여 전시 예상되는 재정 및 경제 분야의 상황을 분석하여야 한다. 이를 토대로 합리적인 계획 작성을 위한 가정(假定)을 발전시켜야 한다. 이를테면, 전시 경제상황이 어떻게 변화할 것인지 합리적인 판단을 한 뒤 논리적인 가정을 설정하고, 이러한 가정을 기초로 전시 경제 분야에서 비상대비환경의 분석을 통해 경제상황과 세제상황 및 기업환경 등 경제 각 분야에 대해 분석하고 이를 토대로 전비조달 환경이 어떻게 될 것인지 분석해야 한다.

행정 각 부처와 협조하여 그 규모를 판단하고 예상되는 전비소요를 해결하기 위해 각종 조세제도는 어떻게 할 것인지, 한국은행이 은행권을 발행한다면 단계별로 얼마나 할 것인지, 채권을 발행하다면 단계별로 얼마나 할 것인지, 연기금을 사용한다면 얼마나 할 것인지, 외환보유액을 사용한다면 얼마나 사용할 것인지, 기업의 사내 보유금을 사용한다면 얼마나 사용할 것인지 등에 대한 구체적 계획이 수립되어야 한다. 이렇게 계획을 수립하고 시행은 당시의 상황을 판단하여 융통성 있게 적용해야 하는 것이다.

이와 병행하여 전시 전비조달을 위한 홍보계획도 수립되어야 한다. 전시 국가의 홍보 업무를 담당할 부처에서도 소관 업무와 관련하여 전시 예상되는 상황을 분석한 뒤 가정을 설정하고, 이를 바탕으로 전비조달과 관련하여 어떤 방법으로 홍보를 할 것인가의 계획이 수립되어야 한다.

6장

전비조달 및 홍보

1. 개요

전비조달 방법은 제2장에서 살펴본 바와 같이 조세 제도를 개편하는 방법이나 은행권 발행액을 확대하는 방법, 전시채권의 발행 및 판매, 차관의 도입 등 여러 방법이 있다. 전비를 조달하기 위한 방법을 판단하고 결정하기 위해서는 우선적으로 전시 그 규모가 얼마나 소요될 것인가 예상되는 금액을 판단해야 한다. 이를 기초로 어떤 방법으로 전시 국민생활과 경제에 충격을 적게 주면서 효과적으로 전비를 조달할 수 있을 것인지가 고려돼야 한다. 여러 방안을 고려하여 우선적인 방안과 차선으로 고려할 방안에 대해 검토하고 이를 바탕으로 계획이 수립되어야 한다.

전비조달 방안에 대한 검토와 동시에 전시가 되면 어떻게 국민들을 대상으로 하여 전비조달을 위한 홍보를 할 것인지도 계획이 수립되어야 한다. 미국을 포함하는 많은 나라에서는 전시 전비조달을 위해 방송이나 신문 등 언론수단을 이용하는 것은 기본이었고, 포스터라든가 표어를 제작하여 다수 군중이 모이는 공공의 장소에 부착하기도 하였다. 유명 배우를 몇 개의 팀으로 편성해서 전국을 순회하면서 국민들의 애국심에 호소하여 전시채권 판매 촉진 행사를 갖기도 하였다.

보이스카우트나 걸스카우트 같은 청소년 단체들이 나서서 판매를 하기도 하는 등 다양한 방법이 사용된 것이다. 우리도 이와 같은 방법을 염두에 두면서 인터넷을 포함하는 다양한 사회적 소통수단(SNS)들이 있는 만큼 이를 적극적으로 활용하는 방안도 고려돼야 한다.

2. 전비조달 방안

전비조달 방안을 검토하기에 앞서 정부 부처별 전비가 얼마나 소요될 것인지 판단하고, 각 항목들이 타당한 것인지 우선적으로 판단하여야 한다. 전비소요의 판단은 전쟁양상과 예상되는 기간에 따라 달라질 것이기 때문에 국방부는 해당 부처의 전시예산규모를 판단하는 데 참고가 될 수 있도록 전쟁양상과 치열도, 예상되는 기간을 제시해야 한다. 또한 기획재정부는 행정 각부가 전비소요를 판단하는 데 참조할 수 있는 제반 기준을 포함하는 지침을 전시예산 편성 지침에 포함해서 제시해야 한다. 이렇게 하여 판단된 예산을 종합하여 전시예산 규모를 판단하고 이를 어떻게 마련할 것인지 조달 방안을 수립해야 한다.

조세인상, 화폐발행, 전쟁 발발과 동시 국가예산을 전시예산으로 전환

전쟁이 발발하면 갑자기 전비가 폭발적으로 증가하기 때문에 기존의 예산으로 전비를 충당할 수는 없다. 현재 국세기본법 제2조에서는 국가가 부과하는 조세 항목으로서 소득세, 법인세, 상속세와 증여세, 종합부동산세, 부가가치세, 개별소비세, 교통 및 에너지·환경세, 주세, 인지세, 증권거래세, 교육세, 농어촌특별세 등을 규정하고 있는데, 이를 인상한다면 얼마나 할 것인지 판단하고 전시대비계획에 반영해야 한다. 또한 전쟁 기간과 복구 기간에 한해 필요한 비용을 조달하기 위해 추가로 새로운 항목의 세금을 신설하며, 평시에는 소득수준이 낮아서 과세 대상에서 제외하였던 사람들도 과세 대상에 포함하여 세금을 징수해야 하는 만큼 이에 대한 계획도 필요하다.

기존에 편성돼 있었던 예산들은 전시예산으로 전환하면서, 국방 및 군사 부문 외에 소요되는 예산들은 최대한 지출을 억제해서 급증하게 될 비용을 충족해야 한다. 또한 전비조달을 위해서는 은행권 발행의 증대를 피할 수는 없겠으나, 이로 인해 파급될 인플레이션과 같은 부정적인 상황을 염두에 두면서 가급적이면 이를 최소화하는 방향에서 조치가 필요하다. 이때에는 전시채권을 발행하여 인플레이션을 억제하는 대책도 병행하여 검토가 필요하다.

전시채권 및 애국복권 발행

전쟁 기간 중 대부분의 국가는 우선적으로 대량의 은행권을 발행하여 전비를 조달하였다. 그러나 이로 말미암아 시중에 화폐유통액이 급증하면서 인플레이션 현상 또한 피할 수 없었다. 따라서 시중에 유통되는 화폐를 수거하면서 전비를 조달하는 한편, 국민들의 애국심에 호소하면서 전쟁 동참을 요구하기 위해 전시채권을 발행하였다. 전시채권 발행을 통해 세 가지 목적을 동시에 달성하였던 것이다.

전시채권을 발행함에 있어서 원금은 물론 발행조건에 따라 일정한 상환기간이 되면 이자를 포함하여 상환해야 하기 때문에 정부의 부담이 되고 이는 곧 국민들의 조세부담이 된다. 하지만 정부도 갑자기 폭발적으로 증가할 전비수요에 대비하여 전시채권의 발행을 검토해야 한다. 전시채권을 발행한다면 전쟁 단계별로 얼마나 할 것인지, 액면가를 얼마로 할인해서 판매하고, 상환 당시 이율은 얼마로 하며, 상환 기간은 몇 년으로 할 것인지 등을 판단하면서 동시에 언제 어떤 방법으로 국민들에게 홍보할 것인지도 판단하여야 한다. 이러한 점들에 대해 전쟁 당시 예상되는 재정 및 경제 상황을 분석하여 방침을 설정하고 구체화하여야 한다. 한편 애국복권(Patriot Bonds)은 부족한 전비를 충당하면서 구입한 사람들에게 간접적으로 전쟁에 참여한다는 애국심을 고취하는 것이다.

국내 각종 연기금 및 외환 등의 전비사용계획 수립

이 방법은 지금까지 1·2차 대전 기간 중 주요국들이 전쟁을 하면서 전비를 조달하기 위해 사용하였던 사례가 별로 없다. 그것은 당시 연기금제도가 전비조달을 위해 검토될 정도로 활성화되지 못하였던 데서 이유를 찾을 수 있을 것이다.

그러나 지금 한국의 경우는 1·2차 대전은 물론 6·25전쟁 당시와는 다르게 많은 연금 및 기금제도가 발전되고 있다. 우선 생각해 볼 수 있는 것은 막대한 자금을 축적 및 운용하고 있는 국민연금이다. 국민연금은 정부가 직접 운영하는 공적연금제도로, 국민 개개인이 소득 활동을 할 때 납부한 보험료를 기반으로 하여 나이가 들거나, 갑작스런 사고나 질병으로 사망 또는 장애를 입어 소득활동이 중단된 경우 본인이나 유족에게 연금을 지급함으로써 기본 생활을 유지할 수 있도록 하는 제도이다. 우리나라의 국민연금은 세계 3대 연금 가운데 하나일 정도로 그 규모가 크고 내실 있게 운용되는 것으로 알려지고 있다.

〈표 6-1〉 국민연금 적립액의 변화(운용액 기준)

구분	2010	2011	2012	2013	2014	2015	2016(10월)
금액(원)	324조	349조	392조	427조	470조	512조	545조

출처: http://www.nps.or.kr(검색일: 2017. 1. 10.)

위의 〈표 6-1〉에서 보는 바와 같이 2015년 말을 기준으로 축적된 국민연금 적립액은 국가의 1년 예산(2016년 기준 386.7조)보다 많다. 그런데 국민연금관리공단에 의하면 국민연금은 앞으로도 지속적으로 증가하여

2020년에는 847조 원, 2043년에는 2,561조 원에 달할 것으로 예상되고 있다.[249] 이렇게 막대한 규모로 축적된 국민연금은 평시에는 국민들의 삶을 향상시키는 데 기여하지만, 전시에는 중요한 전비조달처로 활용될 수 있을 것이다. 그러나 국민연금을 모두 전비로 사용하기에는 국내외에서 주식이나 채권에 대한 투자 등 이미 다양하게 투자된 부분이 있어 여러 제한 사항들이 있을 것으로 예상되기 때문에, 적립액 가운데 어느 정도를 전비로 사용하고 어느 정도를 전쟁 기간 중 연금을 지급하는 데 사용하며 어느 정도를 회수해야 하는지 등에 대한 운용상의 문제와 법적 문제점을 검토하여 방침과 사용액 규모를 정해야 할 것이다.

이외에도 정부가 운용하는 각종 기금의 경우 2016년 65개 항목에 620조 원이 있다.[250] 여기에는 남북협력기금, 마사회 수입금, 스포츠 토토 수입금, 로토 수입금 등이 있는데, 이렇듯 정부가 전쟁이 발발할 경우, 전비로 전환을 검토해야 할 곳은 찾아보면 많이 있다. 이 가운데 법적 검토를 거쳐 이용 가능한 기금을 선정하여 이용하는 방법도 계획되어야 한다. 연금 가운데 이용할 수 있는 연금에 대해서도 검토되어야 한다. 이를 포함하여 사학연금, 공무원연금은 물론 군인공제회 등에 적립된 각종 기금 등에 대해서도 전후 원상복구를 전제로, 전쟁이 발발할 경우 어느 정도의 금액을 전비로 사용할 것인지 등에 대한 검토가 필요하다. 국가적 비상사태에 대비하여 관련 법령을 검토해서 방침을 정하고, 어느 시기에 어떤 절차로 어느 정도의 연기금, 각종 수익금을 전비로 전환토록 할 것인지 평시에 검토하여 관련 계획에 반영하고 있어야 할 것이다. 정부가 전시채권을 발행할 때 이 기금을 이용하여 채권을 구입하면서 전후 이윤을 포함하여 상환하는 방법도 가능할 것이다.

외환보유액도 전시가 되면 어떻게 전쟁을 수행하는 데 도움이 되도

---

249) http://www.nps.or.kr(검색일: 2016. 6. 10.)

250) 국회예산정책처, 『한눈에 보는 대한민국 재정 2016』, 명문기획, 2016, pp. 25~27.

록 운용할 것인지 심사숙고해야 하는 중요한 전비조달원이다. 영국이나 프랑스는 1 · 2차 대전 시 세금이나 전시채권 발행, 은행권 발행 등 다양한 방법으로 전비를 조달하였지만 그럼에도 폭증하는 전비를 충족하지 못하면서 중앙은행이 보유하고 있었던 금을 매각하였다. 그래도 부족하자 미국을 포함하는 우방국으로부터 달러를 차관으로 빌렸다. 이러한 사례를 본다면 우리나라도 정부가 보유하는 외환보유액의 일정 부분을 전비로 사용할 수밖에 없는 상황이 될 것이다. 2016년 말을 기준으로 보면 우리는 3,700억 달러가 넘는 외환을 보유하고 있다. 외환보유액 중 유가증권(국채, 정부기관채, 회사채, 자산유동화증권 등. 93.8%)이 차지하는 비중이 높고, 예치금(3.6%), 금(1.3%), 특별인출권(SDR, 0.9%) 등으로 구성되어 있는데 이 가운데 어떤 것을 어느 정도로 사용할 수 있을 것인지 검토되어야 한다. 또한 전쟁 기간일지라도 국가경제를 유지하면서 상품을 생산하여 수출하고 공장을 가동시키는 등 교역을 위해서도 사용되어야 할 것이기 때문에, 이렇게 영향을 미칠 요인들을 검토한 뒤 적정한 선에서 결정되어야 할 것이다.

〈표 6-2〉 외환보유액 변화 추이

구분	2010	2011	2012	2013	2014	2015[251]	2016. 12.
보유($)	2,915억	3,064억	3,269억	3,464억	3,635	3,679억	3,711억

출처: http://ecos.bok.or.kr(검색일: 2017. 1. 10.)

30대 이상의 대기업이 보유하고 있는 사내 보유금도 700조 원 이상 되는 것으로 알려지고 있다. 이 가운데 일부의 보유금을 법적 절차를 거쳐 전비로 전환하는 방안에 대한 검토도 필요하다. 이렇게 연기금, 각종

251) 2015년 말을 기준으로 한국은행이 보유하고 있는 3,679억 1,865만 달러의 외환 가운데 외환이 3,585억 1,835만 달러, 금이 47억 9,475만 달러, 특별인출권이 32억 4,144억 달러, IMF 포지션이 14억 1,182만 달러이다.

수익금, 외환보유액, 사내 보유금 등 다양한 전비조달방안을 검토해야 하지만, 전후 복구를 위해서도 많은 비용이 소요되고 또한 전쟁 기간 중 사용된 비용도 결국은 국민의 세금으로 상환해야 한다. 따라서 전후 정부의 재정 운용이나 경제에 직간접적인 압박을 주게 된다는 것을 염두에 두면서 신중히 판단해야 할 것이다.

한편 정부는 주요 공기업을 포함하는 기업의 채권도 다수 보유하고 있다. 이러한 채권도 필요에 따라서는 일정 부분 매각을 통해 전비를 조달할 수 있도록 검토되어야 한다.

그런데 전쟁이라는 국난으로 인해 막대한 비용이 필요함에도 불구하고 이런저런 법적 제한사항이라든가 사용의 제한규정으로 인해 금고에만 쌓아 놓고 있으면서 적절한 재정 분야에서의 조치의 미흡으로 인하여 패하는 경우가 발생한다면, 몇백조의 국민연금이나 사내 보유금과 3,700억 달러의 외환보유액이 무슨 의미가 있을까?

2차 대전 당시 독일군의 침공에 프랑스군은 제대로 전투다운 전투도 해 보지 못한 채 개전 6주 만에 항복하였다(1940. 5. 10.~6. 22.). 항복 직전까지만 해도 당시 프랑스군은 마지노선에 투입되었던 많은 육군 사단, 해군 함정의 다수와 공군기도 수천 대가 그대로 프랑스군의 수중에 있었다. 그럼에도 불구하고 프랑스군 지휘부는 1차 대전 당시의 참호전 양상을 염두에 두면서 공군기의 대부분과 해군력을 아껴 두었다가 전쟁이 장기전으로 갈 경우, 그때 해군 및 공군을 사용하여 전쟁을 승리로 이끌겠다고 판단하여 투입하지 않았다. 상황이 악화되어 감에도 투입 시기를 놓치면서 프랑스군은 전투다운 전투도 하지 못한 채 결국 항복하였고, 후일 잔여 전투력의 상당 부분이 독일군에게 압류되면서 오히려 독일군의 전력을 증강하는 데 악용되었다. 여기에 그치지 않고 독일군이 프랑스를 점령한 이후 막대한 점령비용도 지불해야만 하였다.

물론 한국에서 전쟁이 발발하면 외환보유액이나 연금액 등을 수송

계획에 의거하여 후방 지역으로 안전하게 이동시킬 것이다. 그럼에도 불구하고 어떤 경우로 인하여 몇백조 원의 연금이나 기금, 수천억 달러의 외환보유액 가운데 일부 또는 전부가 북한군의 수중으로 들어가 전쟁지속력을 강화하는 데 도움이 된다면 이는 없는 것보다 못한 결과를 가져올 것이다. 전쟁이라는 비상상황에서 이미 적립돼 있는 연금이든 외환보유액이든 필요한 시기에는 적절하게 승리에 기여할 수 있도록 정부가 사용계획을 수립하고 있어야 함을 의미한다.

해외 조달 및 지원

정부가 발행한 전시채권을 해외의 은행을 이용하여 판매해서 조달하는 방법으로, 해외에서 전비를 조달하기 위해 가장 많이 사용하는 방법이다. 정부가 전후 지급보증을 하면서 해외의 은행으로부터 차입을 하는 방법도 있다. 또는 우방국의 차관이나 기타 형태의 지원도 전비를 조달하는 한 방법이다. 여기서 전비는 반드시 현금의 조달 또는 지원만을 의미하는 것은 아니다. 장비와 탄약, 전쟁을 수행하는 데 필요한 식량을 포함하는 물자도 포함한다. 실제로 6·25전쟁 당시 미국을 위시한 많은 국가에서 한국에 현금과 식량 및 의복류 등의 물자를 지원하여 한국에 도움을 준 바 있다.

동포 모금 지원

해외에 거주하는 교포들이 주축이 되어 자금을 모아서 전비를 지원하는 것으로, 해외 거주 유대인들이 자금을 모아서 이스라엘로 보내는 것과 같은 방법이다. 이것은 정부가 강요할 수는 없고, 교민들이 모국의 어려움을 인식하여 자발적으로 모금을 해서 지원할 수 있다.

정부는 해외에 있는 한민족 단체들과 협조하여 한국의 상황을 설명해 주면서 애국심에 호소하여 모금을 지원받을 수 있을 것이다. 미국에는 한인교포단체가 있고, 전 세계에서 활동하는 한국인 출신들의 결합체인 한상(韓商)모임도 있다. 모국에 전쟁과 같은 국가적 비상사태가 발생할 시, 필요한 경우 재정적인 도움은 정부가 난국을 극복하는 데 커다란 도움이 될 것이다.

해외자산 매각

해외에서 보유하고 있는 정부의 자산 중 전시 전비조달을 위해 매각해도 커다란 문제가 없을 것으로 판단되는 해외채권이나 동산 및 부동산을 판단해 두고 있다가, 필요한 경우에 매각을 하든지 또는 이를 담보로 하여 일정액을 차용하는 방식으로 전비를 조달하는 방법이다.

이와 같이 전비조달을 위한 방법을 판단하되 일차적으로는 집행 중에 있는 예산의 전시예산으로의 전환, 조세인상, 화폐발행, 전시채권의 발행 등을 예상되는 전비규모를 판단하여 고려하고, 연기금 활용이나 해외자산 매각, 교포모금 등은 시행 가능성이나 정부의 재정부담 등을 고려하여 차선으로 하는 방법을 생각해 볼 수 있을 것이다.

3. 홍보

홍보 목표

전쟁비용 조달을 위한 홍보의 우선적인 목표는 전비를 최대한 많이 모을 수 있도록 하는 것이고, 차선의 목표는 국민들로 하여금 전비조달에 참여하게 하여 직간접적으로 전쟁에 참여하고 있음을 고취하고 애국심을 향상시키는 것이며, 이를 통해서 궁극적으로 승리에 기여토록 하는 것이다. 따라서 홍보의 목표로 우선 최대한도로 전비를 조달할 수 있도록 하면서, 나아가서는 이를 통해 궁극적으로 전승에 기여토록 하여 애국심을 고취 및 향상시키는 것까지 고려하여 계획을 수립해야 한다.

홍보대상 및 수단

전쟁비용 조달을 위한 홍보는 국내적으로는 전 국민을 대상으로 하며, 외국에서도 필요한 경우 홍보해야 한다. 전쟁비용 조달을 위한 홍보수단으로 TV로부터 라디오 방송, 신문과 인터넷, 길거리의 전광판, 포스터와 표어, 전단 제작 등 모든 수단을 이용할 수 있다. 특히 모두가 휴대폰을 사용하고 있는 지금, 휴대폰은 홍보의 한 수단으로 매우 중요한 역할을 할 수 있을 것이다. 해외에서 홍보가 필요한 경우에는 CNN이나 BBC와 같은 국제적인 방송 또는 『워싱턴 포스트』(*Washington Post*)나 『뉴욕타임스』(*New York Times*) 같은 유명 일간지 등을 통해서 하거나, 해외 은행을 통해서 하는 방법도 있다. 또는 해외 주재 대사관이 주도하여 외국인을 대상으로 하는 방안도 상황에 따라 생각해 보아야 한다.

홍보방법 및 내용

아나운서를 이용하는 방법으로부터 TV 연예인 및 유명 탤런트, 스포츠 선수 등을 적절히 편성해서 할 수 있다. 또는 그림을 잘 그리는 유명 화가를 이용하여 포스터를 제작하거나, 표어를 만들어 대중들이 자주 모이는 곳이나 교통량이 많은 곳에 부착하는 방법으로 홍보를 할 수 있다. 또한 대중가요로 노래를 만들어 방송을 통해서 국민들의 참여를 촉진할 수도 있다. 지금 한창 효력을 발휘하는 SNS를 이용하는 방안도 있다.

홍보내용은 어떻게 하면 국민들의 다수가 자발적으로 참여하여 전비를 조성하는 데 기여할 것인가 하는 것이다. 홍보내용도 전비조달에 국한하는 것보다는 전비조달이라는 1차적인 목적을 달성하면서 궁극적으로는 국민들에게 직간접적으로 전쟁에 참여하고 있음을 고취함으로써 전승에 기여토록 해야 한다.

사전 준비

홍보 담당 부처에서는 전시대비계획에 전비조달 목표와 방침, 실시 시기 및 홍보수단, 홍보팀 편성, 표어 문안과 포스터 도안 등을 미리 준비해 놓고 있다가 사용이 필요한 시기가 도래하면 당시 상황을 고려하여 수정해서 융통성 있게 활용할 수 있도록 준비되어 있어야 할 것이다. 홍보팀은 수 개 팀으로 편성하여 전국 각지를 순회하면서 홍보를 할 수 있도록 팀장과 팀원을 미리 구성해 놓는다. 순회홍보기간 중 무엇을 홍보할 것인지도 미리 시나리오를 작성하여 전산자료로 보관하여 놓으면 긴급 시 사용하는 데 편리할 것이다.

7장

전비의 최소화

1. 전비의 최소화가 필요한 이유

종전 이후 국가채무 증가 현상

1차 대전 이후 승전국은 물론 패전국도 모두 국가채무의 증가로 인하여 국가적인 어려움에 처하였다. 1차 대전 이후 참전국의 국가채무 증가 현상은 별지 #7(제1차 세계대전 전후 참전국의 채무 증가 비교)을 참조하기 바란다. 이러한 현상은 2차 대전 이후에도 반복되었다. 현재의 미국은 1980년대 이후 재정적자와 무역적자 등 이른바 '쌍둥이 적자(Twin deficit)'로 어려움에 처해 있다. 그런데 이러한 재정적자가 어느 날 갑자기 발생한 것은 아니라는 것이다. 남북전쟁에서도 국가의 채무는 누적됐다가 종전 이후 이를 회복하였던 적이 있다. 그 뒤 〈표 7-1〉에서 보듯 2차 대전 기간 중 미국이 직접 참전한 1942년 이후 세수 수입도 확대됐지만 지출이 더 큰 폭으로 늘어나면서 적자는 누적되었다.

2차 대전이 발발할 무렵으로부터 전쟁이 종료되었을 시까지 미국의 국가채무가 얼마나 확대되었는지 〈표 7-1〉은 잘 보여 준다. 미국은 전쟁 기간 중 조세율을 인상하고 신규 항목의 세금을 만들었으며, 면세 기준을 하향 조정하여 대상을 확대하는 등으로 전비를 조달하였을 뿐만 아니라, 전시채권 판매를 포함하여 여러 노력을 기울였음에도 불구하고 채무가 계속 증가하였음을 볼 수 있다. 이는 클린턴 정부 시절 한때 회복되는 것처럼 보였으나 이라크 전쟁 등으로 다시금 악화되고 있다.

〈표 7-1〉 2차 대전 기간 중 미국의 재정적자 증가 추이

단위: 억 달러

연도	수입	지출	적자	누적적자
1939	66	94	29	482
1940	69	96	27	507
1941	92	140	48	575
1942	151	345	194	792
1943	251	789	538	1,426
1944	478	940	462	2,041
1945	502	952	450	2,601

출처: http://en.wikipedia.org/wiki/Series-E-Bond(검색일: 2013. 7. 22.)

2017년 기준으로 미국의 국가채무는 약 19조 9,588억 달러(약 2경 3,600조 원)에 달한다. 이를 인구 3억 2,539만여 명으로 나눠 보았을 때 1인당 약 61,347달러에 달한다. 미국의 국가채무는 지금 이 시간에도 계속 빠른 속도로 증가하고 있다. 이렇게 국가채무가 증가한 것은 무역적자 외에 2차 대전 당시 발생한 채무와 6·25전쟁 및 베트남 전쟁, 최근의 걸프전과 이라크 및 아프간 전쟁을 하면서 더욱 확대된 것 때문이다.

1차 대전 이전 주요 채권국이었던 영국은 종전 이후 채무국으로 전환되었다. 2차 대전에서도 막대한 전비를 사용한 영국은 계속 적자재정 상태로 있으면서 현재의 공식적인 국가채무는 약 1.69조 파운드(약 2조 616억 달러)로 이는 국민 1인당 약 25,357파운드에 달한다. 프랑스와 일본의 국가채무도 〈표 7-2〉를 참조하기 바란다.

미국이나 영국 등의 사례가 보여 주듯 비록 전쟁에서 승리는 하였지만 국가의 채무는 눈덩이처럼 불어나면서 오늘날에도 어려움에 처하고

있는 현실을 잘 살펴보아야 한다(참고로 개별 국가의 채무는 구글(Google)에서 해당 국가의 채무시계(Debt clock)를 입력하면 확인할 수 있다).

〈표 7-2〉 주요 국가의 채무현상

구분	미국	영국	프랑스	일본
인구	3억 2,539만	6,676만	6,613만	1억 2,724만
국민총생산액 (GDP)	$18조 7,666억	£1조 9,143억	€2조 3,174억 ($2조 4,706억)	¥470.6조 ($4조 1,154억)
국가채무	$19조 9,588억	£1조 6,930조 ($2.06조)	€2조 2,886억 ($2조 4,398억)	¥1,032조 ($9조 309억)
GDP:채무(%)	106.8	88.44	98.75	219.44
1인당 채무	$61,347	£25,357 ($35,683)	€34,606 ($36,894)	¥811.6만 ($70,976)

출처: http://www.usdebtclock.org(미국), http://www.nationaldebtclock.org/debtclock/unitedkingdom(영국), http://www.nationaldebtclock.org/debtclock/france(프랑스), http://www.nationaldebtclock.org/debtclock/japan(일본) (검색일:2017. 1. 15.)

우리나라의 국가채무 증가 현상

우리나라에서도 국가채무(국제통화기금의 기준에 따라 정부가 직접적으로 상환 의무를 부담하는 확정채무)[252]의 증가에 대한 우려가 크다. 정부가 발표한 국가 및 공기업과 가계부채 증가 현황은 〈표 7-3〉과 같다.

이 채무는 우리나라 인구를 5천만 명이라고 하였을 때 1인당 대략 1,047만 원씩의 빚을 지고 있는 것과 같다. 지금 이 시각에도 1초당 136만 원씩 채무는 증가하고 있다. 여기에 우리가 무시해서는 안 될 공기업 채무도 계속 증가하고 있다. 2010년 시작된 무상교육, 무상급식, 기초연금의 확대, 희망사다리 장학금, 반값 등록금 등 5대 무상복지사업에 따

252) 기획재정부에 따르면 국가채무는 '(국채잔고+차입금잔고+국고채부담행위+지방정부채무)-지방정부의 대중앙정부채무'를 말한다.

라 투입된 예산은 38조여 원으로 이 가운데 본인의 부담이 전혀 없는 공짜 복지(무상보육, 무상급식, 기초연금, 희망사다리 장학금)가 총 29조 원을 차지하였다. 앞으로도 복지예산이 국민총생산액에서 차지하는 비율이 해마다 증가하면서 2017년에는 137.5조(9.1%)에 달해 국가경제에 미치는 부담이 커질 것으로 전망된다.[253]

〈표 7-3〉 대한민국의 국가채무 증가현상

구 분	국가채무(조 원)	지방정부 순채무(조 원)	GDP 대비(%)	비고
2010	392.2	18.4	31	
2011	420.5	17.6	31.6	
2012	443.1	18.0	32.2	
2013	489.8	25.7	34.3	
2014	533.2	30.1	35.5	
2015	590.5	34.0	37.9	
2016	644.9	34.4	40.1	추정치
2017	692.9	33.3	41.0	추정치
2018	731.7	31.9	41.1	추정치
2019	761.0	29.7	40.5	추정치

출처: e-나라지표 http://www.index.go.kr/potal(검색일: 2017. 1. 15.)

이렇게 국가채무가 증가한 이유는 미국의 경우와는 다르다. 미국의 경우는 전쟁과 무역으로 인하여 누적된 국가채무가 주로 많다면 우리나라는 주로 적자성 채무와 금융성 채무에 기인하여 형성된 것이기 때문이다. 우리나라에서도 국가채무가 계속 증가하면서 국가운영에 커다란 장애요인으로 등장하고 있는 것이다.

여기에다 우리나라에서 또 언급하지 않을 수 없는 것이 가계부채의

253) "눈덩이 '무상시리즈' 5년간 40조 원 썼다", 『동아일보』 2014. 11. 10.

급격한 증가이다. 정부통계 자료에 의하면 가계부채도 1,300조 원에 달하여 국민경제를 위협할 수준에 도달한 것으로 보인다. 이렇게 국가 및 공공의 부채, 지방자치단체의 부채와 가계부채, 복지 확대에 따른 지출 등으로 적자예산과 이로 인한 채무가 계속 증가하는 상황에서, 만약 전쟁이라도 발발하면 이는 설상가상으로 국가채무의 증가를 예측할 수 없는 상황으로까지 몰고 갈 수 있을 것이다. 한반도에서 전쟁이 발발할 경우, 미국의 어느 연구기관의 자료에 의하면 막대한 인명의 피해는 피할 수 없다고 한다. 여기에 어떤 기관에서는 수백억 달러로부터 수조 달러의 비용이 들어갈 것이라는 말도 있는 것을 보면, 전쟁 기간 중이라고해서 국가부도 사태를 맞지 말라는 법이 없다. 당연히 평시 국가채무를 줄이기 위한 정책을 강구해야 하며, 전시라면 전쟁비용을 최소화하면서 승리하기 위한 방안을 찾아야 한다.

2. 전비소요의 최소화

전쟁은 최대한 피해야 한다. 그럼에도 불구하고 어떤 이유로든 전쟁이 발발하였다면 이에 소요되는 비용은 최소화하면서 승리하는 방법을 찾아야 한다. 전쟁에서 승리하더라도 많은 비용을 지불하고 이기면 때로는 불필요한 논쟁을 유발하기도 한다. 2014년 이스라엘은 가자 지구 작전 당시 25억 달러의 전비를 사용하였다. 전쟁은 이스라엘의 승리로 끝났으나 종전 이후 사용된 비용으로 인해 많은 논쟁이 발생한 바 있다.[254)]

---

254) 이스라엘은 가자 지구 작전에서 전쟁비용으로 25억 달러를 사용하였다. 예를 들면 공군은 작전 기간 중 매 소티당 15,000달러씩 4,900소티의 출격으로 7,300만 달러를 사용하였으며, 여기에 1발당 32,000달러의 JDAM 및 14만 달러의 Tammuz 미사일을 사용하였다. 전쟁으로 인한 경제적 피해도 13억 달러에 달하였다. 이러한 과다한 전쟁비용의 사용 및 경제적 피해 등에 대한 비판이 제기되었다. "How much has Israel's war against

따라서 전비를 최소화하면서 승리하는 방법을 강구해야 한다.

행정 각 부처별 전비 적정 규모 판단

정부는 매년 실시하는 을지연습에서 전장상황을 고려하여 전시 추진해야 하는 과제를 중점적으로 선정해서 이를 사태계획에 반영하여 도상으로 토의하거나 또는 실제 연습을 실시한 뒤 계획을 보완하는 등의 조치를 한다. 따라서 기획재정부도 기준을 설정하여 정부의 각 부처에서 전비가 소요될 곳과 규모를 판단하고, 을지연습 기간을 이용하여 합동토의를 해서 중복되거나 불필요한 부분을 없애는 등으로 적정 소요액을 판단해 볼 필요가 있을 것이다.

이러한 토의가 합리적이라면 전쟁단계 또는 기간별로 소요될 전비의 규모와 소요처가 판단될 것이다. 다음은 이렇게 소요될 전비를 어떤 방법으로 해결할 것인가에 관한 문제이다. 앞에서 제시한 바와 같이 세금을 인상하거나 새로운 항목의 세금을 신설하는 방법, 평시의 예산을 전시 예산으로 전환하는 방법, 화폐발행액을 확대하는 방법, 외환보유액의 일부를 전비로 전환하는 방법, 국민연금과 같이 적립된 기금을 일정 부분 전비로 전환하는 방법, 국내외에서 전시채권을 발행하는 방법 등 다양한 방법이 있을 것이다. 전장상황과 전비소요 규모, 전비조달의 용이성, 전시 국민생활에 끼치는 영향 등을 종합적으로 판단하여 우선적 방법과 차선의 방법을 구분해서 조달하는 방법을 구체화하여야 할 것이다.

이렇게 합리적으로 토의된 결과를 계획으로 작성하고 대통령에게 보고하여 최종 승인을 득하면 이를 관련 부처의 국가비상대비계획에 반영해야 한다. 행정 각부는 이렇게 결정된 전비를 전쟁단계별로 어떻게 배분하여 사용함으로써 전시 정부기능을 유지하면서 국민생활의 안정

Hamas cost?", http://www.timesofisrael.com/how-much-has-israels-war-in-gaza-cost(검색일: 2014. 8. 12.)

을 도모하는 한편 자원동원을 통해 군사작전을 지원할 것인가를 해당 부처의 계획에 반영해야 한다.

전비소요를 최소화하기 위한 방법 강구

전비소요 판단 가이드라인 설정

아무리 전쟁에서 이기기 위한 전비의 사용이라고 해도 모두가 어려운 전쟁 기간 중에 많은 국민들로부터 세금을 징수한다는 것은 전쟁 상황에서 고통스러운 국민들의 생활을 그만큼 더 곤궁하게 만드는 것이다. 이러한 상황이 지나치게 악화될 경우 국민들은 전쟁에서 이기는 것보다 당장의 어려움에 대한 반발심으로 파업활동을 한다거나 반정부활동을 하게 된다.

사용한 전비도 전쟁이 끝난 뒤에는 국민의 조세부담으로 돌아간다. 예를 들면 전시채권은 전쟁 종료 후 판매 당시의 약정에 따라 이자를 포함하여 상환해야 하는데, 이는 당연히 국민이 부담하는 세금으로 지불하는 것이다. 따라서 전비는 전쟁에서 이기기 위한 최소한의 비용을 충족하면서 동시에 전체적으로 금액을 최소화할 수 있도록 하기 위한 대책이 필요하다. 이를 위한 전비소요 및 사용과 관련하여 가이드라인이 필요하다.

예를 들면 인건비를 판단하기 위한 가이드라인은 직종별, 작업 종류별 등 인건비 소요를 판단하기 위한 명확한 기준을 제시하고, 이를 기준으로 행정 각부는 인건비 소요를 판단해야 한다.

전시에 노동자를 동원한다면 일일 일당은 작업별 난이도 또는 기술을 요하는 정도에 따라 지급기준을 설정해 놓아야 하며, 사무실 근무 요원은 어떤 기준으로 인건비를 지급할 것인지도 당연히 기준이 있어야 한다.

난민들에 대한 식량과 기타 물자의 일일 물자 지급기준도 설정해서 제시해야 한다. 관련 부처에서는 이를 기준으로 비용을 계산해서 관련 계획에 포함해야 한다. 과대하거나 과소한 기준을 제시하면 전비의 과도한 산출이나 또는 반영된 전비가 수요를 충족할 수 없게 되면서 혼란을 초래할 수 있기 때문에 적절한 수준에서 기준이 제시되어야 한다.

유통질서 확립을 통한 전비소요 최소화

전쟁이라는 국가적 혼란 상황을 이용하여 국민생활의 안정에 필요한 식료품과 연료 등의 물자를 매점매석하거나 사재기, 부당한 가격인상 등을 통해 부를 축적하고자 하는 사람들이 있을 것이다. 이렇게 되면 전쟁으로 고통을 받는 국민들의 생활이 더욱 어려워질 뿐만 아니라 국민들을 먹여 살리기 위해서 국민생활 안정에 필요한 비용을 증가시킬 것이다. 또한 이것은 국민들로 하여금 전쟁에 대한 염증을 일으키고 마침내는 반정부활동까지 야기하는 상황으로 확대될 수 있다.

1차 대전 당시 독일과 러시아에서 그러한 일이 발생하였던 적이 있으며, 그 두 나라는 결국 패전국이 되었다. 따라서 국민생활의 안정과 직접적으로 연계되는 식량과 같은 물자에 대해서, 관계 당국은 유통질서를 철저히 확립하여 물자를 균형되게 배급함으로써 국민생활을 최대한 안정하여 전비소요를 최소화하도록 해야 한다.

이를 위해 식량과 유류 등의 수급을 책임지는 관계기관의 적절한 수요 공급대책과 아울러, 전시 계엄당국과 물가안정의 책임을 갖는 행정기관 및 검찰과 경찰 등의 엄격한 유통질서 확립을 위한 행정지도와 감독이 필요하다.

평시 전략물자의 비축량 확대

일본은 2차 대전 기간 중 석유와 주석, 고무 같은 자원이 절대적으로 부족하여 말레이와 인도네시아, 필리핀 같은 남방 지대를 공격하여 점령하였다. 히틀러는 독일이 인구는 많지만 부존자원이 없어 이른바

'생활공간(Lebensraum)'이 필요함을 주장하면서, 독일이 장차 발전을 이루기 위해서는 소련의 광대한 국토와 자원이 필요하다고 하여 바바로사 작전(Barbarossa Op.)을 감행, 소련을 공격하였다.

일본이나 독일 모두 생존에 필수적인 자원이 없으면서 전쟁을 도발하였고, 잠재력에서 부족한 두 나라는 결국 패하였다. 만약 일본이나 독일이 식량과 석유자원이 미국에 비교할 정도로, 전쟁을 수행할 수 있을 정도로 충분히 있었다면 전쟁의 결과는 어떻게 되었을까?

석탄과 같은 일부의 자원 외에 부존자원이 거의 없고 국내에서 생산하는 식량만으로 국민을 먹여 살릴 수 있는 식량마저 턱없이 부족한 우리나라에 있어서 전략물자로는 식량과 석유, 비철금속을 들 수 있다. 이런 물자들은 평시에 산업 활동에 있어서 중요하며, 전시에는 전쟁지속능력이나 국민생활의 안정에 있어서 절대적으로 긴요하다. 그러나 평시 식량자급률은 25~26%에 머무르고 있고, 석유는 전량 수입에 의존하고 있어서 전시에는 그만큼 취약성이 증가한다.

원유와 그 제품의 경우 울산과 거제 및 평택 등 전국의 각지에 원유 1억 2,750만 배럴과 제품 1,230만 배럴, LPG 620만 배럴 등을 비축하고 있거나 그럴 능력이 있다.[255] 비철금속류도 한국광물공사가 품목별로 일정량을 비축하고 있다. 정부에서는 국가적 비상상황 시에 대비하여 전략물자의 비축량을 점진적으로 확대하고는 있지만, 기왕이면 전략물자 수급을 담당하는 행정부처에서는 평시 국가재정에 커다란 부담이 되지 않는 범위에서 전쟁단계별로 소요될 물자의 양을 판단하여 이를 종합하고 예산을 투입하여 지속적으로 적정량을 비축해 나갈 필요가 있다.

이렇게 석유 등 전략물자의 비축량을 확대하는 것은 평시 국제적으로 식량이나 유류 등의 가격이 폭등할 경우에 대비하여 융통성을 확보하

---

255) http://www.knoc.co.kr(검색일: 2017. 1. 15.)

는 것도 되지만 전시에도 그만큼 전쟁지속능력을 강화하는 것으로, 이는 평시의 지속적인 준비를 통해 전쟁 발발 시 전비소요를 줄이는 데 도움을 준다.

이와 병행하여 국내에서 전시 등 국가 비상시에 식량 생산을 확대하기 위한 대책을 강구해야 한다. 이를테면 1·2차 대전 기간 중 영국이나 독일, 일본, 심지어는 중립국인 스위스에 이르기까지 대부분의 국가에서는 수입이 차단되고 평상시의 곡물 생산만으로는 국민을 먹여 살릴 수 없게 되자, 식량 생산을 확대하기 위해 정원이나 운동장, 습지 메우기, 야산 개간 등 이용 가능한 모든 곳을 활용하여 식량을 생산하기 위해 노력하면서 기나긴 기간을 버텨 냈다.

또한 유류를 절약하기 위해 배급제는 가장 기본적인 대책 중의 하나였고, 환자수송용 긴급차량을 제외한 차량의 운행은 엄격히 통제하였으며, 석탄을 이용하여 화학적인 방법으로 석유를 추출해서 사용하였다. 동원할 수 있는 모든 방법으로 난국을 극복하면서 전쟁비용을 최소화하기 위한 노력을 기울인 것이다.

국내 가용자원의 활용 강화책 수립

전시 급격히 소요될 장비와 탄약 등을 조달하기 위해서는 이에 필수적인 알루미늄이나 망간, 주석, 두랄루민 등의 금속을 포함하는 다량의 금속과 화공약품이 필요하게 된다. 부존자원이 부족한 우리나라로서는 이런 자원들을 모두 수입하다 보면 많은 비용이 소요된다. 많은 외화, 즉 달러가 소요된다는 것이다.

따라서 전시에는 국내에서 유통되는 금속을 수거하여 장비와 탄약을 만드는 데 사용할 수 있도록 필요시 금속자원들을 최대한 활용하기 위한 대책이 필요하다. 회사나 가정에서 보유하고 있으면서 사용하지 않거나 있어도 그만, 없어도 그만인 금속들을 최대한 활용하기 위한 대책도 필요하다.

실제로 미국의 남북전쟁이나 1·2차 대전 당시 미국과 영국, 일본 등 모든 나라에서는 가정이나 심지어는 종교시설에서 보유하고 있었던 종과 같은 금속, 공공시설에 설치돼 있는 시설물 등 모든 이용 가능한 금속들을 수집하여 무기와 탄약을 만드는 데 사용하면서 전비를 최소화하는 조치를 한 바 있다. 우리나라도 전장상황에 따라 필요하다면 이와 유사한 대책까지 수립하고 있다가 당시 상황에 따라 융통성 있게 선택적으로 사용할 필요가 있다.

기타

전력, 급수, 에너지, 방송통신, 방위산업시설 등 국가중요시설이나 기반시설은 전시 적 특작부대의 타격이나 적 포병 또는 항공기의 집중포격 지역으로서의 좋은 표적이 된다. 1·2차 대전 기간 중 연합국, 추축국 할 것 없이 상대방의 군수공업 시설이나 발전시설 등 전략목표를 선정하고 이를 집중적으로 폭격하여 상대방의 전쟁지속능력을 약화하기 위해 노력하였다. 이는 전쟁지속능력을 약화하는 한편 조기 항복을 유도하기 위한 것이기도 하였다.

어떠한 형태로든 피해를 입게 되면 당장 정부기능의 유지는 물론 군사작전과 국민생활에 어려움을 주는 동시에 이를 복구하기 위해 많은 비용이 사용될 수밖에 없다. 시설 방호를 철저히 해서 피해를 최소화한다면 그만큼 군사작전은 물론 국민생활의 안정 유지에 기여하면서 나가서는 전비소요를 줄이는 데도 기여한다.

또한 교량이나 공공시설물 등 건물이 항공기나 적의 포격으로 피해를 입을 시 모든 곳을 다 복구하자면 많은 비용이 소요될 수밖에 없게 된다. 따라서 전시 군사작전이나 정부기능의 유지, 국민생활의 안정 등을 위해 반드시 복구가 되어야 할 교량이나 시설 등의 우선순위를 선정해서 복구하고, 순위가 낮아 전후 복구를 해도 문제가 되지 않을 것으로 판단되는 곳은 전쟁이 끝난 후 복구해서 전쟁 기간 중 전비소요를 최소화함과 더불어 노력의 낭비를 방지하도록 해야 한다. 전비소요를 줄이는 방법은 찾기에 따라 여러 가지 있을 것이다. 행정 각부는 물론 국민 개개인에 이르기까지 여러 사람들의 노력이 필요한 부분이다.

전시 국내 산업 활성화를 통한 세금 부담능력의 강화

전비 최소화를 위한 정부와 국민 차원의 활동과 더불어 전비조달 능력을 강화하는 방안도 필요하다. 비록 전선에서는 전쟁을 하지만 후방지역에서는 군이 필요로 하는 장비와 탄약은 물론, 산업 활동을 통해 국민생활에 필요하거나 수출하는 물자도 생산한다. 실제로 미국은 2차 대전 전 심각한 실업 상태에 있었지만 전쟁이 발발하면서 거의 완전고용 상태에 이를 정도로 상황이 호전되면서, 각종 장비와 물자를 생산하여 미군이 사용하는 것은 물론 영국 등 연합군에게도 제공하였다.

이렇게 완전고용 상태에 이르면서 국민의 세금 부담능력은 대폭적으로 확대되었고 징수액도 크게 늘어났다. 정부도 미국의 사례를 연구하여 전시 산업 활동을 최대한 보장하면서 세금 부담능력을 강화함으로써 전비소요도 지속적으로 충당할 수 있도록 하는 방안을 강구해야 할 것이다. 미국의 사례가 보여 주듯 우리나라도 전쟁이 발발한다면 당연히 총력전 차원에서 병력으로 동원되거나 군수시설 등에 동원되어 완전고용 상태에 도달하게 될 것이다. 이러한 조치를 통해 조세부담 대상이 확대되면 전비를 조달하기에 유리한 조건이 조성될 것이다.

여기서 생각해 보아야 할 것이 있다. 이를테면 우리나라는 선박과 자동차 및 정보통신 분야에서는 세계적인 강국이다. 반도체 분야라든가 휴대폰과 같은 정보통신업이나 거제도에 있는 여러 조선소에 고용돼 있는 노동자이면서 병력동원대상자일 경우, 전시 병력동원이 중요한지 아니면 휴대폰을 만들거나 선박을 건조해서 수출함으로써 외화를 획득하여 전비를 조달하도록 하는 것이 더 중요한지를 판단해서 전쟁을 수행하면서 전비를 조달하는 데 유리하도록 해야 한다는 것이다. 전시 병력동원이 덜 중요하다는 것이 아니라 그만큼 전비의 조달도 중요하다는 의미이다.

이와 같이 전시 국민생활의 안정에 필수적이거나 교역 활동과 관련되는 업체는 그에 소속된 근로자들의 동원을 가급적이면 억제하는 것도 필요하다. 현재 병무청의 병력동원 지침에 의거 동원지정 순위를 늦추도록 방침이 정해져 있기는 하겠지만, 전비조달에 있어 중요한 역할을 해야 하는 업체가 누락돼 있는지, 추가적으로 지정할 필요가 없는지 국방부와 산업통상자원부 등 관계 부처에서는 면밀히 검토하여 방침을 정할 필요가 있다.

또한 미국이 2차 대전 당시 소득수준이 낮더라도 세금 부과대상을 대폭 확대하여 모두가 전쟁에 참여하고 있다는 의식을 고취하였듯이, 우리도 전쟁 기간에 한해서 소득수준이 다소 낮더라도 모두가 승리를 위하여 전쟁에 참여한다는 의식을 고취하기 위해 세금부과 기준을 낮춰 과세징수대상을 확대하는 것도 필요하다. 이를 위해 현재 시행되고 있는 세금의 항목과 세율, 부과대상 등을 면밀히 검토해서 전시에 인상할 세금은 어느 항목의 세금이고 면세 기준을 하향 조정할 세금은 어느 항목이며, 부과대상을 확대할 세금은 어느 항목인지 등의 방침을 미리 설정해 놓는다면 혼란을 최소화하면서 전비를 조달하는 데 도움을 줄 것이다.

마지막으로 통일비용에 대하여 생각해보고자 한다. 통일비용 역시 막대하게 소요될 것이기 때문이다. 우리보다 먼저 통일된 독일의 비용 지출이 하나의 이정표가 될 수 있을 것이다. 독일은 무력이 아닌 평화적인 방법으로 통일을 하였음에도 막대한 비용이 소요되었음을 볼 수 있다. 이는 남북이 전쟁이 아닌 평화적인 방법으로 통일이 된다 할지라도 막대한 비용이 소요될 것이라는 것을 의미한다. 다음의 〈표 7-4〉에서 독일의 통일비용을 보면 얼마나 많은 비용이 필요할지 어느 정도 판단이 될 것이다.

〈표 7-4〉 1991~2003년 독일의 통일비용 사용 내역(추정치)

구분	금액(유로)	금액(%)
계	12,800억	100
인건비 및 국방비	1,050	8.2
도로 및 철도, 수운, 도시 개발 등	1,600	12.6
통일기금 및 州 지원	2,950	23.0
경제활성화 및 지역경제 투자 등	900	7.0
연금 및 임금, 육아비 보조 등 사회보장비	6,300	49.2

출처: 통일부, 『통일비용 분야 관련 정책문서』, 통일부, 2015, p. 24.

남북이 통일된다면 어느 정도의 비용이 소요될 것인가? 그리고 막대하게 소요될 그 비용은 어떻게 감당할 것인가? 우선 한반도 통일 시 소요될 비용에 대한 연구결과를 보자(〈표 7-5〉).

남북통일 시 시기와 방법에 따라 소요될 비용이 다를 수밖에 없을 것이기는 하지만, 문제는 경우에 따라 현재의 우리의 능력으로 그 비용을 조달할 수 있느냐 하는 것이다. 지금도 국가채무 및 가계부채가 눈덩이처럼 커지고 있는 상황에서 다시금 막대하게 소요될 통일비용을 조달한다는 것은 대단히 어려운 일이 될 수밖에 없다. 물론 통일비용이 일시적으로 모두 필요한 것이 아니기는 하겠지만, 그럼에도 불구하고 지금부터라도 점진적으로 장차 있을 통일에 대비하여 그 비용을 조달하는 방법을 강구해야 한다. 학자나 정치가들의 일부에서는 어느 순간에 통일이 올 수 있다고도 하지 않는가?

〈표 7-5〉 한반도 통일 시 소요될 비용에 대한 추정치

연구기관(자)	통일시기	산정 개념	통일비용($)
한국개발연구원(1991)	2000년	· 남북한 소득격차 해소비용 · 2010년 북한 1인당 소득 남한의 50%	2,632~2,736억
하버드 대 인구개발 연구소(1991)	1991년	· 독일 통일비용 기준	2,500~5,000억
유로아시아비즈니스 컨설팅(1992)	1993년	· 1993년 북한 1인당 소득을 990달러로 가정, 2000년 6,800달러로 가정	3,280억
신창민(1992)	2000년	· 남북한 소득격차 해소비용 · 2010년 북한 1인당 소득 남한과 동일	1조 7,700억
안두순(1992)	1990년	· 남북한 격차 해소비용 · 2000년 북한 1인당 소득 남한과 동일	241조 5,000억~ 360조 3,000억
삼성경제연구소(2005)	2015년	· 북한 주민의 기초생활 및 초기 산업화를 위한 지원비용	5,460억
한우리연구원(2007)	2020년	· 남북한 격차 해소비용 · 2030년 북한 1인당 소득 남한의 50%	9,912억
한국조세연구원(2009)	2011년	· 국민기초생활 보장제도를 제외한 급속한 통합비용	남한 GDP의 12%
랜드연구소(2005)	-	· 북한 GDP를 2배로 올리는 비용	500~6,700억
P. Beck(2010)	-	· 독일 · 예멘 · 베트남식으로 구분, 추정	30년간 2조~5조
찰스 울프(랜드 연구소)	-	· 북한을 남한 수준으로 올리는 개념 (약 2만 달러)	620억~1조 7,000억 달러

출처: 국회예산정책서, 『통일비용에 관한 기존 연구 검토』, 2011. pp. 21~23.

에필로그: 결론을 대신하여

무엇을 할 것인가?

전쟁이 발발하면 많은 인명손실과 재산피해는 물론 막대한 전비의 소요가 발생하기 마련이다. 따라서 전쟁이 발발하지 않도록 평시 한미연합방위를 핵심으로 군사대비태세를 확고히 하면서 동시에 외교력 강화 및 재정과 경제력의 확대 등 전방위적인 전쟁억제책을 마련하는 것이 중요하다.

본 책에서는 남북전쟁 시의 미국, 청일전쟁에서 청나라와 일본 및 러일전쟁 시 일본과 러시아, 1·2차 대전 시의 영국과 미국, 6·25전쟁 당시의 한국 등이 어떻게 전비를 조달하였는지를 살펴보았다. 이를 토대로 만약 한반도에서 전쟁이 발발할 경우 승리를 위해 전비소요를 판단하고 그에 따른 평시의 준비를 강조하기 위한 몇 가지를 제안하였다. 이러한 사항들을 참고하여 재정계획과 경제운용을 담당하는 정부 부처는 행정 각부가 전쟁을 수행하는 데 필요한 비용, 정부 기능의 유지와 국민생활 안정에 필요한 비용을 판단하기 위한 지침을 준비해 놓아야 한다.

이러한 지침에 따라 행정 각부는 해당 부처의 전비소요를 판단한 후 을지연습 또는 특정한 어느 시기에 모두 모여서 토의를 거쳐, 불합리한 부분을 개선하거나 중복된 부분을 조정하며 누락된 부분을 반영하는 등의 노력으로 전비소요를 확정하여 정부의 전시계획과 해당 부처의 계획에 반영하여야 한다.

전쟁사에서 나타난 영국이나 독일, 일본 및 미국의 사례가 보여 주듯 우선적으로 세율의 인상과 세금부과 대상의 확대 및 신규 과세원 발굴, 은행권 발행액의 증대, 전시채권의 발행 등을 검토하고, 외환보유액과 각종 연기금의 사용, 애국헌금 모금 등 가능한 모든 방안에 대한 검토도 병행하여 전비를 조달하는 방법을 고려하되 그 기준과 시행방안을 미리 연구하여 계획을 수립해 놓아야 한다.

이렇게 전비소요 총액과 사용처를 판단할지라도 가급적 그 소요는 최소화해야 한다. 왜냐하면 전쟁 기간 중 사용된 비용은 결국 전쟁 이후 국민의 세금부담으로 채워지는 것이기 때문이다. 전후 복구에도 엄청난 자금이 필요하여 국민들의 생활이 어려울 것인데, 여기에 전쟁 기간 소요된 비용까지 부담해야 한다면 이루 말할 수 없이 힘들게 된다. 당연히 전비예상소요를 판단하면서도 최소화하기 위한 노력이 필요한 것이다.

전비를 최소화하기 위해 평시 식량과 석유 같은 전략물자에 대한 지속적인 비축량의 확대와 전비사용처에 대한 정부지침 및 사용처의 통제, 국민생활의 안정을 어지럽게 하는 행동들에 대한 통제 등의 대책이 필요하다. 아울러 전쟁 기간일지라도 물품의 생산 활동과 더불어 해외수출을 최대한 독려하여 전비를 확보하는 대책도 전비 최소화 못지않게 중요하다.

다음을 생각해 보자!

전비의 개념 및 범위

앞에서 전비의 개념이 이를 연구한 학자들에 의해 일부 차이가 있음을 밝혔다(제2장 참조). 전비가 평시의 군사력 건설로부터 운용 및 유지와 전쟁이 발발하면 이에 소요되는 비용, 전후 복구비용과 나아가서 전쟁에 참여하였던 장병들에 대한 연금을 포함하는 부상자 치료비용과 전사자에 대한 보상까지 포함까지 포함하는 개념이라고 주장하는 학자가 있는가 하면, 단순히 전쟁 기간에 군사 분야에 소요되는 비용에 국한해야 한다고 주장하는 학자도 있다. 따라서 전비의 개념과 범위를 명확히 할 필요가 있다.

평시 군사력 건설 및 운용과 유지를 위한 비용은 국방비로 하고, 전쟁이 발발하는 그 시간부터 전투를 위해 소요되는 관련 비용은 물론 정부기능 유지에 필요한 비용과 국민생활 안정을 위한 비용 외 난민에 대한 구호 및 구조비용, 동원에 따른 비용 등 전쟁 기간에 소요되는 모든 비용과, 전쟁이 끝난 후의 복구에 소요되는 비용, 나가서 전사자에 대한 보상 및 부상자에 대한 치료비와 참전자에 대한 연금까지 포함하는 개념으로 한다면 넓은 의미에서 전비의 개념에 부합할 것이다. 여기에는 종전 이후 북한 지역의 사회기반시설의 복구와 난민 구호 및 구조, 북한군 무장해제 등에 소요될 비용도 포함되어야 할 것이다.

또한 전비조달 방법에 대해서도 명확히 할 필요가 있다. 지금까지 전비조달 방법은 조세제도로부터 화폐발행, 전시채권의 판매, 외환 사용 등의 방법이 언급되었다. 그러나 연기금 등을 새로운 전비조달처로 활용할 수 있을 것인지 등의 방안에 대해서는 아직 구체적인 연구가 되지 않고 있다. 따라서 이러한 중요한 전비조달원에 대해서도 필요시 언제 어떤 방법으로 전비로 사용할 것인지 연구가 필요하다.

전비조달계획

정부는 국가비상사태가 발생할 경우에 대비하여 기본계획지침으로부터 기본계획, 집행계획, 시행계획, 실시계획 등을 작성한다. 기본계획지침에는 어떻게 전비를 조달할 것인지를 포함하여 제시하고 기본계획에는 전비조달을 위한 방침과 홍보 등의 방침이 포함돼야 할 것이다.

전비조달에 관한 주 업무를 해야 하는 기획재정부는 집행계획을 보다 구체적으로 작성해야 할 것이다. 우선 전시 경제 및 재정, 조세 등에 관한 상황이 어떻게 변화될 것인지 분석이 필요하다. 전시 예상되는 경제 분야의 제반 상황을 분석하고 이를 바탕으로 예상되는 가정을 설정해야 한다. 여기에는 경제, 재정, 조세 등에 관한 사항을 포함해야 한다.

이를 바탕으로 예상되는 전비를 조달하기 위해서 세금은 얼마나 올릴 것인지, 어떤 항목의 세금을 신설할 것인지, 과세 대상의 범위를 넓히기 위해서 무엇을 할 것인지, 전시채권을 발행한다면 얼마나 할 것인지, 화폐를 발행한다면 얼마나 할 것인지 등에 대한 검토가 필요하다. 이러한 분석과 전시 경제상황에 대한 분석 및 이를 바탕으로 하는 가정의 설정 없이 수립된 전비조달 계획은 현실성이 떨어진다. 이 과정에서 국세 업무를 담당하는 국세청과 관세 업무를 담당하는 관세청, 은행권을 발행하는 한국은행, 조폐공사 등 경제 관련 유관 기관들의 협조가 필요하다.

전비조달에 대한 홍보를 담당할 문화관광부 등 부처도 전시 홍보 관련 환경을 분석해서 이를 바탕으로 전비조달 홍보를 위한 계획을 수립해 놓고 있어야 하겠다. 실질적 홍보 업무를 수행하게 될 TV 및 방송사, 신문사 등 언론사에서는 이러한 문광부의 지침을 바탕으로 홍보 관련 원고 및 도안 등을 준비해 놓고 있다가 당시 상황에 따라 일부 수정해 가면서 사용토록 하면 될 것이다.

전비소요 판단 절차

전비소요 판단을 위해서는 일련의 합리적인 절차를 거쳐야 한다. 이를 통해 전비소요의 적절성을 높이는 한편, 누락된 전비소요처가 생기지 않도록 해야 한다. 전비는 일일 또는 전쟁단계별로 얼마나 소요될 것인지 판단해야 한다. 전비소요를 판단함에 있어서 군에서는 장비와 물자의 경우 전시 피해 및 소모율을 이용하고 여기에 운용·유지에 필요한 비용,

장비 및 물자 도입 등의 비용이 추가로 소요될 것을 고려해야 한다. 정부에서는 전시 피해율을 반영하여 행정 각부의 전비소요를 판단해야 한다.

국가비상대비계획에서 전비를 조달하기 위해 가정을 설정함에 있어서 전시 경제 상황을 고려하여 판단하고 이를 기준으로 조세납부 상황을 포함하는 비상대비환경을 분석해야 한다. 앞에서 전비규모가 판단되었기 때문에 전시 예상되는 경제 및 조세 상황 등에 따라 각종 조세의 부담률은 얼마로 올릴 것인지, 전쟁단계별로 전시채권은 얼마나 발행할 것인지, 화폐를 발행한다면 얼마나 발행할 것인지, 연기금과 외화보유액을 사용한다면 얼마나 사용할 것인지 등을 검토하여 잠정적으로 결정해 놓아야 한다. 이를 바탕으로 전쟁단계별 어떤 방식으로 전비를 조달할 것인지 종합된 계획이 작성돼야 한다. 기획재정부의 전비조달 계획을 바탕으로 행정 각부는 부처의 전비를 언제 어떻게 사용할 것인지 잠정적인 계획을 작성해 놓아야 한다.

전비소요 판단 범위

전비소요를 판단함에 있어서 명확한 기준이 없으면 행정 각부는 정말로 필요로 하는 것 이상으로 많은 소요를 산정해서 제기할 가능성이 크며, 이는 전비소요의 왜곡을 가져오기 쉽다. 따라서 전비소요를 판단하기 위한 명확한 범위의 설정이 필요하다.

이를테면 군에 동원되는 병력들은 동원 당시 계급에 맞는 급여 외에 전투수당이 추가되는 것과 같이, 공무원 인건비, 전시에 추가로 필요로 하는 인력에 대한 직종별 지급기준 등이 있어야 한다. 전시 물자 조달에 있어 장비와 탄약은 물론 각종 물자에 대해서도 기준을 제시하고 이를 기초로 전비소요를 판단하도록 해야 한다. 피난민 또는 전재민에 대해서도 피복이나 식량, 약품 등의 보급기준을 설정하여 소요예산을 판단할 수 있도록 해야 한다. 각종 시설에 피해가 발생할 시 복구예산 소요판단을 위한 기준도 있어야 한다. 이렇게 확인해 보면 전비를 필요로 하는 많은 곳에서 소요 판단을 위한 기준이 필요할 것이다.

군에서는 전쟁단계별 장비와 탄약에 대한 소모율을 정부기관에서는 전시 피해율을 산정하고 있다. 이러한 소모율이나 피해율 산정은 그것으로 끝나는 것이 아니라 전비소요 판단과도 연계되어야 한다. 이것은 판단범위의 설정과도 연계된다. 이러한 기준을 기획재정부의 계획에 포함하여 제시하고 행정 각부는 이를 기준으로 전비소요를 판단하여야 한다.

전비소요 토의 및 예상 규모 판단과 결정

기본계획지침 및 기본계획과 기획재정부의 집행계획에 포함된 전비소요 관련 사항을 기초로, 행정 각부는 을지연습 기간이든 또는 어느 지정된 기간을 이용하든 전쟁단계별로 얼마의 전비가 소요되는지 토의를 통해 그 규모를 결정해야 한다. 이렇게 하다 보면 행정 각부가 판단한 금액에 있어 기준 적용상 문제점이 확인되면서 수정을 거쳐 적정한 규모가 산정될 것이다. 기획재정부는 이렇게 절차를 거쳐 확정된 행정 각부의 전비를 종합하여 전쟁단계별, 행정 각부별로 어느 정도의 전비가 소요되는지 잠정적으로 결정해 놓아야 한다.

예상 전비소요를 판단으로 계획 작성

정부의 전비소요가 확정되면 이를 전시대비계획에 반영한다. 기획재정부는 전쟁단계별 행정 각부의 전비소요를 종합해서 유지하고, 행정 각부는 해당 부처의 전비소요를 구체적으로 포함해서 계획을 작성해 놓아야 한다. 행정 각부에서 전비소요가 판단되었으면 그것으로 끝나는 것이 아니다.

기획재정부에서는 전쟁단계별 소요될 전비를 어떤 방법으로 조달할 것인지 구체적인 계획이 필요하다. 세금을 인상한다면 어느 항목의 세금을 몇 %나 올릴 것인지, 새로운 항목을 만든다면 어떤 항목의 세금을 만들어서 몇 %의 세금을 올릴 것인지, 조세대상을 확대한다면 면세기준을 어느 정도로 하향 조정할 것인지, 전시채권을 판매한다면 어느 정도 규모로 발행할 것인지, 연기금을 사용하다면 어느 항목을 전쟁 단계별로 얼마나 사용할 것인지 등 여러 방안에 대한 검토와 더불어 계획의 수립이 필요하다.

그런 계획이 없이 전시예산만 편성해 놓고 세금만 올린다는 식으로 대략적으로 계획을 수립하면 시시각각으로 변해 가는 전쟁 상황에서 적시적인 대처가 어려울 뿐만 아니라 많은 혼란을 초래할 수 있다. 한반도의 안보상황이 전쟁이 발발하면 그때 가서 전비소요를 판단하고 어느 항목으로 전비를 조달할 것인지 여유롭게 생각해서 행동할 정도로 전개될 상황은 아닐 것이다.

미국의 경우 1·2차 대전 당시 본토에서 전쟁을 하지 않았기 때문에 전비를 조달하고 병력을 동원하며 산업시설을 전시체제로 전환하는 등에 있어 비교적 시간적 여유가 있었다. 이를테면 평시 산업시설을 전시산업시설로 전환하여 대량생산 체제를 갖추는 데 1년여의 시간이 소요됐고, 전쟁이 발발하자 전비를 조달하기 위해 그제서야 각종 법적 조치를 취하면서 홍보를 하고 전비를 모집하는 등의 대응을 했어도 문제가 되지 않았다.

그러나 한반도의 경우는 상황이 다르다. 북한과 대적하고 있고 전장종심이 극히 짧으며, 북한의 재래식 군사력과 대량살상무기를 포함하는 대규모의 위협 및 기습적인 공격적인 전략과 전술은 미국과 같이 여유 있는 전비조달이나 전시산업체제로의 전환을 허용하지 않는다. 평시부터 완전한 계획을 수립해 놓고 있다가 실제상황이 발생하면 당시의 상황에 융통성 있게 대응할 수 있는 계획이 필요하다.

전시계획 반영

전쟁 기간 중 얼마나 전비가 소요될 것인지 총액 규모와 전쟁단계별 규모가 판단되고 이를 해결하기 위한 방안이 검토되면, 이를 바탕으로 전비조달 관련 계획을 작성해야 한다. 기획재정부에서는 총괄계획 및 단계별 계획을 작성하고 단계별로 전비를 조달하는 방안에 대해서 구체화되는 계획을 수립해야 할 것이다.

이와 같은 기획재정부의 계획을 기반으로 국세청에서는 어떤 항목의 세금을 어느 시기에 몇 % 인상할 것인지, 세금부과대상을 확대한다면 언제 어떤 방법으로 할 것인지 등 조세에 관한 계획을 구체적으로 작성해야 하고, 한국은행에서는 은행권을 발행하기 위한 계획을 구체적으로 작성해 놓아야 한다. 전시채권을 한국조폐공사에서 발행하기로 하였다면 조폐공사는 조폐공사대로 전쟁단계별 채권을 인쇄하기 위해서 채권 종류와 액면가 등의 도안을 미리 계획해 놓아야 한다. 이러한 계획을 수립해 놓고 있다가 정부의 방침에 따라 당시 상황에 따라 융통성 있게 적용하면 된다.

아울러 전시 홍보를 담당하는 문화체육관광부에서는 홍보를 위한 계획을 작성해 놓아야 한다. 여기에는 왜 조세비율을 인상하게 됐는지, 왜 과세대상을 확대하게 됐는지, 왜 전시채권을 발행하게 됐으며 국민들에게 당부할 사항은 무엇인지 등에 대한 홍보 문안 같은 계획을 미리 작성해 놓고 있다가 당시 상황에 따라 융통성 있게 적용하면 될 것이다. 실질적으로 홍보 활동을 하게 될 TV 및 라디오 방송국과 신문사에서는 문화관광부의 전비조달 홍보 계획에 따라 이미 작성돼 있는 홍보 자료들을 전쟁 당시의 상황에 부합되게 약간의 수정을 거쳐 사용하면 될 것이다.

이와 같은 사항들에 대한 검토와 더불어 전시 신속하게 대응하기 위해서 을지연습이나 자체연습을 실시하는 것이다.

전비 최소화 방안

전쟁 기간 소요될 비용은 세금이거나 전시채권의 판매이거나 모두 국민들의 피와 땀이 어린 노력에 의해 만들어지는 것이다. 전쟁 기간에 사용된 각종 비용은 전쟁 이후에는 국가의 부담으로 남는다. 전비가 과다히 소요되면 이는 전쟁 후 복구 과정에서 엄청난 재정적 부담이 돼 전후 복구를 더디게 할뿐더러 경제발전에 부담을 주는 것은 물론, 두고두고 후손에게까지도 부담을 주게 된다. 따라서 이를 최소화하는 방안이 필요하다.

첫 번째, 전비소요를 판단함에 있어 엄격한 기준의 설정이 필요하다. 이를테면 정부는 조직정원상 공무원은 물론 필요에 따라 많은 인원들이 채용돼 전시 업무를 하면서 인건비 소요가 급증할 것이다. 직급과 직책, 수행 업무에 따라 지급해야 할 인건비 기준을 명확히 설정하여 행정 각부가 임의 판단해서 전비를 부풀리는 일이 없도록 해야 할 것이다. 평시 지급되는 각종 명목의 직책업무수당이 전시 상황에서도 필요한 것인지도 검토돼야 한다. 당연히 평시 사업으로 추진하였던 많은 사업들은 중지시키고 불요불급한 사용을 통제해야 한다. 전비를 최소화해야 한다는 차원에서 과감히 없앨 것은 없애야 한다.

두 번째, 전비를 사용함에 있어 엄격한 예산집행의 확인 및 감독이 필요하다. 전쟁을 하다 보면 기존에 수립돼 있었던 항목의 예산 외에도 돌발적인 각종 상황으로 인한 비용도 많이 있을 것이다. 예산 소요를 판단하는 기준과 이를 신청하는 과정, 집행하는 과정 등에 대해 엄격한 확인과 감독이 필요할 것이다. 그렇다고 일분일초를 다투는 전시상황에서 시간을 지체해서는 안 될 것이기 때문에 이에 대해서도 유의가 요망된다.

세 번째, 전시 산업 활성화를 통해 전비조달 능력을 확대해야 한다. 2차 대전 이전인 1929년으로부터 1930년 말까지 미국은 대공황으로 많은 실업자가 발생하고 있었다. 그러나 전쟁이 발발하면서 비록 무기와 탄약 같은 수요가 대폭 증가돼 고용이 확장되면서 생긴 현상이기는 하지만, 실업률이 대폭 줄어들어 거의 완전고용 수준에 도달하였다. 이로 인해 조세부담 인원이 증가하였고 따라서 전비를 조달하는 데도 그만큼 어려움이 줄어들었다. 우리도 전시 군수산업을 활성화하는 것은 물론 전시 수출산업을 활성화하기 위한 대책을 평시 강구해 놓고 있다가, 전시가 되면 상황에 적절히 대응하여 각종 대책을 시행하는 등으로 산업 활성화를 통해서 전비조달 대상이 확대되도록 조치가 필요하다.

네 번째, 전비를 조달할 수 있는 잠재능력을 강화하여야 한다. 전비를 조달한다고 해서 모든 것을 재정과 금융에만 의존하는 것은 아니다. 우리가 갖고 있는, 또는 활용할 자원들도 국내에 많다. 우리의 잠재능력이 많은 만큼 이를 전비가 필요한 시기에 적시에 전비로 활용하기 위한 대책을 강구해 놓아야 한다.

이를테면 미국의 남북전쟁 시나 1 · 2차 대전 시 모든 나라에서는 군장비와 탄약을 생산하기 위해 지하자원을 최대한 개발하였던 것은 물론, 각 가정에서 사용하던 금속을 수거해서 무기 공장으로 보냈다. 공원 등 공공시설에 설치된 금속은 물론 심지어는 사찰이나 교회와 성당의 종도 수거하여 공장으로 보냈던 일도 있었다.

이와 같이 각 나라에서는 국가 자원을 최대한 이용하기 위한 노력을 기울여 전쟁에 필요한 금속을 조달하면서 비용을 절감하였다. 우리도 필요에 따라서는 이와 같은 노력을 기울여 전비를 최소화할 수 있도록 해야 한다.

전비조달 홍보

전비조달은 국내에서 주로 시행되지만 필요에 따라서는 외국에서도 할 수 있다. 따라서 국내에서의 홍보는 물론 외국에서도 필요한 경우 홍보를 할 수 있는 방안을 강구해야 한다.

먼저 국내에서 전비조달을 위한 홍보 방안으로, 우선적으로 언론기관을 이용하는 방안이 있고, 다음은 사회적으로 저명도가 있어서 그 영향력을 행사할 수 있는 정치인, 법학자, 종교인, 연예인, 체육인 등의 인사들을 이용하는 방안도 있다. 또한 각종 발간물을 이용하거나 사회적 매체들을 이용하는 방안도 있다.

언론기관을 이용하는 방안은 TV 및 라디오 방송과 신문이 대표적이다. 정부의 홍보 업무를 담당하는 부처에서는 재정 담당 부처와 협조하여 국가적 비상시에 어떻게 전비를 조달할 것인지, 그 홍보에 대한 기본적인 계획을 수립해 놓고 있어야 한다. 이를 토대로 각 방송 및 신문사에서는 기본계획에 따라 전비모집을 위한 홍보 동영상, 방송 원고, 도안 등을 준비해 놓고 있다가, 국가적 비상상황이 되면 그 당시의 상황에 부합되게 미리 작성돼 있는 문안들을 적절히 수정하여 동영상 또는 원고를 방송하거나 신문에 활자화하여 전비를 모집하는 홍보 활동을 할 수 있다.

다음은 사회적으로 유명한 인사를 이용하는 방안으로, 정치인과 언론인 및 법학자, 체육인 등을 활용하거나 유명 연예인 및 스포츠 스타를 이용하는 등 높은 사회적 지명도를 갖는 인사들을 활용해서 국민들을 설득하여 전비를 부담해 줄 것을 호소하는 방법이다. 요즘 아이돌 가수들이 젊은 층뿐만 아니라 중장년층에게도 인기가 많은데 이것도 한 가지 활용대상이다. 또한 SNS를 이용하여 사회적 이슈들이 짧은 시간에 광범위하게 퍼지면서 여론을 형성하는 것을 볼 수 있는데 이를 전비모집의 유용한 수단으로 활용하는 것도 생각해 볼 수 있는 방법이다.

그 외에 많은 사람들이 모이거나 왕래하는 역이나 버스 터미널 같은 장소에 포스터와 플래카드, 표어를 제작해서 붙이는 등으로 활용하는 방안도 있다. 이러한 방법은 1차 대전이나 2차 대전을 거치면서 미국은 물론 영국 등에서 다양하게 사용되었다.

다음은 외국에서 홍보를 어떻게 하는가의 문제이다. 정부는 미국의

CNN이나 영국의 BBC 같은 방송이나 또는 『뉴욕 타임스』(*New York Times*)와 『워싱턴 포스트』(*Washington Post*) 같은 신문 등 국제적인 유명 언론매체를 이용하여 대한민국 정부가 전시채권을 판매함을 알리면서, 반드시 전쟁에서 승리할 것이라는 자신감을 주어야 한다.

외환 관리

휴전선 지역에서 북한의 군사적 도발이 발생하고 상황이 악화되면 정부는 절차에 의해 국가비상사태를 선포할 것이다. 그렇게 되면 국민들이 돈을 인출하기 위해 은행으로 몰리면서 혼란한 상황이 발생될 수 있다. 특히 외화를 예치한 사람들의 유출 상황은 전비조달을 더욱 어렵게 만들 수 있기 때문에 다른 어느 대책에도 우선해야 한다.

특히 전쟁이 발발하면 일부 부유층 가운데에서는 '노블레스 오블리주(Noblesse Oblige)' 정신을 망각한 채 해외로 도피하는 사람들이 나올 것이다. 그들은 사회적 책무를 망각하고 외환을 최대한 휴대한 채 해외로 도피하려 할 것이다.

그러나 전시라는 상황에서 계엄당국이나 출입국 관리당국에서 당연히 출입자 관리를 엄격히 할 것이기 때문에 불법적으로 도피하기에는 상황이 녹록지 않을 것이다. 전쟁을 하면서 1달러, 2달러가 아쉬운 마당에 그들의 도피는 전비의 조달은 물론 국민들의 사기까지 훼손하는 일이 된다. 계엄 당국이나 금융 당국, 출입국관리 부처에서는 외환을 휴대한 채 해외로 도피하는 사람들이 발생하지 않도록 철저히 통제해야 한다.

전쟁비용 조달을 연구하면서 느낀 소감 중의 하나는 국가기록의 중요성에 관한 것이다. 모든 국가가 전쟁 기간 중 전비를 조달하기 위하여 다양한 방책을 강구하였지만, 미국을 제외한 타 국가들은 그 과정이나 결과를 기록으로 남기는 것을 소홀히 한 것으로 생각된다. 다양한 자료를 보기가 쉽지 않았기 때문이다. 우리나라도 기록의 중요성을 인식하여 모든 과정과 결과를 기록으로 남기는 것을 법적·제도적으로 강화해야겠다.

끝으로 이 책은 재정과 경제에 문외한인 저자가 3년여의 기간과 여러 자료를 보면서 연구하여 집필하기는 하였지만 많은 문제점이 있음을 고백한다. 이 책을 바탕으로 보다 더 깊은 연구를 통해 전비에 관한 많은 연구서가 나오기를 독자들에게 간절히 부탁드린다. "평화를 원하거든 전쟁에 대비하라"라는 금언을 다시금 되새기면서 우리가 준비되어 있을 때 평화도 지킬 수 있다는 것이 이 책에서 마지막으로 하고 싶은 말이다.

참고문헌

1. 국내 문헌

강영수, "러-일전쟁과 유대자본가에 관한 연구: 제이콥 시프의 일본 전쟁자금 지원 중심으로", 대한투자공사, 2001.

경제기획원, 『예산개요』, 경제기획원, 1962.

(구)국무총리 비상기획위원회, 『세계동원의 역사』, 전광인쇄정보, 2004.

국방부, 『한반도에서 전개된 러일전쟁 연구』, 국방부 군사편찬연구소, 2011.

______, 『2010 국방백서』, 국방부, 2010.

______, 『2016 국방백서』, 국방부, 2016.

국방부 군사연구소, 『한국전쟁지원사』, 삼보인쇄공사, 1997.

______, 『6 · 25전쟁사 1: 전쟁의 배경과 원인』, 인쇄정보산업협동조합, 2004.

______, 『러시아의 한반도 군사관계사: 영토확장, 청일전쟁, 러일전쟁을 중심으로』, 국방부 군사편찬연구소, 2002.

국방부 군사편찬연구소, 『한미군사관계사 1871~2002』, 신오성기획인쇄사, 2003.

국회예산정책처, 『통일비용에 관한 기존 연구 검토』, 국회예산정책처, 2011.

______, 『한눈에 보는 대한민국 재정 2016』, 명문기획, 2016.

김광수, 『손자병법』, 책세상, 2012.

김인태, "한반도에서 발생 가능한 비군사분야 전쟁 실상 및 대비방향", 『국방정책연구』 제28권 제2호(2012년 여름), 국방연구원, 2012.

김희상, 『중동전』, 일신사, 1995.

남신우, 『링컨』 2, (주)살림출판사, 2003,

남정옥, 『6 · 25전쟁: 이것만은 알아야 한다』, 삼우사, 2010.
박계호, 『총력전의 이론과 실제』, 북코리아, 2012.
박계호 · 김용빈, “전쟁사 분석을 통한 전비조달에 관한 연구: 1 · 2차 대전 시 미국 사례 중심”, 『군사』 제90호, 2014.
박동찬, 『통계로 본 6 · 25전쟁』, 국방부 군사편찬연구소, 2014.
박명림 외, 『이승만(3): 전시경제정책』 , 연세대학교 국가관리연구원, 2010.
박정기, 『남북전쟁(상)』, 도서출판 삶과 꿈, 2002.
비상기획위원회, 『전장실상에 부합한 비상대비훈련 사건 계획 작성 매뉴얼』, 비상기획위원회, 2007.
신태영, 『아메리카 전쟁』, 도남서필, 1987.
육군군사연구소, 『청일전쟁(1894~1895)』, 국군인쇄창, 2014.
육군대학, 『한국전쟁사(상)』, 육군인쇄창, 2004.
육군본부, 『영국 육군사』, 육군인쇄창, 1982.
육군사관학교, 『세계전쟁사』, 황금알, 2005.
윤현명, “근대일본의 임시군사비에 대한 일고찰: 제국의 전쟁과 군사비에 대한 통제”, 인하대학교 한국학 연구소, 『한국학 연구』 28집. 2012.
이원복, 『한국전쟁의 실상과 월남전』, 국가공훈사 편찬회, 2008.
이윤규, “한반도 전장환경의 변화와 군의 대비방향”, 『한반도의 전장 환경의 변화와 우리 군의 대비방향』, 한국군사학회, 2012,
이재은, “1950년대 한국재정의 구조적 특징”, 『한국동서경제연구』, 제15집 제2권, 2005.
재무부, 『한국경제사 30년사』, 전경련, 1978.
재무부 사세국, 『세무통계연보』, 재무부, 1962.
전홍찬, “러일전쟁과 유대계 금융의 힘”, 『21세기정치학회보』 제21집 3호, 21세기정치학회, 2011.
조명근, “일제 말(1937~1945) 조선 내 민간인을 대상으로 한 전시공채의 발행실태”, 『대동문화연구』 제65집, 2009.
조명철, “청일전쟁기, 열강과 일본의 중국침탈”, 『일본연구』 제13집, 2010.
______, “포츠머스 조약과 배상금 문제”, 『일본역사연구』 제32집, 2010.

통일부, 통일비용분야 관련정책문서, 통일부, 2015.
한국미국사학회, 『사료로 읽는 미국사』, 궁리출판, 2006.
한국은행조사부, 『4288년 경제연감』, 한국은행, 1955.
합동참모본부, 『한국전사』, 교학사, 1984.
______, 『합동기본교리』, 국군인쇄창, 2009.

2. 외국 서적 번역서

다니엘 리비에르, 최갑수 옮김, 『프랑스의 역사』, 까치글방, 2013.
데이비드 웰치 지음, 이종현 옮김, 『프로파간다 파워』, 공존, 2006.
로버트 에드윈 허쯔시타인, 한국일보사 옮김,『나치스 제3제국』, 한국종합물산, 1992.
루퍼트 스미스, 황보영조 옮김, 『전쟁의 패러다임』, 까치글방, 2008.
마틴 폴리, 박일승 외 옮김, 『2차 대전』, 생각의 나무, 2008.
세르게이 곤자로프, 존 루이스 지음, 성균관대학교 한국현대사연구반 옮김, 『흔들리는 동맹: 스탈린과 마오쩌뚱, 그리고 한국전쟁』, 일조각, 2011.
스티븐 헤이워드, 김장권 옮김, 『지금 왜 처칠인가』, 중앙 M&B, 1998.
시드니 렌지, 서동만 옮김, 『군산복합체론』, 도서출판 지양사, 1985.
에릭 프라이, 추기목 역, 『정복의 역사』, 들녘, 2004.
엘런 브린클리, 황혜성 외 옮김, 『미국사』 2, 청아문화사, 2011.
______, 황해성 외 옮김, 『미국사』 3, 청아문화사, 2011.
존 키건, 류한수 옮김, 『2차 대전사』, 청어람미디어, 2009.
피터 심킨스, 강만수 옮김, 『모든 전쟁을 끝내기 위한 전쟁』, 플래닛미디어, 2008.
한국일보타임-라이프, 『미국의 전시생활(World War Ⅱ)』, 한국종합물산, 1985.
______, 『영국본토 공방전(World War Ⅱ)』, 한국종합물산, 1985.
CCTV 경제 30분 팀 지음, 류방승 옮김, 『화폐전쟁: 진실과 미래』, (주)RH코리아, 2013.
데이비드 도널드, 남신우 옮김, 『링컨』 2, (주)살림출판사, 2003.

F. 프라이델 · A. 브린클리, 박무성 옮김, 『미국 현대사: 1900~1981』, 대학문화사, 1985.

조지프 S. 나이 Jr., 이기종 옮김, 『미국의 세기는 끝났는가?』, 상지사 P&B, 2015.

______, 양준희 옮김, 『국제분쟁의 이해: 이론과 역사』, 도서출판 한울, 2009.

리아콰트 아메드, 조윤정 옮김, 『금융의 제왕(Lord of Finance)』, 다른세상, 2012.

폴 케네디, 김주식 옮김, 『영국 해군 지배력의 역사』, 한국해양전략연구소, 2010.

______, 이일주 옮김, 『강대국의 흥망』, 한국경제신문사, 1997.

3. 외국 문헌

Alan J. Levine, *Stalin's Last War: Korea and the Approach to World War III*, McFarland & Company, Inc., 2005.

Alfred Zimmern, *The Economic Weapon Against Germany*, London: Allen & Unwin, 1918.

Archer Jones, *Civil War Command and Strategy*, The Free Press, 1992.

Arthur. C. Pigou, *The political Economy of War*, Macmillian, 1940.

Basil Clark, *The Wonderful Organization of Britain's Munition Supply: The Great War*, Trident Press International, 1999.

Benjamin H. Higgins, "Government Control and Lombard Street in World War II", *Lombard Street in War and Reconstruction*, NBER, 1949.

______, "World War 1 and Its Effects on British Financial Institutions", *Lombard Street in War and Reconstruction*, NBER, 1949.

Brian H. Reid, *The American Civil War*, Cassel & Co, 2000.

Cyrus Alder & Jacob H. *Schiff: His Life and Letters*, Doubleday, Doran and Company, 1928.

______, *Schiff: His Life and Letters*, Doubleday, Doran and Company, 1928.

Department of Treasury, *A History of the United States Savings Bonds Program: 50th Anniversary Edition,* Department of Treasury, 1991.

Earnest L. Bogart, *War Costs and their Financing: A Study of the Financing of the War and the After-War Problems of Debt and Taxation*, D. Appleton and Company, 1921.

Edgar Bonjour, *Swiss Neutrality: It's History and Meaning*, George Allen & Unwin Ltd., 1952.

Edwin Seligman, "The Cost of the War and How it was Met?", *War Finance Volume III: War in the Twentieth Century,* Edward Elgar Publishing Limited, 1994.

Elisabeth Glaser, "Better Late than Never", *Great War, Total War,* Cambridge University Press, 2000.

Eugene M. Lerner, "Money, Prices, and Wages in the Confederacy, 1861~1865", *War Finance Volume II: War in the Eighteen and Nineteenth Centuries*, Edward Elgar Publishing Company, 1994.

______, "The Monetary and Fiscal Programs of the Confederacy Government, 1861-1865", *War Finance Volume II: War in the Eighteen and Nineteenth Centuries*, Edward Elgar Publishing Company, 1994.

Evan Mawdsley, *World War II*, Cambridge University Press, 2009.

Filippo Occhino, "How Occupied France Financed its own Exploitation in World War Ⅱ", Rutgers University, 2005.

Gavin Kennedy, *Defence Economic,* Gerald Duckworth & Co. Ltd., 1983.

Gerd Hardash, *The First World War 1914-1918,* University of California Press, 1981.

Gregg Huff and Shinobu Majima, *Financing Japan's World War II occupation of Southeast Asia*, Norges Bank, 2013. University of California Press, 1981.

Hew Strachan, "Economic Mobilization: Money, Munition, and Machine", *The Oxford Illustrated History of the First world war*, Oxford University Press, 1998.

Hugh Rockoff, *AMERICA'S ECONOMIC WAY OF WAR: War and US Economy from the Spanish-American War to the Persian Gulf War*, Cambridge University, 2012.

J. F. C. Fuller, *Grant and Lee: A Study in Personality and Generalship,* Indiana University Press, 1982.

J. M. Winter, *The Experience of World War 1*, Oxford University Press, 1995.

J. R. T. Hughes, "Financing the British War Effort", *War Finance Volume III: War in the Eighteen and Nineteenth Centuries*, Edward Elgar Publishing Company, 1994.

James L. Abrahamson, *The American Home Front*, National Defence University, 1983.

James M. McPherson, *Battle Cry of Freedom: The Civil War Era,* Oxford University Press, 1988.

James Street, *The Civil War*, Dial Press, 1953.

Jay W. Simson, *Naval Strategy of the Civil War*, Cumberland House Publishing Inc., 2001.

Jeremy M. Sharp, *U. S. Foreign Aid to Israel* (CRS Report for Congress, Order Code RL33222), 2014. 4. 11.

Jules Backman, *War and Defense Economics,* Rinehart & Company. Inc., 1951.

Julian E. Zelizer, *Aresenal of Democracy: The Politics of National Security–From World War II to The War on Terrorism*, Basic Books, 2010.

Kathleen Burk, *The Mobilization of Anglo-American Finance during World War I*, Wilfried Laurier University Press, 1981.

L. L. Farrar. Jr, "The Strategy of the Central Powers, 1914~1917", *The Oxford Illustrated History of the First World War,* Oxford University Press, 1998.

Laurence M. Olney, *The War Bonds Story*, U. S Savings Bonds Division, 1971.

Mark Harrison, "The USSR and Total War: Why Didn't the Soviet Economy Collapse in 1942?", *A WORLD AT TOTAL WAR*, Cambridge University Press, 2010.

Michael Bliss, *War Business as Usual: Canadian Munition Production, 1914-1918*, Wilfried Laurier University Press, 1981.

Moshe Naor, "ISRAELI MOBILIZATION AND THE OVERSEAS VOLUNTEERS IN THE SIX-DAY WAR", *Journal of Modern Jewish Studies*, 2014

Paul Kennedy, *The Rise and Fall of The Great Power*, VINFAGE BOOKS, 1989.

R. A. C. Parker, *Struggle For Survival: The History of the Second World War*, Oxford

University Press, 1989.

Richard A. Preston & Sydney F. Wise, *Men In Arms*, Prager Publisher, 1970.

Richard C. Thronton, *Odd Man Out: Truman, Stalin, MAO, and the Origins of the Korean War*, Washington D. C.: Brassy's, 1999.

Robert D. Hormats, *The Price of Liberty: Paying for America's Wars from the Revolution in the War on Terror*, Time Books, 2007.

Robert Goralski, *World War II Almanac, 1931~1945*, Bonanza Books, 1981.

Rosella Cappella, *The Political Economy of War Finance*, University of California, 2012.

Shumpei Okamoto, *The Japanese Oligarchy and the Russo-Japanese War*, Colombia University, 1970.

Stephen Broadberry and Peter Howleft, "Blood, Sweat, and Tears: British Mobilization for World War Ⅱ", *A World at Total War: Global Conflict and the Politics of Destruction, 1937~1945*, Cambridge University Press, 2010.

William Kellher, *The First World War: A Concise Global History*, Roman & Littlefield, 2013.

4. 기타 자료

http://encyclopedia.1914-1918-online.net/article/war finance japan

http://encyclopedia.1914-1918-online.net/article/war finance france

http://encyclopedia.1914-1918-online.net/article/war finance germany 외.

http://wa.org/thisweek.jan/21/1948/golda-meir

McLeon Museum and Art Gallery, RBS Remember 1914~1918.

Historical Statics of the United States, Colonial Times to 1957, United States, Government Printing Office, Washington, D. C. 1960.

별지

1

제1차 세계대전 시 영국의 수입 및 지출

단위: 백만 파운드(괄호는 비율)

구분		연도별					
		1914	1915	1916	1917	1918	1919
① 조세	관세	35(17.8)	39(6.9)	60(4)	71(3)	71(3.3)	103(4)
	물품세	40(20)	42(7.5)	61(4)	56(2.2)	39(1.4)	59(2.2)
	재산세	27(13.8)	28(5)	31(20)	31(1.4)	32(1.2)	30(1.1)
	우표판매	10(5)	6(1.3)	7(0.4)	8(0.3)	8(0.3)	12(0.5)
	토지세	0.7(0.4)	0.7(0.1)	0.7(0.04)	0.6(0.03)	0.7(0.04)	0.6(0.02)
	가옥세	2(1)	2(0.3)	2(0.1)	2(0.09)	2(0.09)	2(0.7)
	소득세	47(23.8)	69(12.4)	128(9)	205(9)	240(8.9)	291(11.2)
	초과이익세	-	-	0.1(0.01)	140(6)	220(7.3)	285(11)
	토지가격세	0.7(0.4)	0.4(0.1)	0.4(0.02)	0.5(0.03)	0.7(0.03)	0.7(0.02)
	소계	163(82.2)	189(33.6)	290(19.17)	514(22.27)	613(22.56)	784(30.74)
② 조세 외 수입	우편, 전보 등	31(15.5)	30(5.3)	34(2.1)	34(1.4)	35(1.4)	40(1.6)
	왕실 소유	0.5(0.3)	0.5(0.1)	0.5(0.03)	0.6(0.03)	0.7(0.04)	0.8(0.02)
	수에즈 운하	2(1)	1(0.3)	2(1)	8(0.2)	6(0.3)	12(0.44)
	기타 수입	2(1)	6(1)	10(0.7)	17(0.5)	52(2)	52(2)
	소계	35(17.8)	37(6.8)	47(3.83)	59(2.13)	94(3.74)	105(4.06)
①+②		198(100)	227(40.4)	337(23)	573(24.4)	707(26.3)	889(34.8)
③ 채권 등의 판매		3	497(59.6)	1,165(77)	1,626(75.6)	1,983(73.7)	1,682(65.2)
총계(①+②+③)		202	633(100)	1,501(100)	2,199(100)	2,691(100)	2,571(100)
총지출		197	560	1,559	2,198	2,696	2,579

출처: Edwin Seligman, "The Cost of the War and How it was Met?", *War Finance Volume III: War in the Twentieth Century*, Edward Elgar Publishing Limited, 1994, p. 184.

2

제1차 세계대전 시 국가별 채권 발행

단위: 백만(자국 화폐단위)

국가	명칭	발행 일시	이율	발행 가격	총판매액(자국 화폐 기준)
영국	First war loan	1915. 3.	3.5	95	3.32억 파운드
	Second war loan	1915. 6.	4.5	100	5.92억 파운드
	Third war loan	1917. 4.	4~5	95~100	9.41억 파운드
	Exchequer bonds(1st)	1915. 4.	3	95~100	4,800만 파운드
	Exchequer bonds(2nd)	1915. 12.	5	100	5.16억 파운드
	Exchequer bonds(3rd)	1916. 10.	6	100	1.61억 파운드
	National war bonds	1917. 10.	4~5	100~100.5	3.72억 파운드
	Total				29.62억 파운드
프랑스	First war loan	1915. 11.	5	87.25	152.05억 프랑
	Second war loan	1916. 8.	5	88.75	115.14억 프랑
	Third war loan	1917. 12.	4	68.6	148.03억 프랑
	Forth war loan	1918. 12.	4	70.8	178.53억 프랑
	Total				593.75억 프랑
러시아	First war loan	1914. 9.	5	94	5.00억 루블
	Second war loan	1915. 4.	5	94	5.00억 루블
	Third war loan	1915. 5.	5~5.5	99	10.00억 루블
	Forth war loan	1915. 11.	5.5	95	10.00억 루블
	Fifth war loan	1916. 2.	5.5	95	20.00억 루블
	Sixth war loan	1916. 10.	5.5	95	30.00억 루블
	Seventh war loan	1917. 3.	5	85	25.00억 루블
	Total				105.00억 루블
독일	First war loan	1914. 9.	5	97.5	44.80억 마르크
	Second war loan	1915. 3.	5	98.5	91.06억 마르크
	Third war loan	1915. 9.	5	99	121.62억 마르크
	Forth war loan	1916. 3.	4.5~5	95~98.5	107.67억 마르크

국가	명칭	발행 일시	이율	발행 가격	총판매액(자국 화폐 기준)
	Fifth war loan	1916. 9.	4.5~5	95~98	106.99억 마르크
	Sixth war loan	1917. 3.	4.5~5	98	129.79억 마르크
	Seventh war loan	1917. 9.	4.5~5	98	126.26억 마르크
	Eight war loan	1918. 3.	4.5~5	98	147.89억 마르크
	Ninth war loan	1918. 9.	4.5~5	98	104.34억 마르크
	Total				980.52억 마르크
미국	First liberty loan	1917. 6.	3.5	100	20.00억 달러
	Second liberty loan	1917. 11.	4	100	39.08억 달러
	Third liberty loan	1918. 5.	4.5	100	41.77억 달러
	Fourth liberty loan	1918. 9.	4.5	100	69.89억 달러
	Victory loan	1919. 4.	4.75	100	52.50억 달러
	Total				222.25억 달러

출처: Edwin Seligman, "The Cost of the War and How it was Met?", *War Finance Volume Ⅲ: War in the Twentieth Century*, Edward Elgar Publishing Limited, 1994, p. 189.

3

제2차 세계대전 시 미국의 연도별 · 월별 Series E · F · G 채권 판매

단위: 천 달러

구분	1942	1943	1944	1945
계	9,156,957	13,729,403	16,044,084	12,936,963
1월	1,060,546	1,240,444	1,698,405	1,074,180
2월	703,200	887,195	2,781,468	847,990
3월	557,892	944,276	709,054	889,075
4월	530,502	1,469,724	738,543	837,635
5월	634,357	1,334,984	750,628	1,540,088
6월	633,945	875,491	1,842,227	2,178,054
7월	900,861	889,691	2,125,050	1,294,475
8월	697,255	801,730	602,436	699,741
9월	754,684	1,926,555	692,066	514,113
10월	834,998	1,708,150	695,003	624,470
11월	734,549	798,146	1,023,355	1,183,621
12월	1,014,168	853,017	2,385,849	1,253,521

출처: Laurence M. Olney, *The War Bonds Story*, U. S Savings Bonds Division, 1971.

#4

6·25전쟁 시기 화폐발행

단위: 백만

권종별	1949	1950	1951	1952	1953	비고
계	751	2,292	5,579	10,144	23,132	
은행권	-	-	-	-	23,132	·1953년 2월 화폐 개혁 ·1환은 100원
1,000환권	-	-	-	-	6,845	
500환권	-	-	-	-	-	
100환권	-	-	-	-	9,712	
50환권	-	-	-	-	-	
10환권	-	-	-	-	6,457	
5환권	-	-	-	-	94	
1환권	-	-	-	-	24	
소액권	-	-	-	-	-	
1,000원권	-	1,836	5,420	10,025	-	
500원권	-	-	-	16	-	
100원권	736	442	144	89	-	
10원권	13	13	13	13	-	
5원권	1	1	1	1	-	
1원권	1	1	1	1	-	

출처: 박동찬, 『통계로 본 6·25전쟁』, 국방부 군사편찬연구소, p. 504: 한국은행조사부, 『4288년 경제연감』, p.I=35~36.

5

6·25전쟁 기간 중 일반회계 부처별 세출예산 내역

단위: 천 원

구분	1951	1952	1953
계	3,625,458	13,933,361	16,395,003
대통령실	275	633	3,215
부통령실	200	362	1,836
국회	16,926	22,962	128,391
대법원	16,701	61,597	245,837
국무총리실	397	652	2,587
심계원	1,265	3,908	18,982
고시위원회	371	1,186	5,618
감찰위원회	727	1,693	16,934
총무처	508,620	2,946,185	1,689,482
공보처	5,662	45,374	218,707
법제처	357	2,698	6,151
기획처	2,815	342,339	1,071,979
내무부	535,627	1,270,721	2,374,721
외무부	11,616	24,990	194,665
국방부	924,089	2,283,827	-
재무부	657,960	5,157,466	4,129,168
법무무	83,764	217,963	733,626
문교부	159,457	428,808	1,593,020
농림부	494,842	80,715	2,608,526
상공부	8,281	81,405	733,626
사회부	122,470	676,140	223,999
보건부	72,917	281,672	387,330
헌법위원회	69	268	326
탄핵재판소	66	465	559
무임소	-	-	562
합동경제위원회	-	-	2,582

출처: 한국은행조사부, 『4288년 경제연감』, pp. I=23,25,26

6

6·25전쟁 기간 중 정부의 주요 사업비

단위: 천 원

주요 사업	1951	1952	1953
계	843,583	1,226,200	3,325,974
도로개수·사업비	16,000	80,000	488,500
치수사업비	4,000	37,000	149,045
농산물장려·증산	69,636	95,792	70,349
농지개량사업	424,458	-	-
농지개발대책	149,835	-	27,400(비료 증산)
사방공사비	41,750	23,764	456,608
전재민 구호·의료·수용비	40,495	73,046	91,465
군경원호비	38,382	527,397	-
주택대책·개선비	32,300	97,504	78,990
이재민 치료·질병대책비	26,627	28,847	-
도시사업비	-	25,700	107,504
전기대책비	-	29,732	-
항만개수비	-	35,645	120,000
연료대책비	-	11,415	26,949
위생시설·질병대책비	-	20,064	-
축산장려비	-	11,917	32,080
잠업장려비	-	-	25,337
수산장려비	-	9,622	182,629
공업장려비	-	-	116,451
광물증산비	-	-	101,240
삼림보호비	-	31,485	133,224
가뭄·한발 등 피해대책비	-	-	1,117,200
기 타	-	101,344	-

출처: 한국은행조사부, 『4288년 경제연감』, pp.I=21~29.

7

제1차 세계대전 전후 참전국의 채무 증가 비교

구분	전쟁 이전		전쟁 이후		증가액(달러)
	시기	금액	시기	금액	
영국	1914. 8. 4.	6.5억 파운드 (31.65억 달러)	1919. 3. 31.	76.43억 파운드 (372.21억 달러)	68.13 (340.56억)
미국	1917. 4. 5.	11.9억 달러	1919. 6. 30.	242.32억 달러	230.42억
프랑스	1914. 7.	325.94억 프랑 (62.91억 달러)	1918. 12. 31.	1,674.59억 프랑 (323.22억 달러)	1,346.65 (260.31억)
러시아	1914. 7.	88억 루블 (46.23억 달러)	1917. 9. 1.	492.88억 루블 (253.83억 달러)	404.88 (207.60억)
독일	1914. 8. 1.	47.32억 마르크 (11.26억 달러)	1919. 10. 30.	2,040억 마르크 (485.52억 달러)	1,992.68 (474.26억)
오스트리아-헝가리	1914. 8. 1.	183.54억 크로네 (37.26억 달러)	1919. 7. 31.	1,378.58억 크로네 (285.84억 달러)	1,195.04 (248.58억)

출처: Edwin Seligman, "The Cost of the War and How it was Met?", *War Finance Volume Ⅲ: War in the Twentieth Century*, Edward Elgar Publishing Limited, 1994, p. 193.

찾아보기

1. 용어

ㄱ

ㅅ

ㅇ

ㅈ

ㅊ

ㅋ

ㅌ

ㅍ

ㅎ

기타

2. 인명

ㄱ

ㄴ

ㄷ

ㄹ

ㅁ

ㅂ

ㅅ

ㅇ

저자소개

박계호

약력

춘천고등학교 졸업(1976)

육군사관학교 졸업(1980)

육군대학 정규과정 졸업(1989)

이탈리아 육군대학 졸업(1994)

영남대학교 행정대학원 행정학 석사(2001)

충남대학교 평화안보대학원 군사학 박사(2012)

야전부대의 소대장부터 중대장과 대대장, 연대장 등 역임

육군대학 교관, 수도방위사령부 동원처장, 합동참모본부 작전본부 동원기획과장 및 검열관, 육군대학 교관 겸 평가실장으로 근무

현재 단국대학교 초빙교수 겸 국가위기관리연구소 사무국장

(사)이북도민회중앙연합회 부설 동화연구소 연구위원

연구 분야: 총력전, 국가위기관리 및 비상대비업무, 동원 및 예비전력 등

저서 및 논문

『총력전의 이론과 실제』(북코리아, 2012)

『스위스의 무장중립 정책과 위기관리』(북코리아, 2014)

"우리나라의 국가비상대비업무"(2001)

"정신동원의 중요성 연구"(2001)

"동원해제 후 복원업무"(2007)

"중국군의 국방동원업무 발전추세"(2009)

"포괄적 안보위협하 예비전력의 역할 재조명"(2009)

"남북전쟁의 성격 연구 - 총력전 중심"(2011)

김용빈

약력

용산고등학교 졸업(1976)

육군사관학교 졸업(1980)

육군대학 정규과정 졸업(1989)

연세대학교 행정대학원 국제관계학 석사(2002)

단국대학교 대학원 행정학 박사(2011)

야전부대의 소대장부터 중대장과 기계화 부대 대대장, 여단장 등 역임

육군본부와 국방부에서 다년간 인력 및 인사정책, 국방개혁 업무 담당

단국대학교 학군단장

현재 동 대학교 대외협력처장, 행정복지대학 해병대 군사학과 교수, 국가위기관리 연구소 선임연구원

(사)이북도민회중앙연합회 부설 동화연구소 연구위원

연구 분야: 인적자원 개발, 소셜네트워크(Social Network) 등

저서 및 논문

『스위스의 무장중립정책과 위기관리』(북코리아, 2014)

"북한 정책결정 과정에서 군부의 역할"(2002)

"조직 신뢰와 혁신행동과의 관계에 관한 연구"(2010)

"국방 인적 자원 관리를 위한 사회연결망 분석"(2011)

"제2차 세계대전 시 독일의 침공을 억제한 스위스 방위전략의 특징과 교훈"(2013) 등